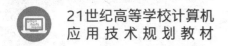

21世纪高等学校计算机
应用技术规划教材

Python
程序设计教程

◎ 杨年华　主编　　柳青　郑戟明　副主编

清华大学出版社
北京

内 容 简 介

本书共分为16章,第1章主要介绍Python的发展历史、特点、下载与安装方法、使用方式、集成开发环境、内置模块、帮助的使用等内容;第2章主要介绍Python语言的基础知识。第3章主要介绍程序控制结构;第4章主要介绍Python中的常用数据结构,包括序列、字典、集合等数据结构;第5章主要介绍函数的定义和调用、基于函数的抽象与求精思想、递归思想等内容。第6章主要介绍文件的操作;第7章主要介绍Python的面向对象编程方法;第8章主要介绍类的继承与组合两种重用方式;第9章主要介绍Python中的异常处理方法;第10章主要介绍使用wxPython进行用户图形界面设计的方法;第11章主要讨论Python程序的打包和发布方法;第12章主要介绍利用Python进行数据库应用开发;第13章主要介绍利用Python进行网络数据获取的方法;第14章主要介绍利用Python进行数据分析和绘图的基础知识;第15章主要介绍基于Python的网站开发方法;第16章主要介绍Python作为脚本语言在SPSS中的使用方法。本书中的代码均在Python 2.7.11中测试通过。

本书一方面侧重基础知识的讲解,另一方面侧重利用Python进行数据处理的方法和应用。为了方便理解,本书主要挑选经济管理类的案例。本书适合非计算机专业本科生使用,可作为计算机程序设计的入门教材或Python爱好者的参考书。

本书封面贴有清华大学出版社防伪标签,无标签者不得销售。
版权所有,侵权必究。侵权举报电话: 010-62782989 13701121933

图书在版编目(CIP)数据

Python程序设计教程/杨年华主编. —北京:清华大学出版社,2017(2018.10重印)
(21世纪高等学校计算机应用技术规划教材)
ISBN 978-7-302-47722-8

Ⅰ. ①P… Ⅱ. ①杨… Ⅲ. ①软件工具-程序设计-高等学校-教材 Ⅳ. ①TP311.561

中国版本图书馆CIP数据核字(2017)第160436号

责任编辑:	黄 芝 李 晔
封面设计:	刘 键
责任校对:	徐俊伟
责任印制:	沈 露

出版发行:清华大学出版社
网　址:http://www.tup.com.cn, http://www.wqbook.com
地　址:北京清华大学学研大厦A座　　　　　　邮　编:100084
社 总 机:010-62770175　　　　　　　　　　　　邮　购:010-62786544
投稿与读者服务:010-62776969, c-service@tup.tsinghua.edu.cn
质量反馈:010-62772015, zhiliang@tup.tsinghua.edu.cn
课件下载:http://www.tup.com.cn,010-62795954

印 装 者:三河市铭诚印务有限公司
经　　销:全国新华书店
开　　本:185mm×260mm　　印　张:18.25　　字　数:459千字
版　　次:2017年10月第1版　　　　　　　　　印　次:2018年10月第4次印刷
印　　数:5001~7000
定　　价:39.50元

产品编号:067878-01

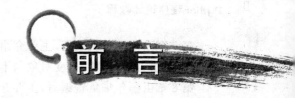

Python 是一种简单、易学、免费、开源的跨平台编程语言,支持命令式和函数式编程。它支持完全面向对象的程序设计。一方面,由于其简单的语法,使得使用者不必太多关注语言本身,而将主要精力集中于业务逻辑。因此 Python 语言拥有各行各业的众多使用者,使得其拥有各行业使用者在社区贡献的各种强大的标准库、扩展库等。另一方面,随着大数据时代的到来,Python 的强大数据处理能力备受关注。近年来,Python 程序设计语言受到了企业界、科研单位和教育机构的广泛重视。

大数据时代的学生需要掌握数据处理的基本技术。Python 简单易学,具有强大的数据处理能力,并且是一门通用的程序设计语言。因此,Python 程序设计语言既适合作为程序设计的入门课程,也适合作为非计算机专业学生用来解决数据分析等各种问题的通用工具。国外很多著名高校的计算机或非计算机专业已经将 Python 作为程序设计入门课程。国内的高校也纷纷开设相关课程。尤其是随着计算思维和大数据概念的普及,Python 程序设计在高校中的教学开始全面展开。

本书编著者所在学校从 2014 级开始在经济管理类专业全校公共课中开设了相关课程,该课程主要面向经济管理类的学生开设。现有教材中的大部分案例面向理工科专业,难以贴近经济管理类专业,甚至有部分学生对案例难以理解。为了使上课的案例与学生专业知识更加紧密结合,我们组织编写了此教材。

本书由工作在教学第一线的高校教师编写完成。在编写本书时,编者注重理论与实践相结合,不仅有基础的理论知识,更有详细、通俗易懂的案例。作为一本介绍 Python 基础知识与应用的教材,本书内容简单易懂、层次脉络清晰、难度适中,内容、案例、难点安排恰当,非常适合教学。

本书共 16 章,主要内容及编写分工如下:

第 1 章由杨年华负责编写,主要介绍 Python 的发展历史、特点、下载与安装方法、使用方式、集成开发环境、内置模块介绍、帮助的使用等。

第 2 章由郑戟明负责编写,主要介绍 Python 语言的基础知识,包括控制台的使用、标识符与变量、数据类型、常用内置函数等。

第 3 章由张晓黎负责编写,主要介绍程序控制结构,包括分支控制、循环控制等。

第 4 章由郑戟明负责编写,主要介绍 Python 中的常用数据结构,包括序列、字典、集合等数据结构。

第 5 章由柳青负责编写,主要介绍函数的定义和调用、形参与实参、函数的返回、位置参数、默认参数、关键参数、可变长度参数、序列作为参数、基于函数的抽象与求精思想、递归思想等。

第 6 章由肖宇负责编写,主要介绍文件的打开与关闭、文件读写、文件指针、文件对话框等。

第 7 章由柳青负责编写，主要介绍 Python 的对象与方法、类的定义、类的属性、构造函数、类的方法、析构函数、可变对象与不可变对象、运算符的重载等。

第 8 章由杨年华负责编写，主要介绍类的继承与组合两种重用方式。

第 9 章由杨年华负责编写，主要介绍 Python 中的异常、异常类、异常的捕获与处理、自定义异常类、with 语句、断言等。

第 10 章由孙辞海负责编写，主要介绍使用 wxPython 进行用户图形界面设计的方法。

第 11 章由孙辞海负责编写，主要讨论 Python 程序的打包和发布方法。

第 12 章由肖宇负责编写，主要介绍利用 Python 进行数据库应用开发。

第 13 章由肖宇负责编写，主要介绍利用 Python 进行网络数据获取的方法。

第 14 章由张晓黎负责编写，主要介绍利用 Python 进行数据分析和绘图基础知识。

第 15 章由孙辞海负责编写，主要介绍基于 Python 的网站开发方法。

第 16 章由曹玉茹负责编写，主要介绍 Python 作为脚本语言在 SPSS 中的使用方法。

本书适合非计算机专业本科生使用，也可作为计算机程序设计的入门教材或 Python 爱好者的参考书。

本书提供全套教学课件和源代码，配套资源可登录清华大学出版社官方网站下载。

由于时间仓促，作者水平有限，书中难免出现纰漏，不足之处敬请批评指正，并反馈给我们。

本书编写组
2017 年 4 月

目 录

第 1 章 Python 概述 ... 1
1.1 Python 语言的发展史 ... 1
1.2 Python 语言的特点 ... 2
1.3 Python 的下载与安装 ... 3
1.3.1 Python 的下载 ... 3
1.3.2 Python 的安装 ... 3
1.4 开始使用 Python ... 6
1.4.1 交互方式 ... 6
1.4.2 代码文件方式 ... 7
1.4.3 代码风格 ... 8
1.5 Python 的集成开发环境 ... 9
1.5.1 Eclipse 中的 PyDev 插件 ... 9
1.5.2 Eric ... 11
1.6 模块 ... 11
1.6.1 标准模块 ... 12
1.6.2 第三方模块 ... 13
1.7 使用帮助 ... 14
1.8 本章小结 ... 17
习题 1 ... 17

第 2 章 Python 语言基础知识 ... 18
2.1 输入与输出 ... 18
2.1.1 数据的输入 ... 18
2.1.2 数据的输出 ... 21
2.2 标识符与变量 ... 22
2.2.1 标识符 ... 22
2.2.2 变量 ... 22
2.2.3 赋值语句 ... 23
2.3 数据类型及运算 ... 23
2.3.1 数据类型 ... 23
2.3.2 运算符和表达式 ... 25
2.3.3 运算表达式 ... 25

2.4 常见的 Python 函数 ………………………………………………………… 26
2.5 本章小结 ……………………………………………………………………… 29
习题 2 ……………………………………………………………………………… 29

第 3 章 控制语句 ………………………………………………………………… 30

3.1 分支结构控制语句 …………………………………………………………… 30
　　3.1.1 if 语句 ………………………………………………………………… 30
　　3.1.2 if/else 语句 …………………………………………………………… 31
　　3.1.3 if/elif/else 语句 ……………………………………………………… 33
　　3.1.4 选择结构嵌套 ………………………………………………………… 35
3.2 循环结构控制语句 …………………………………………………………… 37
　　3.2.1 while 语句 ……………………………………………………………… 37
　　3.2.2 for 语句 ………………………………………………………………… 39
　　3.2.3 循环嵌套 ……………………………………………………………… 40
　　3.2.4 break 语句和 continue 语句 ………………………………………… 43
3.3 应用实例 ……………………………………………………………………… 46
　　3.3.1 学生成绩统计 ………………………………………………………… 46
　　3.3.2 天气状况分析 ………………………………………………………… 47
3.4 本章小结 ……………………………………………………………………… 49
习题 3 ……………………………………………………………………………… 49

第 4 章 常用数据结构 …………………………………………………………… 51

4.1 序列 …………………………………………………………………………… 51
　　4.1.1 列表 list ……………………………………………………………… 51
　　4.1.2 元组 tuple ……………………………………………………………… 58
　　4.1.3 字符串 ………………………………………………………………… 59
　　4.1.4 列表与元组之间的转换 ……………………………………………… 64
4.2 字典 …………………………………………………………………………… 65
　　4.2.1 创建字典 ……………………………………………………………… 66
　　4.2.2 字典操作 ……………………………………………………………… 66
　　4.2.3 字典方法 ……………………………………………………………… 67
　　4.2.4 列表、元组与字典之间的转换 ……………………………………… 68
4.3 集合 …………………………………………………………………………… 71
　　4.3.1 集合的创建 …………………………………………………………… 71
　　4.3.2 集合的运算 …………………………………………………………… 72
　　4.3.3 集合的方法 …………………………………………………………… 73
4.4 本章小结 ……………………………………………………………………… 76
习题 4 ……………………………………………………………………………… 76

第 5 章　函数的设计 ·· 77

5.1　函数的定义 ··· 77
5.2　函数的调用 ··· 80
5.3　形参与实参 ··· 82
5.4　函数的返回 ··· 84
5.5　位置参数 ·· 87
5.6　默认参数与关键参数 ··· 88
5.7　可变长度参数 ·· 90
5.8　序列作为参数 ·· 94
5.9　基于函数的抽象与求精 ·· 97
5.9.1　自顶向下设计 ·· 97
5.9.2　自顶向下的实现 ··· 98
5.9.3　自底向上的实现与单元测试 ······································· 101
5.10　递归 ··· 105
5.11　本章小结 ·· 108
习题 5 ·· 108

第 6 章　文件操作 ·· 110

6.1　打开与关闭文件 ·· 110
6.2　读写文件 ·· 110
6.2.1　从文件读取数据 ··· 111
6.2.2　向文件写入数据 ··· 113
6.3　文件指针 ·· 114
6.4　文件对话框 ··· 114
6.4.1　基于 win32ui 构建文件对话框 ···································· 115
6.4.2　基于 tkFileDialog 构建文件对话框 ······························ 116
6.5　应用实例：文本文件操作 ··· 117
6.6　本章小结 ·· 120
习题 6 ·· 121

第 7 章　类与对象 ·· 122

7.1　认识 Python 中的对象和方法 ··· 122
7.2　类的定义 ·· 123
7.3　类的属性 ·· 125
7.3.1　类属性和实例属性 ·· 125
7.3.2　公有属性和私有属性 ··· 126
7.4　构造函数 ·· 127
7.5　类的方法 ·· 129

		7.5.1 类的方法调用的过程	129

       7.5.2 类的方法分类 …… 129

  7.6 析构函数 …… 131

  7.7 可变对象与不可变对象 …… 132

  7.8 get 和 set 方法 …… 134

  7.9 运算符的重载 …… 137

  7.10 面向对象和面向过程 …… 143

       7.10.1 类的抽象与封装 …… 143

       7.10.2 面向过程编程 …… 143

       7.10.3 面向对象编程 …… 144

  7.11 本章小结 …… 148

习题 7 …… 149

第 8 章 类的重用 …… 151

  8.1 类的重用方法 …… 151

  8.2 类的继承 …… 151

       8.2.1 父类与子类 …… 151

       8.2.2 继承的语法 …… 152

       8.2.3 子类继承父类的属性 …… 154

       8.2.4 子类继承父类的方法 …… 156

       8.2.5 继承关系下的构造方法 …… 159

       8.2.6 多重继承 …… 162

  8.3 类的组合 …… 164

       8.3.1 组合的语法 …… 164

       8.3.2 继承与组合的结合 …… 166

  8.4 本章小结 …… 167

习题 8 …… 167

第 9 章 异常处理 …… 168

  9.1 异常 …… 168

  9.2 Python 中的异常类 …… 169

  9.3 捕获与处理异常 …… 171

  9.4 自定义异常类 …… 173

  9.5 with 语句 …… 174

  9.6 断言 …… 175

  9.7 本章小结 …… 176

习题 9 …… 176

第 10 章 图形用户界面程序设计 ……… 177

10.1 图形用户界面平台的选择 ……… 177
10.2 wxPython 的安装 ……… 178
10.3 Hello World 的窗口程序 ……… 178
10.4 布局与事件 ……… 179
    10.4.1 BoxSizer ……… 179
    10.4.2 GridSizer ……… 180
    10.4.3 事件处理 ……… 181
10.5 使用 wxFormBuilder 设计界面 ……… 181
10.6 应用实例：条形码图片识别 ……… 184
    10.6.1 应用需求 ……… 184
    10.6.2 条形码识别程序 ……… 185
    10.6.3 界面设计 ……… 185
    10.6.4 完整代码 ……… 186
10.7 本章小结 ……… 189
习题 10 ……… 189

第 11 章 程序打包发布 ……… 190

11.1 setuptools 程序打包发布工具 ……… 190
    11.1.1 程序为什么要打包 ……… 190
    11.1.2 推荐使用 setuptools 打包发布 ……… 190
    11.1.3 setuptools 使用步骤 ……… 191
11.2 py2exe 打包 ……… 192
    11.2.1 py2exe 的安装 ……… 192
    11.2.2 py2exe 的简易打包 ……… 193
    11.2.3 py2exe 的高级打包技巧 ……… 194
11.3 应用实例 ……… 195
11.4 本章小结 ……… 197
习题 11 ……… 197

第 12 章 数据库应用开发 ……… 198

12.1 Python Database API 简介 ……… 198
    12.1.1 全局变量 ……… 198
    12.1.2 连接与游标 ……… 199
12.2 结构化查询语言 ……… 200
    12.2.1 数据定义语言 ……… 200
    12.2.2 数据操作语言 ……… 202
    12.2.3 数据查询语言 ……… 203

12.3 SQLite ………………………………………………………………… 203
　　12.3.1 SQLite 数据类型 ………………………………………… 204
　　12.3.2 sqlite3 模块 ……………………………………………… 206
12.4 应用实例：学生管理数据库系统 …………………………………… 209
　　12.4.1 数据表结构 ……………………………………………… 209
　　12.4.2 学生管理数据库系统实现 ……………………………… 210
12.5 本章小结 …………………………………………………………… 215
习题 12 ……………………………………………………………………… 216

第 13 章 网络数据获取 ……………………………………………………… 217

13.1 网页数据的组织形式 ……………………………………………… 217
　　13.1.1 HTML ……………………………………………………… 217
　　13.1.2 XML ……………………………………………………… 220
13.2 利用 urllib 处理 HTTP 协议 ……………………………………… 222
13.3 利用 BeautifulSoup4 解析 HTML 文档 ………………………… 226
　　13.3.1 BeautifulSoup4 中的对象 ……………………………… 227
　　13.3.2 遍历文档树 ……………………………………………… 230
13.4 应用实例 …………………………………………………………… 234
13.5 本章小结 …………………………………………………………… 240
习题 13 ……………………………………………………………………… 241

第 14 章 数据分析与绘图基础 ……………………………………………… 242

14.1 numpy 基础与常用函数 …………………………………………… 242
　　14.1.1 numpy 的 ndarray 数组类 ……………………………… 242
　　14.1.2 数组的元素级运算与函数 ……………………………… 244
　　14.1.3 数组的基本统计分析函数 ……………………………… 245
14.2 pyplot 基础与常用参数设置 ……………………………………… 247
　　14.2.1 折线图 …………………………………………………… 248
　　14.2.2 散点图 …………………………………………………… 251
　　14.2.3 直方图 …………………………………………………… 251
14.3 常用分析函数与绘图示例 ………………………………………… 252
　　14.3.1 简单移动平均 …………………………………………… 252
　　14.3.2 指数移动平均 …………………………………………… 253
14.4 本章小结 …………………………………………………………… 255
习题 14 ……………………………………………………………………… 255

第 15 章 网站设计 …………………………………………………………… 256

15.1 网站应用的发展历史与展望 ……………………………………… 256
15.2 HTTP 超文本传输协议 …………………………………………… 257

- 15.2.1 什么是 HTTP ……………………………………… 257
- 15.2.2 HTTP 的具体内容 ……………………………… 257
- 15.3 HTML 超文本标记语言 …………………………………… 259
  - 15.3.1 什么是 HTML ………………………………… 259
  - 15.3.2 HTML、CSS、JavaScript 的简介 …………… 259
- 15.4 使用 WSGI 接口创建动态网页 …………………………… 261
- 15.5 使用 Python 网络框架来建立网站 ……………………… 264
- 15.6 应用实例：报名网站 ……………………………………… 265
- 15.7 本章小结 …………………………………………………… 268
- 习题 15 ………………………………………………………… 268

第 16 章 在 SPSS 中使用 Python …………………………………… 270

- 16.1 SPSS Syntax 简介 ………………………………………… 270
  - 16.1.1 程序编辑窗口界面 …………………………… 271
  - 16.1.2 Paste 按钮 …………………………………… 271
- 16.2 SPSS 中 Python 插件的安装 ……………………………… 272
  - 16.2.1 安装工具 ……………………………………… 272
  - 16.2.2 工具设置 ……………………………………… 272
- 16.3 SPSS 中运行 Python ……………………………………… 273
  - 16.3.1 SPSS 中运行 Python 方式 …………………… 273
  - 16.3.2 SPSS 中运行 Python 案例 …………………… 276
- 16.4 本章小结 …………………………………………………… 277
- 习题 16 ………………………………………………………… 277

参考文献 ……………………………………………………………… 278

第 1 章 Python概述

本章学习目标

- 熟练掌握 Python 开发环境的安装方法
- 熟悉 Python 开发环境的使用方法
- 熟悉第三方模块的安装方法
- 熟悉帮助文档的查看方法

本章首先向读者讲述 Python 的发展历史与特点,再介绍 Python 开发环境的安装,并以简单的实例介绍 Python 开发环境的使用方法;然后介绍两种开源的基础开发环境;接着介绍第三方模块的安装方法;最后介绍如何查看帮助信息。

1.1 Python 语言的发展史

Python 的发明者 Guido von Rossum(吉多·范罗苏姆,见图 1.1),荷兰人。1982 年,Guido 从阿姆斯特丹大学(University of Amsterdam)获得了数学和计算机硕士学位,并于同年加入 CWI(Centrum voor Wiskunde en Informatica,国家数学和计算机科学研究院)。

1989 年,Guido 开始设计 Python 语言的编译/解释器,以实现一种易学易用、可拓展的通用程序设计语言。Python 这个名字来自于 Guido 所挚爱的电视剧 Monty Python's Flying Circus。

1991 年,第一个用 C 语言实现的 Python 编译器/解释器诞生。从诞生之时起,Python 就具有类(class)、函数(function)、异常处理(exception)、列表(list)和字典(dictionary)等核心数据类型,允许在多个层次上进行扩展。

最初的 Python 完全由 Guido 开发。随着 Python 得到 Guido 同事们的欢迎,他们迅速地反馈使用意见,并参与了 Python 的改进。随后,Python 拓展到 CWI 之外。

Python 将许多机器层面上的实现细节隐藏,交给

图 1.1 Guido von Rossum

编译器处理。Python 程序员可以花更多的时间用于思考程序的逻辑，而不是具体地实现细节。这一特征使得 Python 开始流行，尤其是在非计算机专业领域得到更加广泛的关注。

Python 是一种面向对象的、解释性的通用计算机程序设计语言。它以对象为核心组织代码（Everything is object），支持多种编程范式（multi-paradigm），采用动态类型（dynamic typing），自动进行内存回收（garbage collection）。它既具有强大的标准库（battery included），也拥有丰富的第三方扩展包。

目前，Python 已经进入到 3.x 的时代。由于 Python 3.x 向后不兼容，许多利用 Python 2.x 开发的第三方包在 3.x 版本中无法使用，从 2.x 到 3.x 的过渡将是一个漫长的过程。由于 Python 2.x 拥有丰富的第三方扩展包，方便应用开发时的直接调用，因此本书采用 Python 2.7 版本。

现在，Python 已经成为最受欢迎的程序设计语言之一，它在 TIOBE 编程语言排行榜中的名次不断上升，其中 2016 年 1 月的排名升至第 5 位。

1.2 Python 语言的特点

Python 语法简洁、清晰。一个结构良好的 Python 程序就像伪代码，类似于用普通的英语描述一个事情的逻辑。因此 Python 程序设计语言也比较容易学习和掌握。Python 简单、易学的特点使得用户能够专注于解决问题的逻辑，而不为烦琐的语法所困惑。很多非计算机专业人士选择 Python 语言作为其解决问题的编程语言。同样，很多计算机专业也开始选择 Python 语言作为培养学生程序设计能力的入门语言。

Python 是纯粹的自由软件，源代码和解释器 CPython 遵循 GPL（GNU General Public License）协议。用户不但可以自由地下载使用，还可以自由地发布这个软件的副本、阅读它的源代码、改动源代码，把它的一部分用于新的自由软件中。在开源社区中有许多优秀的专业人士来维护、更新、改进 Python 语言。这些都是使得 Python 如此优秀的重要原因。

Python 是一个高级程序设计语言，用户在使用时无须考虑诸如如何管理内存之类的底层问题，从而降低了技术难度。

Python 具有良好的跨平台特性。可以运行于 Windows、UNIX、Linux、安卓等大部分操作系统平台。Python 是一种解释性语言。开发工具首先把 Python 编写的源代码转换成称为字节码的中间形式。运行时，解释器再把字节码翻译成适合于特定环境的机器语言并运行。这使得 Python 程序更加易于移植。

Python 支持面向过程的编程，程序可以由过程或仅仅是由可重用代码的函数构建起来。同时，Python 从设计之初就是一门面向对象的语言，因此也支持面向对象的编程。在面向对象的编程中，Python 程序由表示数据的属性和表示特定功能的方法组合而成的类来构建。

Python 语言具有良好的可扩展性。例如，Python 可以调用使用 C、C++ 等语言编写的程序，Python 可以调用 R 语言中的对象以利用其专业的数据分析能力。这一特性使得 Python 语言适合用来进行系统集成，也可以包含使用者原有的软件资产。同样也可以将 Python 程序嵌入到其他程序设计语言中，或者作为一些软件的二次开发脚本语言。例如，Python 可以作为 SPSS 的脚本语言。另一方面，在 Python 程序中嵌入其他程序设计语言编写的模块可能会在一定程度上影响 Python 程序的可移植性。

Python 标准库非常庞大，可以处理各种工作。而且，由于 Python 开源、免费的特征，不同社区的 Python 爱好者贡献了大量实用且高质量的扩展库，方便在程序设计时直接调用。

在 Python 的 2.x 版本中，long 类型的整数长度只受计算机内存的限制，可以表示一个很大的整数。在 3.x 版本中，将 int 和 long 两种类型合并为 int。因此在 3.x 版本中，int 类型表示的长度不受限制，直到内存耗尽。另一方面，在进行大量数据分析时，Python 的运算速度相对较快。Python 的这些特点使得其更适合处理大数据相关应用。

Python 采用强制空格缩进的方式使得代码具有较好可读性。但是这种使用强制空格缩进的方式同时也带来了一些隐患，使得一些无意的触碰键盘等行为可能导致空格的增删，从而导致程序的逻辑错误。

1.3 Python 的下载与安装

1.3.1 Python 的下载

用户可以从 https://www.Python.org/ftp/Python/下载相应版本的 Python 源代码、安装程序和帮助文件等。在网页上单击相应版本号（如 2.7.11）后，用户根据所使用的操作系统，选择适合不同操作系统的文件。例如，用户要安装到 64 位 Windows 操作系统，可以下载名为 Python-2.7.11.amd64.msi 的文件；如果是 32 位 Windows 操作系统，则选择 Python-2.7.11.msi。

1.3.2 Python 的安装

下面以在 Windows 7 的 32 位操作系统上安装 Python 2.7.11 版本为例，简要介绍 Python 开发环境的安装过程，步骤如下：

（1）双击安装程序 Python-2.7.11.msi，进入如图 1.2 所示的界面。

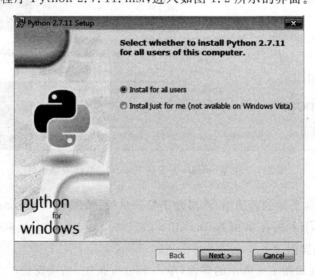

图 1.2 在 Windows 下安装 Python——选择是否所有操作系统用户可用

（2）在如图1.2所示的界面中单击Next按钮，出现如图1.3所示的界面。

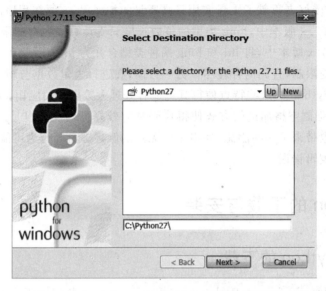

图1.3　在Windows下安装Python—选择安装目录

（3）在如图1.3所示的界面中选择Python的安装路径，然后单击Next按钮，出现如图1.4所示的界面。

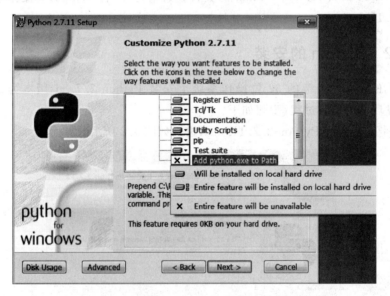

图1.4　在Windows下安装Python—选择安装组件

（4）在如图1.4所示的界面中，将滚动条拉到最后，单击Add python.exe to Path左边的下三角按钮，并选择Will be installed on local hard drive。然后单击Next按钮，出现如图1.5所示的界面。

（5）稍后，出现如图1.6所示的界面，单击Finish按钮，结束安装。

大部分的Linux操作系统（如Ubuntu）默认安装就包含了Python开发环境。如果要安

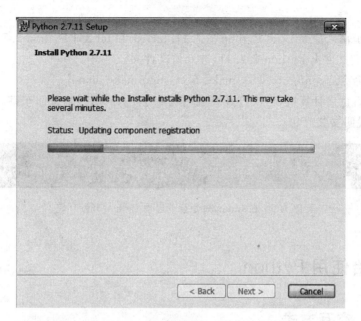

图 1.5 在 Windows 下安装 Python—安装进程状态显示

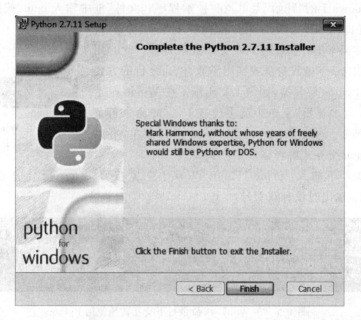

图 1.6 在 Windows 下安装 Python—结束安装

装特定版本的 Python，需要自己手动安装。这里简单介绍一下在 Ubuntu 操作系统中如何安装 Python 2.7.11 版本。在其他版本的 Linux 操作系统下安装方法相同。具体步骤如下：

（1）在 Python 官方网站下载与用户 Ubuntu 版本相适应的 Python 版本。本书使用的是 32 位的 Ubuntu 操作系统。与此版本操作系统相适应的 Python 的下载地址为 https://www.Python.org/ftp/Python/2.7.11/Python-2.7.11.tar.xz。下载的软件包是 Python-

2.7.11.tar.xz。

（2）分两步输入命令 xz -d Python-2.7.11.tar.xz 和 tar xvf Python-2.7.11.tar 进行解压。解压后得到文件夹 Python-2.7.11，进入该文件夹。

（3）执行命令 ./configure && make && sudo make install。

（4）完成后重启计算机，再次打开终端输入命令 Python，然后按回车键。显示如图 1.7 所示的界面，说明安装成功。

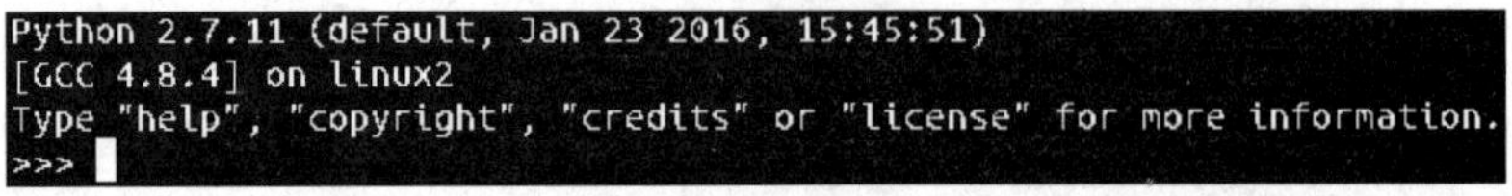

图 1.7　在 Linux 命令行下启动 Python 开发环境

1.4　开始使用 Python

1.4.1　交互方式

单击 Windows 7 的"开始"菜单，在"搜索程序和文件"框中输入 cmd，按回车键，打开命令行控制台窗口，如图 1.8 所示。在命令行窗口中输入 python 命令，按回车键，进入 Python 交互式解释器。此时用户可以在提示符>>>下输入命令或调用函数，以命令行的方式交互式地使用 Python 解释器，如图 1.9 所示。在 Windows 下安装完 Python 后，"开始"菜单中就会出现 Python 命令行菜单，如图 1.10 所示。单击 Python（command line）菜单，可以直接进入 Python 交互式解释器使用模式。

图 1.8　在 Windows 7 下启动命令行程序

在提示符>>>下输入：print "Hello World!"，紧接着在下一行会输出字符串"Hello World!"（注意：输出时没有双引号）。

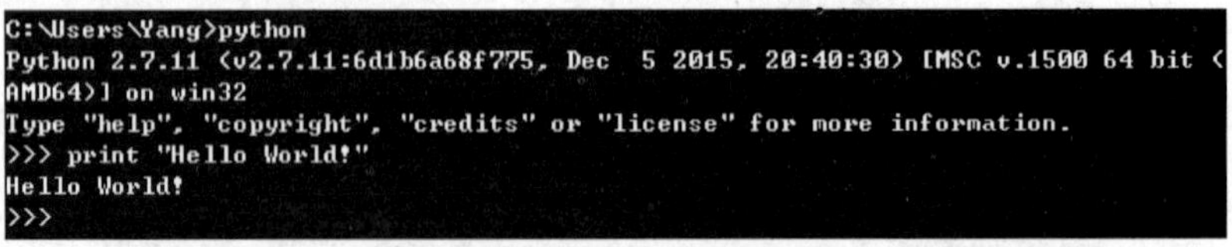

图 1.9　在 Windows 命令行下交互式地使用 Python

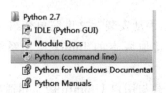

图 1.10　Windows"开始"菜单中的 Python 命令行和 IDLE

如果你熟悉 C++、Java 等程序设计语言,通常习惯于以分号结束一行语句。在 Python 语言中,一行语句的结束不需要任何标点符号。

这里的 print 是指将后面的字符串"Hello World!"打印到屏幕上,而不是在打印机上输出。这里两个双引号里面的内容表示一个完整的字符串,双引号本身不在屏幕上输出。

除了在命令行控制台可以进入交互式解释器外,也可以通过 IDLE 进入交互式的 Python 解释器。IDLE 实际上是一个集成开发环境,既可以编辑和执行 Python 代码文件,也可以以交互的方式使用 Python 解释器。在 Windows 下安装完 Python 后,IDLE 就可以直接使用,单击如图 1.10 中所示的菜单 IDLE(Python GUI),就进入如图 1.11 所示的使用界面。

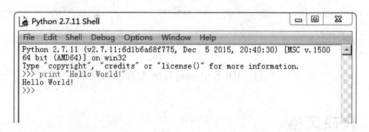

图 1.11　在 IDLE 中使用 Python 交互式解释器

1.4.2　代码文件方式

在交互方式下输入 Python 代码虽然非常方便,但是这些语句没有被保存,无法重复执行或留作将来使用。用户也可以像使用 C++、Java 等程序设计语言一样,先将程序代码保存在一个源程序文件中,然后用命令执行文件中的语句。编写的 Python 源代码以 .py 为扩展名保存,然后在交互方式下输入以下语句来执行:

```
python filename.py
```

用户可以使用记事本、集成开发工具等编写源代码,并将源程序保存为 .py 文件,然后在 Python 的命令行方式下执行此文件。

用户也可以使用 IDLE 集成开发工具编写源代码,然后在集成开发工具中运行,得到运行结果。

【例 1-1】　编写分两行分别打印"Hello World!"和"欢迎使用 Python!"的 Python 程序。

程序代码:

```
#eg1_1.py
#coding = gbk
print "Hello World!"
print "欢迎使用 Python!"
```

其中,第 1 行是注释,第 2 行 # coding = gbk 用于处理中文编码,防止中文在输出时出现乱码。如果控制台命令行当前目录就是 eg1_1.py 所在目录,执行 python eg1_1.py,得到如图 1.12 所示的结果。

也可以使用 IDLE 来编写代码。在如图 1.10 所示的菜单中单击 IDLE (Python GUI)，打开如图 1.11 所示的窗口。单击 File→New File 命令，打开如图 1.13 所示的窗口。在该窗口中编写代码。编写完成后按 F5 键或单击菜单中的 Run→Run Module 命令运行程序，得到如图 1.14 所示的结果。

图 1.12　eg1_1.py 程序执行结果 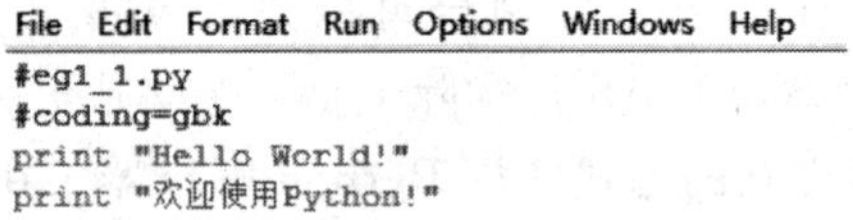　　　图 1.13　利用 IDLE 编写与运行源程序

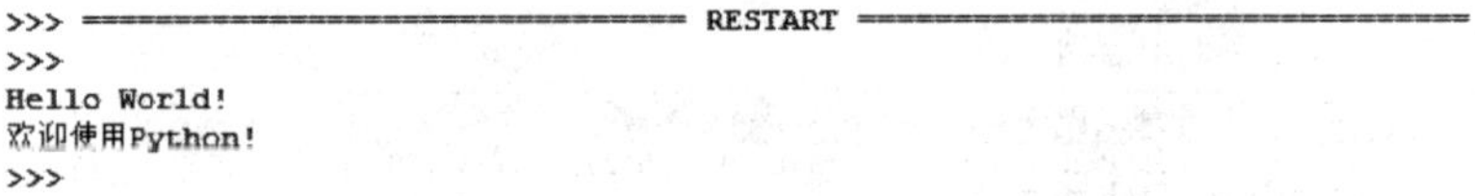

图 1.14　IDLE 中 eg1_1.py 程序执行结果

1.4.3　代码风格

代码的风格是指代码的样子。一个具有良好风格的程序不但能够提高程序的正确性，还能提高程序的可读性，便于交流和理解。这里介绍几个对编写 Python 程序有比较重要影响的风格。

1. 代码缩进

代码缩进是 Python 语法中的强制要求。Python 的源程序依赖于代码段的缩进来实现程序代码逻辑上的归属。同一个程序中每一级缩进时统一使用相同数量的空格或制表符（Tab 键）。空格和制表符不要混用。混合使用空格和制表符缩进的代码将被转换成仅使用空格。调用 Python 命令行解释器时使用-t 选项可对代码中不合法的混用空格和制表符的情况发出警告。使用-tt 选项时警告将变成错误。

一个 Python 程序可能因为没有使用合适的空格缩进而导致完全不同的逻辑。

【例 1-2】　用户输入一个正整数的值 n，计算 $1! + 2! + 3! + \cdots + n!$ 的值。

可以实现此功能的一种程序源代码如下：

```
#eg1_2.py
#coding = gbk
n = input("请输入一个整数：")
k = 1
sum = 0

for i in range(1, n + 1):
    k = k * i
    sum = sum + k

print "sum = %i" % sum
```

然而，如果因为某种原因导致上述程序中的一行源代码"sum＝sum＋k"前面没有缩

进,变成了如下所示的程序:

```
# eg1_2_another.py
# coding = gbk
n = input("请输入一个整数: ")
k = 1
sum = 0

for i in range(1,n + 1):
    k = k * i
sum = sum + k

print "sum = % i" % sum
```

计算结果就不是 $1!+2!+3!+\cdots+n!$ 的值,而是 $n!$ 的值。

2．适当的空行

适当的空行能够增加代码的可读性,方便交流和理解。例如,在一个函数的定义开始之前和结束之后使用空行,for 语句功能模块之前和之后添加空行,能够极大地提高程序可读性。

3．适当的注释

程序中的注释内容是给人看的,不是为计算机写的。编译时,注释语句的内容将被忽略。程序中适当的注释有利于别人读懂程序,了解程序的用途,同时也有助于程序员本人整理思路、方便回忆。

1.5 Python 的集成开发环境

前面已经提到 IDLE 集成开发环境(IDE)随着 Python 解释器一起安装。Python 集成开发环境能够帮助开发者提高开发效率、加快开发的速度。高效的 IDE 一般会提供插件、工具等帮助开发者提高效率。本书使用 IDLE 作为开发工具。本节简要介绍另外两款开源的集成开发环境。

1.5.1 Eclipse 中的 PyDev 插件

Eclipse 是一个开放源代码的、基于 Java 的可扩展集成开发环境。Eclipse 拥有庞大的开发社区和可自由定制的可用插件程序。

2003 年 7 月 16 日,Fabio Zadrozny 等三人组成的开发小组在全球最大的开放源代码软件开发平台和仓库 SourceForge 上注册了一款新的项目 PyDev。该项目实现了一个功能强大的 Eclipse 插件,用户可以利用 Eclipse 来进行 Python 应用程序的开发和调试。

PyDev 插件提供了语法错误提示、源代码编辑助手、运行、调试等功能,还能够利用 Eclipse 的很多优秀特性,为众多 Python 开发人员提供了便利。

安装步骤如下:

(1) 安装 Python。

(2) 下载安装 Java JDK。Eclipse 需要依赖 JDK 才能运行。用户可以到 Oracle 官方网站 http://www.oracle.com 下载 JDK。

(3) 到 http://www.eclipse.org 下载 Eclipse。下载后解压即可使用,不需要安装。

(4) 启动 Eclipse,单击 Help→Install New Software 命令,显示如图 1.15 所示的窗口。

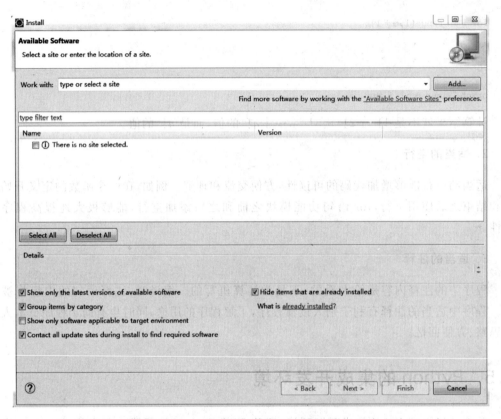

图 1.15　Eclipse 添加插件窗口

(5) 在如图 1.15 所示的对话框中单击 Add 按钮,出现如图 1.16 所示的窗口。

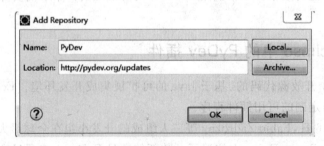

图 1.16　Eclipse 插件仓库添加窗口

(6) 在如图 1.16 所示的窗口 Name 框中填写 PyDev,在 Location 框中填入 http://pydev.org/updates,单击 OK 按钮,回到上一界面,出现可供选择的组件,如图 1.17 所示。

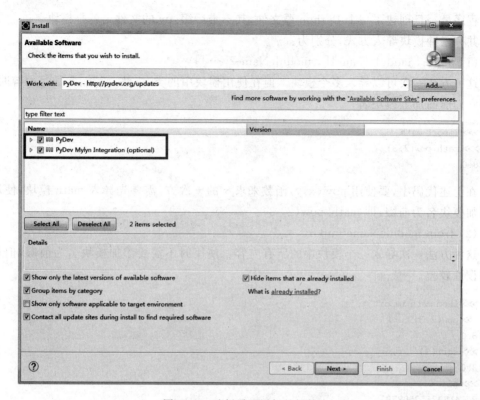

图 1.17　选择需要添加的插件

（7）在如图 1.17 所示的窗口的 Name 部分选中需要安装的插件，单击 Next 按钮。然后一直按照默认设置单击 Next 按钮，直到完成。安装结束后重启 Eclipse。

（8）配置 Python 解释器。在 Eclipse 菜单栏中，单击 Window→Preferences，在对话框中，单击 PyDev→Interpreter→Python，单击 New 按钮，弹出 Select interpreter 窗口，在该窗口的 Interpreter Executable 输入框中根据 Python 的安装路径，选择 Python.exe，单击 OK 按钮，显示出一个包含很多复选框的窗口，单击 OK 按钮，最后单击 Preferences 窗口中的 OK 按钮，完成配置。

1.5.2　Eric

Eric 的全称为 Monty Python's Eric Idle。它是在 Qt 框架下用 Python 所编写的，使用了源代码编辑器组件 Scintilla。Scintilla 是一款用于许多不同 IDE 和编辑器，也可作为独立文本编辑器的组件。Eric 的特性和其他的 IDE 相似，包含括号匹配、代码自动完成等。

Eric 在 GPL 3 协议下是可以免费使用的。

1.6　模块

模块是一种程序的组织形式。它将彼此具有特定关系的一组 Python 可执行代码、函数或类组织到一个独立文件中，可以供其他程序使用。模块可以分为标准模块和第三方模块。程序员一旦创建了一个 Python 源文件,其不带后缀.py 的文件名就是模块名。

共有三种模块导入方式,分别为:

(1) import moduleName1[,moduleName2[…]]

这种方法一次可以导入多个模块。但在使用模块中的类、方法、函数、常数等内容时,需要在它们前面加上模块名。

```
>>> import math
>>> math.pow(2,3)
8.0
```

在上述代码中,要使用 pow(x,y)函数来求 x 的 y 次方,需要先导入 math 模块,使用时须添加模块名为前缀,即 math.pow(2,3)。

(2) from moduleName import *

这种方法一次导入一个模块中的所有内容。使用时不需要添加模块名为前缀,但程序的可读性较差。

```
>>> from math import *
>>> pow(2,3)
8.0
>>> sqrt(9)
3.0
>>> pi
3.141592653589793
```

上述代码中,利用 from math import * 导入 math 模块中的所有内容后,可以调用这个模块里定义的所有函数等内容,不需要添加模块名为前缀。

(3) from moduleName import object1[,object2[…]]

这种方法一次导入一个模块中指定的内容,如某个函数。调用时不需要添加模块名为前缀。使用这种方法的程序可读性介于前两者之间。

```
>>> from math import pow, e
>>> e
2.718281828459045
>>> pow(2,3)
8.0
>>> pi
Traceback (most recent call last):
  File "<pyshell#1>", line 1, in <module>
    pi
NameError: name 'pi' is not defined
```

上述程序中,"from math import pow,e"表示导入模块 math 中的 pow 函数和常量 e,程序中只可以使用 pow 函数和 e 的值,不能使用该包中的其他内容(如 pi)。

1.6.1 标准模块

安装好 Python 后,本身就带有的模块被称为标准模块,也被称为 Python 的标准库。

表1.1列出了Python中部分常用的标准模块。其他模块请参考Python的官方文档。

表1.1 Python常用标准模块

模块名称	简要说明
copy	copy是一个运行时模块,提供对复合(compound)对象(list、tuple、dict、custom class等)进行浅拷贝和深拷贝的功能
sys	sys是一个运行时模块,提供了很多跟Python解析器和环境相关的变量和函数
math	math是一个数学模块,定义了标准的数学方法(例如cos(x)、sin(x)等)和数值(如pi)
random	random是一个数学模块,提供了各种产生随机数的方法

1.6.2 第三方模块

Python的优势之一在于其广泛的用户群和众多的社区志愿者,他们提供了很多实用的模块。一些模块已经被吸收为Python的标准库,随着Python解释器一起安装,可以直接通过import语句引用。但是更多的模块并不是Python的标准库,在使用import语句前必须提前安装到开发环境中。本节以使用matplotlib模块为例,介绍如何安装非标准库中的第三方模块。

matplotlib是一个绘图库,能够替代Matlab中的大部分功能。然而matplotlib不是Python的标准库,需要下载安装额外的软件包到现有的Python环境中后才可以通过import引入后使用。

获得matplotlib的最简单方法是安装增强版的Python发行版本。这些版本包含了很多Python的非标准包。这里介绍几个目前比较常用的Python增强型发行版本。

(1) EnthoughtPython:该版本适用于多个操作系统平台,除了包含标准的Python模块外,还包含大量额外的模块。用户可到http://www.enthought.com网站下载。如果用于教育用途的话,该版本是免费的。

(2) Python(x,y):该版本主要用于科学和数值计算、数据分析与可视化,但只能用于Windows平台。用户可至http://Python-xy.github.io下载

(3) WinPython:此版本的GUI基于PyQt,可以安装在U盘里面。但也只适用于Windows操作系统。用户可至http://winPython.github.io下载。

(4) Anaconda:此版本适用于Windows、OSX、Linux等操作系统,并且完全免费,即使用于商业用途也是免费的。它包含300多个用于科学、数学、工程、数据分析等的Python模块。用户可至https://www.continuum.io/downloads下载。

如果需要用到以上增强型版本也不包含的第三方模块,或者用户希望安装完标准的Python发行版本后自行添加需要的模块,此时用户需要到相应的网站下载需要的模块程序包,然后安装。

如果当需要安装的模块依赖于其他模块时,则先安装被依赖的模块。这里以安装matplotlib为例来说明用户如何自行安装需要的第三方模块。步骤如下:

(1) matplotlib模块依赖于numpy模块,所以需要先到http://www.numpy.org下载安装程序包。在Windows操作系统下安装numpy模块之前需要先下载并安装微软的Visual C++ For Python,然后将numpy-1.11.0.zip解压缩到一个目录中,在命令行下进入

该目录,并输入 Python setup.py install。安装完成后测试 numpy 能否正常工作,如下所示:

```
>>> import numpy
>>> numpy.__version__
'1.11.0'
>>>
```

(2) 到 matplotlib 网站(http://sourceforge.net/projects/matplotlib/)下载相应版本的 matplotlib。适用于 Windows 下安装的是一个.whl 文件。在命令行下进入该文件所在目录,然后输入命令"pip install 文件名.whl",完成安装。输入如下代码,测试能否正常工作:

```
>>> import numpy
>>> import pylab
>>> pylab.plot([1,4,9,16,25,36,49,64,81])
[<matplotlib.lines.Line2D object at 0x0000000005813320>]
>>> pylab.show()
```

结果如图 1.18 所示。

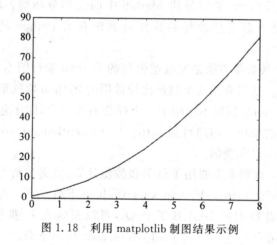

图 1.18 利用 matplotlib 制图结果示例

1.7 使用帮助

Python 提供了 dir 和 help 内置函数(不需要通过 import 就可直接使用的函数)供用户查看模块、函数等的相关说明。

以查看 math 模块的相关说明为例,在 Python 命令窗口中输入 dir(math)即可查看 math 模块的可用属性和函数,如图 1.19 所示。

help 函数可以查看模块、函数等的详细说明信息。例如在 import math 后,输入命令 help(math),将列出 math 模块中所有的常量和函数详细说明;如果输入 help(math.sqrt),将只列出 math.sqrt 函数的详细信息。

```
>>> import math
>>> dir(math)
['__doc__', '__name__', '__package__', 'acos', 'acosh', 'asin', 'asinh', 'atan', 'atan2', 'atanh', 'ceil',
'copysign', 'cos', 'cosh', 'degrees', 'e', 'erf', 'erfc', 'exp', 'expm1', 'fabs', 'factorial', 'floor', 'fmod',
'frexp', 'fsum', 'gamma', 'hypot', 'isinf', 'isnan', 'ldexp', 'lgamma', 'log', 'log10', 'log1p', 'modf','pi',
'pow', 'radians', 'sin', 'sinh', 'sqrt', 'tan', 'tanh', 'trunc']
>>>
```

图 1.19　使用 dir 查看可用属性和函数

也可以用 print 函数在屏幕上打印帮助信息。例如，要查看 math.sqrt 函数的帮助信息，只需要在命令窗口输入 print(math.sqrt.__doc__)即可：

```
>>> import math
>>> print(math.sqrt.__doc__)
sqrt(x)

Return the square root of x.
>>>
```

【例 1-3】　运用三种模块的导入方法来求解 30°的正弦函数值。

分析：我们都知道正弦函数用 sin 表示，但是不知道在 Python 中有无特殊要求，可以先用帮助命令 help 查一下。

```
>>> import math
>>> help(math.sin)
Help on built-in function sin in module math:

sin(...)
    sin(x)

    Return the sine of x (measured in radians).
```

通过帮助我们发现 sin 函数中的参数 x 是以 radians(弧度)为单位的。再通过帮助查一下 math 模块中是否有有关 radians 的函数。

如果对函数不熟悉，也可以直接发出如下命令：

```
>>> help(math)
```

将显示出 math 模块中的所有内置函数。

```
>>> help(math)
Help on built-in module math:

NAME
    math

FILE
    (built-in)

DESCRIPTION
```

```
This module is always available. It provides access to the
mathematical functions defined by the C standard.

FUNCTIONS
    acos(...)
        acos(x)

        Return the arc cosine (measured in radians) of x.
    ...
    degrees(...)
        degrees(x)

        Convert angle x from radians to degrees.
    ...
    pow(...)
        pow(x, y)

        Return x**y (x to the power of y).

    radians(...)
        radians(x)

        Convert angle x from degrees to radians.

    sin(...)
        sin(x)

        Return the sine of x (measured in radians).
    ...
    trunc(...)
        trunc(x:Real) -> Integral

        Truncates x to the nearest Integral toward 0. Uses the __trunc__ magic method.

DATA
    e = 2.718281828459045
    pi = 3.141592653589793
```

其中,radians 函数的功能就是将角度转换为弧度,同时我们还发现了 degrees 函数的功能是将弧度转换为角度。

程序代码:(第一种模块导入方法)

```
#eg1_3_1.py
import math
x = math.sin(math.radians(30))
print x
```

程序代码:(第二种模块导入方法)

```
#eg1_3_2.py
from math import *
```

```
x = sin(radians(30))
print x
```

程序代码:(第三种模块导入方法)

```
#eg1_3_3.py
from math import sin,radians
x = sin(radians(30))
print x
```

程序运行结果:

```
>>> ========================= RESTART =============================
0.5
```

1.8 本章小结

　　本章首先阐述 Python 的产生背景以及 Python 的简单发展历程;然后介绍了 Python 的主要特点,说明以 Python 作为程序设计入门课程的好处以及非计算机专业学生学习 Python 程序设计的必要性。接着介绍了 Python 的下载及在不同操作系统上的安装方法;又以最简单的实例介绍如何开始 Python 程序设计;接着介绍了适合于 Python 程序设计的两个开源集成开发环境,详细介绍了在 Eclipse 框架下安装 PyDev 插件并配置 PyDev 参数的方法;最后介绍了第三方模块的安装方法和帮助文档查看方法。

习题 1

　　1. 从 http://www.Python.org 下载适合于你的操作系统的 Python 安装程序,并在你的个人 PC 上完成安装。
　　2. 下载并安装至少一个第三方模块。
　　3. 下载、安装并配置一个集成开发环境。

第 2 章 Python语言基础知识

本章学习目标

- 熟练掌握数据输入输出的方法
- 了解标识符与变量的基本概念与用法
- 了解数据类型的基本概念并能熟练定义数据类型
- 掌握运算符和表达式的用法

本章首先介绍数据输入输出的基本方法,再介绍标识符的概念和命名规则、变量的概念和用法以及各种数据类型,最后介绍运算符和表达式的用法。

2.1 输入与输出

通常,任何程序都会通过输入输出的功能与用户进行交互和沟通。所谓输入,就是指程序通过用户输入的信息获取数据;而输出则是指程序向用户显示或打印数据。在 Python 语言中,可以用 input()函数或 raw_input()函数进行输入,用 print 语句进行输出,这些都是简单的控制台输入输出函数。

2.1.1 数据的输入

1. 用 input()函数输入数据

Python 中提供了 input()函数用于输入数据,该函数可以输入数值、字符串和其他对象。

执行时首先在屏幕上显示提示字符串,然后等待用户输入,输入完毕后按回车键,并将用户输入作为一个表达式进行解释、求值,最后将求值结果赋予变量。例如:

```
>>> x = input("请输入 x 值: ")
请输入 x 值: 100
>>> x
100
```

当用户输入 100,按回车键之后,input 函数将 100 作为数值赋予变量 x,结果就是数值 100。

input 函数也可以同时为多个变量赋值。例如:

```
>>> x,y = input("请输入x,y值：")
请输入x,y值：100,50
>>> x
100
>>> y
50
```

当用户输入"100,50"，按回车键之后，input函数分别将100、50作为数值赋予变量x、y，结果就是x的值为100，y的值为50。

```
>>> x = input("请输入x值：")
请输入x值：100＋50
>>> x
150
```

当用户输入"100＋50"，按回车键之后，input函数将100＋50作为表达式进行求值，计算结果为数值150，再将150赋值给x。

```
>>> x = input("请输入x值：") + 50
请输入x值：100
>>> x
150
```

input函数也可以直接用在表达式中，其作用相当于一个值，上例中x的值为100＋50，即150。

input函数不仅能接收数值类型数据，也能接收其他类型数据。例如：

```
>>> x = input("请输入x值：")
请输入x值："100"
>>> x
'100'
```

当用户输入"100"，按回车键之后，input函数将"100"作为字符串赋予变量x，结果就是字符串'100'。

```
>>> x = input("请输入x值：")
请输入x值："100"＋"50"
>>> x
'10050'
```

当用户输入"100"＋"50"，按回车键之后，input函数将"100"＋"50"作为字符串运算表达式进行求值，进行字符串的连接操作，计算结果为'10050'。

```
>>> x = input("请输入x值：")
请输入x值："py"＋"thon"
>>> x
'python'
```

与上例类似，当用户输入"py"＋"thon"，按回车键之后，input函数将"py"＋"thon"作为字符串运算表达式进行求值，计算结果为'python'。

2. 用 raw_input() 函数输入数据

从上面的例子可以看出，input() 函数在输入数值型数据时相对比较方便，但在输入字符串类型的数据时则有点复杂，输入的字符串数据需要加上引号，如果不添加引号，input 会将输入的字符串解释为变量名，除非程序中定义过该变量，否则会导致"变量未定义"的错误。例如：

```
>>> x = input("请输入x值：")
请输入x值：Python

Traceback (most recent call last):
  File "<pyshell#23>", line 1, in <module>
    x = input("请输入x值：")
  File "<string>", line 1, in <module>
NameError: name 'Python' is not defined
```

为了解决这一问题，Python 语句还提供了另一个输入函数 raw_input()，它使字符串数据输入更加方便。raw_input 函数的通常使用格式如下：

<变量名> = raw_input(<提示字符串>)

执行时首先在屏幕上显示提示字符串，然后等待用户输入，输入完毕后按回车键，用户输入的所有内容都作为字符串而不是表达式，该字符串就是 raw_input() 函数的返回值，可以赋值给其他变量。例如：

```
>>> x = raw_input("请输入x值：")
请输入x值：Python
>>> x
'Python'
```

从上面例子可以发现，raw_input() 函数将用户输入的数据构成一个字符串并作为函数值返回。因此，用 raw_input() 函数输入字符串时不需要加引号，比 input() 函数要方便一些。

raw_input() 函数也可以直接用在某个表达式中。例如：

```
>>> 5 * raw_input("请输入数据：")
请输入数据：$
'$$$$$'
```

根据上面例子的比较可以看出，如果需要输入数值或数值表达式，最好用 input() 函数；如果需要输入字符串，最好使用 raw_input() 函数。

不过上述说法并不是绝对的，实际应用中经常使用 raw_input() 函数来输入数值数据，首先使用 raw_input() 函数把用户输入的数值或数值表达式作为字符串输入，然后通过类型转换函数 int、long、float 等函数将字符串转换成数值。例如：

```
>>> x = int(raw_input("请输入x值："))
请输入x值：100
>>> x
100
```

x 的值为数值 100，此时 raw_input() 函数所接收的输入字符串被 int() 函数转换成整数类型。

2.1.2 数据的输出

Python 中最简单的输出方式就是使用 print 语句。print 语句用于在屏幕上显示信息，其通常使用格式以及作用如下：

- print

这是没有表达式的 print 语句，用于输出一个空白行。

- print <表达式>

将表达式的值以文本形式显示在屏幕上。

- print <表达式 1>,<表达式 2>,…,<表达式 n>

将各表达式的值以文本形式从左到右显示在屏幕的同一行上，值与值之间插入一个空格作为间隔。

- print <表达式 1>,<表达式 2>,…,<表达式 n>,

通常情况下，连续两条 print 语句将在屏幕的两个不同行上显示信息，但如果前一条 print 语句以逗号结尾，则下一条 print 语句将不会换行，而是接在前一行的后面继续显示，并在中间会加上空格分隔。

【例 2-1】 阅读以下程序代码，分析程序运行结果。

程序代码：

```
# -*- coding: cp936 -*-
#eg2_1.py
print "我喜欢"+"程序设计"
print "我喜欢","程序设计"
print
print "我喜欢"
print "程序设计"
print "我喜欢",
print "程序设计"
```

程序运行结果：

```
>>> ========================== RESTART ==========================
我喜欢程序设计
我喜欢 程序设计

我喜欢
程序设计
我喜欢 程序设计
```

分析：第 1 个 print 语句中的"+"表示字符串的连接，通过 print 语句在一行输出；第 2 个 print 语句中的两个字符串用","分隔，输出的时候中间会插入一个空格作为间隔；第 3 个 print 语句输出一个空行；第 4 个和第 5 个 print 语句分两行单独输出；第 6 个 print 语句以","结尾，则第 7 个 print 语句将不会换行，而是接在前一行的后面继续输出，并在中间会加上空格分隔。其实第 6 个和第 7 个语句就相当于第 2 个的 print 语句。

2.2 标识符与变量

2.2.1 标识符

标识符是指用来标识某个实体的一个符号。在不同的应用环境下有不同的含义。在编程语言中,标识符是计算机语言中作为名字的有效字符串集合。标识符是用户编程时使用的名字,变量、常量、函数、语句块也有名字,统统称为标识符。

1. 合法的标识符

在 Python 中,所有标识符可以包括英文、数字以及下画线,但要符合以下规则:
- 标识符开头必须是字母或下画线;
- 标识符不能以数字开头;
- 标识符是区分大小写的;
- 标识符中不能出现分隔符、标点符号或者运算符。

A、ABC、aBc、a1b2、ab_123、__(连续两个下画线)、_123 等,都是合法的标识符。6a2b、abc-123、hello world(中间用了空格)等则是非法的标识符。

2. 关键字

在 Python 中,有一部分标识符是关键字,这样的标识符是保留字,不能用于其他用途,否则会引起语法错误。Python 的关键字如表 2.1 所示。

3. 下画线标识符

以下画线开头的标识符是有特殊意义的。
- 以单下画线开头(_xxx)的标识符代表不能直接访问的类属性,需通过类提供的接口进行访问,不能用"from xxx import *"导入;
- 以双下画线开头(__xxx)的标识符代表类的私有成员;
- 以双下画线开头和结尾(__xxx__)的标识符代表 Python 中特殊方法专用的标识,如__init__代表类的构造函数。

表 2.1 Python 关键字

and	as	assert	break	class	continue	def
del	elif	else	except	exec	finally	for
from	global	if	is	import	in	lambda
not	or	pass	print	raise	return	try
while	with	yield				

2.2.2 变量

变量是计算机语言中能存储计算结果或能表示值的抽象概念。变量可以通过变量名访问,变量的值通常是可变的。Python语言同样可以定义变量,用于表示可变的数据。变量具有名字,不同变量是通过名字相互区分的,因此变量名具有标识作用,也就是标识符。

2.2.3 赋值语句

赋值是创建变量的一种方法。赋值的目的是将值与对应的名字进行关联。Python中通过赋值语句实现赋值。赋值语句的格式如下:

<变量> = <表达式>

其中,等号表示赋值,等号左边是一个变量,右边是一个表达式(由常量、变量和运算符构成)。Python首先对表达式进行求值,然后将结果存储到变量中。如果表达式无法求值,则赋值语句出错。一个变量如果未赋值,则称该变量是"未定义的"。在程序中使用未定义的变量会导致错误。

例如,下面是几种赋值语句的不同用法。

```
>>> myVar = "Hello World!"
>>> print myVar
Hello World!
```

又如:

```
>>> myVar = 3.1416
>>> print myVar
3.1416

>>> myVar = 3 + 3 * 5
>>> print myVar
18
>>> myVar = myVar + 1
>>> print myVar
19
```

与许多编程语言不同,Python语言允许同时对多个变量赋值。

```
>>> x,y = 1,2
>>> x
1
 >>> y
2
```

2.3 数据类型及运算

2.3.1 数据类型

Python语言中提供了几种数据类型,如数值(int、long 和 float)、字符串(str)、布尔

（bool）、列表（list）、元组（tuple）、字典（dict）等。

1. 整数类型 int

整数就是没有小数部分的数值，分为正整数、0 和负整数。Python 语言提供了类型 int 用于表示现实世界中的整数信息。例如下列都是合法的整数：

100、0、-100

2. 长整数类型 long

长整数类型 long 的值在计算机内所占字节数的长度不是固定的，只要内存许可，长整数可以扩展到任意长度。因此，使用长整数类型几乎能表示无限位数的整数。长整数类型的值必须加后缀"L"或"l"，（建议只使用大写 L，小写 l 容易与 1 混淆）这是 long 类型的标志。例如：

```
>>> 123456789 * 10
1234567890
>>> 123456789 * 18
2222222202L
```

需要注意的是，与 int 类型相比，long 类型的运算效率较差。所以，除非有必要，程序中应当尽量使用 int 类型表示整数信息。

3. 浮点数类型 float

浮点数就是包含小数点的数，Python 语言提供了类型 float 用于表示浮点数。例如下列值都是浮点数：

15.0、0.37、-11.2、2.3e2、314.15e-2

4. 复数

Python 中的复数也由两部分组成：实部和虚部。复数的形式为：实部+虚部j。例如，2+3j、0.5-0.9j 都是复数。

5. 布尔类型 bool

布尔类型 bool 是用来表示逻辑"是""非"的一种类型，它只有两个值：True 和 False。例如：

```
>>> 3 > 2
True
>>> 4 + 5 == 5 + 4
True
>>> a = -8
>>> a * 2 > a
False
```

6. 字符串类型 str

Python 语言用单引号或双引号组合起来的字符系列称为字符串，如"Python"、'Hello,

World'、"123"等。

7. 列表 list

Python 中列表和字符串一样，也是一种序列类型，列表是一种数据集合。列表用中括号"["和"]"来表示，列表内容以逗号进行分隔。如[1,2,3,4]、["one","two","three","four"]、[3,4.5,"abc"]。

8. 字典 dict

字典是 Python 中唯一内建的映射类型，可用来实现通过数据查找关联数据的功能。字典是键值对的无序集合。字典中的每一个元素都包含两部分：键和值。字典用大括号"{"和"}"来表示，每个元素的键和值用冒号分隔，元素之间用逗号分隔。如{'AU':'Australia','CN':'China','DE':'Germany','SG':'Singapore','KR':'Korea'}

9. 集合 set

Python 中集合是一组对象的集合，对象可以是各种类型。集合由各种类型元素组成，但元素之间没有任何顺序，并且元素都不重复。如 set(['car','ship','train','bus'])

2.3.2 运算符和表达式

1. 标准运算符

在 Python 中，标准运算符有＋(加)、－(减)、＊(乘)、/(除)、//(除)、%(取余)、＊＊(幂)。
Python 有两种除法运算符：单斜杠用作传统除法，双斜杠用作取整除法。

2. 比较运算符

在 Python 中，比较运算符有＜(小于)、＜＝(小于等于)、＞(大于)、＞＝(大于等于)、＝＝(等于)、＜＞或者！＝(不等于)。
比较运算符根据表达式的值的真假返回布尔值。

3. 逻辑运算符

在 Python 中，逻辑运算符有 and(与)、or(或)、not(非)。
逻辑运算符将任意表达式连接在一起，并得到一个布尔值。

2.3.3 运算表达式

有关的运算符和表达式见表 2.2。

表 2.2　运算符与表达式

运算符	名称	说明	例子
＋	加	两个对象相加	2＋3 结果为 5； "a"＋"b"结果为"ab"

续表

运算符	名称	说明	例子
-	减	负数; 一个数减去另一个数	-5 表示一个负数; 10-2 结果为 8
*	乘	两个数相乘; 被重复若干次的字符串	2 * 3 得到 6; "a" * 3 得到 "aaa"
**	幂	x 的 y 次幂	2 ** 3 结果为 8(即 2^3)
/	除	x 除以 y	5/3 结果为 1 5.0/3 结果为 1.6666666666666667
//	取整除	取商的整数部分	5//3 结果为 1
%	取模	取除法的余数	5%3 结果为 2
<	小于	判断 x 是否小于 y, 如果为真返回 1,为假返回 0	5<3 返回 0(即 False);3<5 返回 1(即 True); 也可以被任意连接:3<5<7 返回 True
>	大于	判断 x 是否大于 y	5>3 返回 True
<=	小于等于	判断 x 是否小于等于 y	x=3;y=5;x<=y 返回 True
>=	大于等于	判断 x 是否大于等于 y	x=5;y=3;x>=y 返回 True
==	等于	比较对象是否相等	x=3;y=3;x==y 返回 True; x="abc";y="Abc";x==y 返回 False; x="abc";y="abc";x==y 返回 True
!=	不等于	比较两个对象是否不相等	x=3;y=5;x!=y 返回 True
not	布尔"非"	x 为 True,它返回 False; x 为 False,它返回 True	x = True; not y 返回 False
and	布尔"与"	x 为 False,x and y 返回 False,否则它返回 y 的计算值	x = False; y = True; x and y,由于 x 是 False,返回 False
or	布尔"或"	x 是 True,它返回 True,否则它返回 y 的计算值	x = True; y = False; x or y 返回 True

一个表达式中出现多种运算符时,按运算符的优先级高低依次进行运算。出现小括号()时运算级别最高。优先级次序如图 2.1 所示。

逻辑型	测试性	关系型	算术型
not			
and	is,is not		*,/,%,//
or	in,not in	!=,==,>=,<=,<,>	+,-

图 2.1 优先级次序

2.4 常见的 Python 函数

常见的 Python 函数见表 2.3。

表2.3 常见的 Python 函数

函　　数	功　　能
常 用 函 数	
abs(x)	返回数字 x 的绝对值,如果给出复数,返回值就是该复数的模
bin(x)	把数字 x 转换为二进制
cmp(x,y)	比较 x 和 y 两个对象,并根据比较结果返回一个整数,如果 x<y,则返回 -1;如果 x>y,则返回 1;如果 x==y,则返回 0
divmod(x,y)	函数完成除法运算,返回商和余数
eval(s[,dict1[,dict2]])	计算字符串中表达式的值并返回
help(obj)	返回对象 obj 的帮助信息
input([提示串])	接受键盘输入,返回输入对象
len()	函数返回字符串和序列的长度
pow(x,y[,z])	pow()函数返回以 x 为底,y 为指数的幂。如果给出 z 值,该函数就计算 x 的 y 次幂值被 z 取模的值
print()	输出对象
range([lower,]stop[,step])	函数可按参数生成连续的有序整数列表
round(x[,n])	函数返回浮点数 x 的四舍五入值,如给出 n 值,则代表舍入到小数点后的位数
type(obj)	函数可返回对象的数据类型
内置类型转换函数	
chr(i)	函数返回 ASCII 码对应的字符串
complex(real[,imaginary])	函数可把字符串或数字转换为复数
float(x)	函数把一个数字或字符串转换成浮点数
hex(x)	函数可把整数转换成十六进制数
len(obj)	返回对象 obj 包含的元素个数
int(x[,base])	函数把数字和字符串转换成一个整数,base 为可选的基数
list(x)	函数可将序列对象转换成列表
long(x[,base])	函数把数字和字符串转换成长整数,base 为可选的基数
max(x[,y,z...])	函数返回给定参数的最大值,参数可以为序列
min(x[,y,z...])	函数返回给定参数的最小值,参数可以为序列
oct(x)	函数可把给出的整数转换成八进制数
ord(x)	函数返回一个字符串参数的 ASCII 码或 Unicode 值
pow(x,y)	返回 x 的 y 次方
set([obj])	把对象 obj 转换为集合并返回
sorted(列表[,cmp[,key[,reverse]]])	返回排序后的列表
str(obj)	函数把对象转换成可打印字符串
sum(s)	返回序列 s 的和
tuple(x)	函数把序列对象转换成元组

【例2-2】 通过输入函数 input()和 raw_input()输入学号和姓名,显示出学号+姓名。程序代码:

```
# -*- coding: cp936 -*-
```

```
# eg2_2_1.py
number = input('请输入学号: ')
name = raw_input('请输入姓名: ')
print "学号 + 姓名: ",number," + ",name
```

程序运行结果:

```
>>> ========================= RESTART =============================
请输入学号: 1701001
请输入姓名: 张琼
学号 + 姓名: 1701001  +  张琼
```

思考1: 如果 number 也用 raw_input() 输入,有什么不同?
思考2: 思考以下程序代码的输出结果与 eg2_2_1.py 有什么不同? 为什么?
程序代码:

```
# -*- coding: cp936 -*-
# eg2_2_2.py
number = input('请输入学号: ')
name = raw_input('请输入姓名: ')
print "学号 + 姓名: " + str(number) + " " + name
```

程序运行结果:

```
>>> ========================= RESTART =============================
请输入学号: 1701001
请输入姓名: 张琼
学号 + 姓名: 1701001 张琼
```

【例 2-3】 请编写一个程序,能接收用户输入的一个复数的实部和虚部,输出其复数表示形式,以及其模。

程序代码:

```
# -*- coding: cp936 -*-
# eg2_3.py
import math
a = input("请输入复数的实部: ")
b = input("请输入复数的虚部: ")
c = math.sqrt(a**2 + b**2)
print "输入的复数为: " + str(a) + " " + str(b) + "j" + ",模为" + str(c)
```

程序运行结果:

```
>>> ========================= RESTART =============================
请输入复数的实部: 3
请输入复数的虚部: 4
输入的复数为: 3 + 4j,模为 5.0
```

还可以这样编写程序:

```
# -*- coding: cp936 -*-
# eg2_3_1.py
x = input("请输入复数的实部和虚部: ")
```

```
a,b = map(float,x.split())
m = complex(a,b)
c = abs(m)
print "输入的复数为：",m,",","模为",c
```

请大家借助相关资料和帮助文档,理解上述程序。

2.5 本章小结

本章介绍了数据输入输出的方法,并以简单的实例比较了 input 和 raw_input 的不同;然后介绍了标识符与变量的基本概念与用法以及运算符和表达式;最后介绍了常见的 Python 函数。

习题 2

1. 运用输入输出函数编写程序,能将华氏温度转换成摄氏温度。换算公式:$C=(F-32)\times 5/9$,其中 C 为摄氏温度,F 为华氏温度。
2. 编写程序,根据输入的 3 个成绩,计算平均分。
3. 运用 print 语句打印出如下图形。

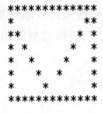

第3章 控制语句

本章学习目标
- 熟练掌握分支控制语句、循环控制语句
- 了解迭代器、break 语句和 continue 语句
- 能针对具体案例编写简单的控制程序,并合理设计程序的测试数据,能预判循环的执行次数

本章主要介绍分支控制语句和循环控制语句。

3.1 分支结构控制语句

Python 的分支控制语句,即根据表达式的判断结果,为真(非零)还是为假(零),选择运行程序的其中一个分支。Python 的分支结构控制语句有以下几种形式:
- if 语句。
- if/else 语句。
- if/elif/else 语句。

3.1.1 if 语句

if 语句是一种单分支结构。先判断条件表达式值的真或假,如果判断的结果为真(即非零),则执行语句体中的操作;如果为假,则不执行语句体中的操作。语句体中既可以包含多条语句,也可以只由一条语句组成。语句体由多条语句组成时,要有统一的缩进形式,否则就会出现逻辑错误。即使语法检查没错,结果也可能是非预期的。

if 语句由三部分组成:关键字 if、条件表达式和冒号,表达式结果为真(即表达式的值为非零)时要执行的语句体,其语法形式如下所示:

```
if 表达式:
    语句体
```

if 语句的流程图如图 3.1 所示。

【例 3-1】 从键盘输入圆的半径,如果半径大于等于 0,则计算并输出圆的面积和周长。

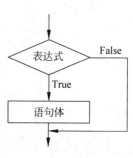

图 3.1 if 语句流程图

程序代码：

```
# -*- coding: cp936 -*-
#eg3_1.py
import math
r = input("请输入圆的半径：")
if r >= 0:
    d = 2 * math.pi * r
    s = math.pi * r ** 2
    print '圆的周长 = ',d,'圆的面积 = ',s
```

程序测试：运行程序，请首先输入一个大于等于 0 的半径，如 5，观察程序的运行结果；再次运行程序，请输入一个小于 0 的半径，如 -1，观察程序的运行结果。

只有在输入的半径为大于等于 0 的数时，会产生正确的输入和输出；如果输入的半径小于 0，则不产生任何输出。

程序运行结果：

```
>>> ========================== RESTART ==========================
请输入圆的半径：5
圆的周长 = 31.4159265359 圆的面积 = 78.5398163397
```

思考 3-1：如果程序编写如下，会产生怎样的结果？

```
# -*- coding: cp936 -*-
#si3_1.py
import math
r = input("请输入圆的半径：")
if r >= 0:
    d = 2 * math.pi * r
    s = math.pi * r ** 2
print '圆的周长 = ',d,'圆的面积 = ',s
```

程序测试：运行程序，请首先输入一个大于等于 0 的半径，如 5，观察程序的运行结果；再次运行程序，请输入一个小于 0 的半径，如 -1，观察程序的运行结果。观察 eg3_1.py 和 si3_1.py 程序运行结果的异同。并请思考：对于单分支结构的程序，如何设计测试数据以验证程序流程上没有错误。

3.1.2　if/else 语句

if/else 语句是一种双分支结构。先判断条件表达式值的真或假，如果判断的结果为真（即非零），则执行语句体 1 中的操作；如果为假（即为零），则执行语句体 2 中的操作。语句体 1 和语句体 2，既可以包含多条语句，也可以只由一条语句组成。

if/else 语句的语法形式如下所示：

```
if 表达式：
    语句体 1
else:
    语句体 2
```

if/else 语句的流程图如图 3.2 所示。

【例 3-2】 从键盘输入年份 t，如果年份 t 能被 400 整除，或者能被 4 整除但不能被 100 整除，则输出 "t 年是闰年"，否则输出 "t 年不是闰年"，t 用输入的年份代替。

程序代码：

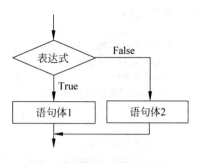

图 3.2 if/else 语句流程图

```
# -*- coding: cp936 -*-
#eg3_2.py
import math
t = input("请输入年份：")
if t % 400 == 0 or (t % 4 == 0 and t % 100 != 0):
    print t,'年是闰年'
else:
    print t,'年不是闰年'
```

程序测试：运行程序，请首先输入年份 1996，观察程序的运行结果；再次运行程序，请输入年份 2000，观察程序的运行结果；再次运行程序，请输入年份 2003，观察程序的运行结果。

程序运行结果：

```
>>> ========================== RESTART ==========================
请输入年份：1996
1996 年是闰年
>>> ========================== RESTART ==========================
请输入年份：2000
2000 年是闰年
>>> ========================== RESTART ==========================
请输入年份：2003
2003 年不是闰年
```

请思考只给一个年份值进行测试能否说明程序流程无误。请总结，在用复杂的条件表达式进行判断时，应该怎样设计测试数据，以验证程序流程是正确的。

思考 3-2：某通信设备制造类企业为求职者面试，满足以下条件的将会接到面试通知。

(1) 25 岁及以下且是重点大学通信工程专业的应届学生；

(2) 具备 3 年计算机软件行业工作经验的人士。

请编写程序实现相关判断。

分析：该企业面试条件涉及年龄、工作年限、毕业院校类别、所学专业四个方面。为此，设定以下变量：age(整型，取值应该大于 0)、jobtime(整型，取值应该大于等于 0)、college (字符类型，取值为 "重点" 和 "非重点") 和 major(字符类型，取值为 "通信工程" "计算机软件" 和 "其他")。条件(1)和条件(2)内的逻辑关系都是 "并且"。条件(1)和条件(2)之间的逻辑关系是 "或"。

条件(1)的表达式：

age <= 25 and college == "重点" and major == "通信工程" and jobtime == 0

条件(2)的表达式：

major == "计算机软件" and jobtime >= 3

程序代码：

```
# -*- coding: cp936 -*-
# si3_2.py
age = 24
jobtime = 3
college = "非重点"
major = "计算机软件"
if (age <= 25 and college == "重点" and major == "通信工程" and jobtime == 0) \
    or (major == "计算机软件" and jobtime >= 3):
    print("congratulations!you are wined")
else:
    print("sorry,you are failed")
```

程序运行结果：

```
>>> ========================= RESTART =============================
congratulations!you are wined
```

请思考：以上程序代码给定的年龄、工作年限、毕业院校类别、所学专业四个方面满足哪个条件从而得到以上运行结果？

3.1.3 if/elif/else 语句

当判断条件过于复杂时，构建冗长的条件表达式会使得程序可读性变差。此时，可以考虑将一个复杂的条件改变成多个简单的条件。然后，把多个简单的条件分支通过 if/elif/else 语句组合成一个多分支语句形式。

if/elif/else 语句是一种多分支结构。先判断表达式 1 的真或假，如果表达式 1 的结果为真（即非零），则执行语句体 1 中的操作；如果为假（即为零），则继续判断表达式 2 的真或假，如果表达式 2 的结果为真（即非零），则执行语句体 2 中的操作；如果为假（即为零），则继续判断表达式 3 的真或假……语句体 1，语句体 2……语句体 n，既可以包含多条语句，也可以只由一条语句组成。

if/elif/else 语句的语法形式如下所示：

```
if 表达式 1 :
    语句体 1
elif 表达式 2 :
    语句体 2
    ⋮
elif 表达式 n-1 :
    语句体 n-1
else:
    语句体 n
```

if/elif/else 语句的流程图如图 3.3 所示。

【例 3-3】 从键盘输入订货量。根据订货量大小，价格（假设给定价格为 10）给以不同的折扣，计算应付货款（应付货款＝订货量×价格×(1-折扣)）。订货量 300 以下，没有折

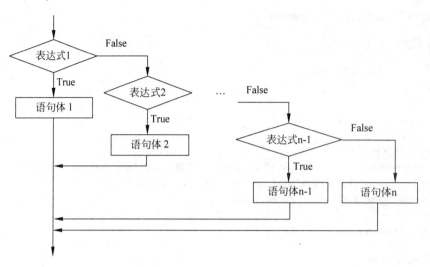

图 3.3 if/elif/else 语句流程图

扣;订货量 300 及以上,500 以下,折扣为 3%;订货量 500 及以上,1000 以下,折扣 5%;订货量 1000 及以上,2000 以下,折扣 8%;订货量 2000 及以上,折扣 10%。

分析:设定价格变量 Price=10、订货量变量 Quantity,依照上述标准进行判断得到折扣值。注意,还需要考虑订货量小于 0 的情况。

程序代码:

```
# -*- coding: cp936 -*-
# eg3_3.py
Price = 10
Quantity = input("The Quantity of client's demand is: ")

if Quantity < 0:
    Coff = -1
elif Quantity < 300:
    Coff = 0.0
elif Quantity < 500:
    Coff = 0.03
elif Quantity < 1000:
    Coff = 0.05
elif Quantity < 2000:
    Coff = 0.08
else:
    Coff = 0.1

if Coff >= 0:
    Pays = Quantity * Price * (1 - Coff)
    print "The client should pay:", Pays
else:
    print "There is an error in Quantity!"
```

程序测试:运行程序,请首先输入订货量-100,观察程序的运行结果;再次运行程序,请输入订货量 700，观察程序的运行结果。请思考：需要输入多少个订货量测试数据，才能验证程序的每个分支都是正确的？

程序运行结果：

```
>>> ========================= RESTART =============================
The Quantity of client's demand is: -100
There is an error in Quantity!
>>> ========================= RESTART =============================
The Quantity of client's demand is: 700
The client should pay: 6650.0
```

3.1.4 选择结构嵌套

在某一个分支的语句体中，又嵌套新的分支结构，这种情况称为选择结构的嵌套。选择结构的嵌套形式因问题不同而千差万别，因此分析透彻每一个分支的逻辑情况是编写程序的基础。

【例 3-4】 输入客户类型、货品价格和订货量。根据客户类型（<5 为新客户，>=5 老客户）和订货量给予不同的折扣，计算应付货款（应付货款＝订货量×价格×(1－折扣)）。

如果是新客户：订货量 800 以下，没有折扣；否则折扣为 2%。如果是老客户：订货量 500 以下，折扣为 3%；订货量 500 及以上，1000 以下，折扣 5%；订货量 1000 及以上，2000 以下，折扣 8%；订货量 2000 及以上，折扣 10%。请绘制流程图，并编写程序。

输入数据后，应首先对客户类型、价格和订货量的输入值进行简单判断，是否大于 0，大于 0，才开始做应付货款的计算，否则提示输入数据错误。数据输入正确之后的处理流程图如图 3.4 所示。

程序代码：

```
# -*- coding: cp936 -*-
#eg3_4.py
Ctype,Price,Quantity = input("The type of the client,The Price and The Quantity are: ")
if Ctype > 0 and Price > 0 and Quantity > 0:
    if Ctype < 5:
        if Quantity < 800:
            Coff = 0
        else:
            Coff = 0.02
    else:
        if Quantity < 500:
            Coff = 0.03
        elif Quantity < 1000:
            Coff = 0.05
        elif Quantity < 2000:
            Coff = 0.08
        else:
            Coff = 0.1
    Pays = Quantity * Price * (1 - Coff)
    print "The Client should pay:",Pays
else:
    print "Thare are errors in inputs"
```

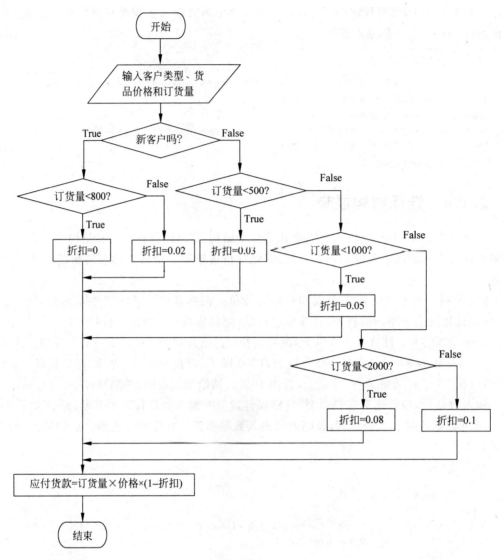

图 3.4 例 3-4 的核心部分流程图

程序测试：运行程序，请首先输入新客户 4，货品价格 10，订货量 700，观察程序的运行结果；再次运行程序，输入老客户 6，货品价格 10，订货量 700，观察程序的运行结果。请思考：需要输入多少组测试数据，才能验证程序的每个分支都是正确的？

程序运行结果：

```
>>> ========================= RESTART =============================
The type of the client,The Price and The Quantity are: 4,10,700
The Client should pay: 7000
>>> ========================= RESTART =============================
The type of the client,The Price and The Quantity are: 6,10,700
The Client should pay: 6650.0
```

思考：利用列表数据结构改写程序，输入若干个客户的上述信息，统计新客户人数和老客户人数,新客户的平均折扣、平均订货量和平均应付款额,老客户的平均折扣、平均订货量和平均应付款额。

3.2 循环结构控制语句

循环结构就是在给定的判断条件为真(非零)时,重复执行某些操作;判断条件为假(零)时,结束循环。Python 语言中的循环结构包含两种语句,分别是 while 语句和 for 语句。与此同时,还将介绍与循环语句紧密相关的 break 语句和 continue 语句。

- while 语句。
- for 语句和内置函数 range()。
- break 语句和 continue 语句。

3.2.1 while 语句

while 语句由三部分组成:关键字 while、条件表达式和冒号,表达式结果为真(非零)时要执行的循环体。其语法形式如下:

while 表达式:
  循环体

while 语句的流程图如图 3.5 所示。其执行过程:循环开始之前,先计算条件表达式的值;如果其值为真(或非零),则反复执行循环体内的语句,直到条件表达式的值为假(或零),循环结束。请注意循环体的缩进格式。

跟上一节中介绍的 if 语句做比较如下。

相同点:两者都由表达式和冒号,以及缩进的语句体组成。并且都是在表达式的值为真时执行语句体。

不同点:对于 if 语句,它执行完语句体后,马上退出了 if 语句。对于 while 语句,它执行完语句体后,立刻又返回到表达式,只要表达式的值为真,它会一直重复这一过程。

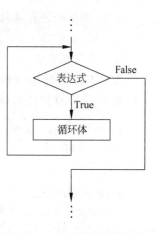

图 3.5 while 语句流程图

在使用 while 语句时,有四点要注意:
(1) 组成循环体的各语句必须是缩进形式。
(2) 循环体既可以由单语句组成,也可以由多条语句组成,但是不能没有任何语句。
(3) 循环体中要有使循环趋向于结束,即使表达式的值为假的语句,否则会造成无限循环。
(4) Python 区分字母大小写,所以关键字 while 必须小写。

1. 利用计数器,解决确定循环次数的问题

确定循环次数的问题是指循环之前可以预知循环即将执行的次数。为了控制循环次数,通常在程序中设置一个计数变量,每次循环,该变量进行自增或自减操作,当变量值自增到大于设定的上限值或者自减到小于设定的下限值时,循环结束。

【例 3-5】 计算并输出 1~100 的偶数之和。

流程图如图 3.6 所示。

程序代码：

```
# -*- coding: cp936 -*-
# eg3_5.py
aInt = 1
sumInt = 0
while aInt <= 100:
    if aInt % 2 == 0:
        sumInt = sumInt + aInt
    aInt = aInt + 1
print '1 - 100 的偶数和:',sumInt
```

注意：该程序中，aInt 是循环控制变量，其初始值设为 1，每次循环步进为 1，其变化直接控制着循环的推进和次数。sumInt 的初始值均设为了 0，是所有 1~100 以内的偶数累加和。

请思考：该程序循环总共进行了多少次？在循环结束后，aInt 的值是多少？如果想要降低循环的次数，应该怎样修改程序？

可见，程序的循环体总共执行了 100 次。在循环结束时，aInt 的值是 101。如果要降低循环的次数，可以对程序进行如思考 3-3 的修改。

思考 3-3：程序编写如下，循环将进行多少次？如果要求 1~100 奇数的和，可以怎样修改程序？

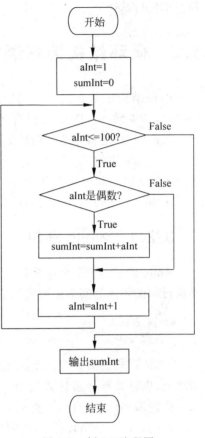

图 3.6 例 3-5 流程图

```
# -*- coding: cp936 -*-
# si3-3.py
aInt = 2
sumInt = 0
while aInt <= 100:
    sumInt = sumInt + aInt
    aInt = aInt + 2
print '1 - 100 的偶数和:',sumInt
```

程序测试与思考：如果省略了语句 aInt = aInt + 2，程序会出现什么运行结果？并请总结该条语句的作用。如果省略了语句 sumInt=0，程序会出现什么运行结果？将语句 sumInt=0 放到循环体内，会产生怎样的结果？并请总结该条语句的作用。

2. 利用信号值，解决循环次数不确定的问题

不确定循环次数的问题是指无法预知循环执行的次数。为了控制循环次数，一般在程序中设置一个类似触发器的变量。每次循环，该变量接收一个新值，当该变量值修改为信号值时，循环结束。

【例 3-6】 编程从键盘输入正整数，并对输入的正整数中的偶数求和，当输入"-1"时终止该操作。

程序代码：

```
# -*- coding: cp936 -*-
#eg3_6.py
aInt = input('请输入一个正整数,输入-1则结束输入操作:')
sumInt = 0
while aInt!=-1:
    if aInt % 2 == 0:
        sumInt = sumInt + aInt
    aInt = input('请输入下一个正整数,输入-1则结束输入操作: ')
print '输入的偶数和:',sumInt
```

程序的一次运行结果：

```
>>> ========================== RESTART ==========================
请输入一个正整数,输入-1则结束输入操作:1
请输入下一个正整数,输入-1则结束输入操作: 2
请输入下一个正整数,输入-1则结束输入操作: 4
请输入下一个正整数,输入-1则结束输入操作: 67
请输入下一个正整数,输入-1则结束输入操作: 88
请输入下一个正整数,输入-1则结束输入操作: 34
请输入下一个正整数,输入-1则结束输入操作: 55
请输入下一个正整数,输入-1则结束输入操作: 73
请输入下一个正整数,输入-1则结束输入操作: -1
输入的偶数和: 128
```

3.2.2 for 语句

for 语句通过迭代一个序列（如字符串、列表或者元组）中的每个元素来建立循环的过程。

for 语句的语法形式如下所示：

```
for 变量 in 序列:
    循环体
```

for 语句的流程图如图 3.7 所示。

range(i,j,k)函数可以建立一个整数序列，这个序列从第 i 个整数开始（包括 i），到第 j 个整数为止（不包括 j），每次步进 k 值。若 i 省略，将被认为是从 0 开始，如果 k 省略，将被认为步进量为 1。该函数经常被用到 for 语句中，用于访问序列的索引值。例如：

```
a = range(1,15,3)     #生成序列 a = [1, 4, 7, 10, 13]
b = range(1,5)        #生成序列 b = [1, 2, 3, 4]
c = range(5)          #生成序列 c = [0,1,2,3,4]
d = range(7,0,-1)     #生成序列 d = [7, 6, 5, 4, 3, 2, 1]
```

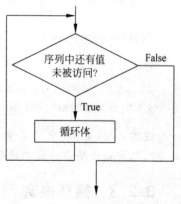

图 3.7 for 语句流程图

1. 通过索引访问序列中的元素

【例 3-7】 用列表存储若干人员的名字小写,利用 for 循环将所有人员名字改为大写。
程序代码:

```
# -*- coding: cp936 -*-
# eg3_7.py
NameList = ['david','mark','ann','philip','michael','mike','jenny']
for i in range(len(NameList)):
    iName = NameList[i]
    NameList[i] = iName.upper()
print '名字列表:',NameList
```

程序运行结果:

```
>>> ========================= RESTART =============================
名字列表: ['DAVID', 'MARK', 'ANN', 'PHILIP', 'MICHAEL', 'MIKE', 'JENNY']
```

内建函数 range(len(NameList))生成列表[0,1,2,3,4,5,6]。i 是 for 语句的循环控制变量,可以遍历[0,1,2,3,4,5,6]列表,实现访问 NameList 列表中的每个索引(即元素在列表中所处的位置),即 i 是 NameList 列表的索引值。通过 iName=NameList[i]语句获取 i 索引对应的名字。

2. 直接访问序列中的元素

【例 3-8】 例 3-7 也可以用如下方法实现。
程序代码:

```
# -*- coding: cp936 -*-
# eg3_8.py
NameList = ['david','mark','ann','philip','michael','mike','jenny']
print '名字列表:',
for aName in NameList:
    print aName.upper(),
```

程序运行结果:

```
>>> ========================= RESTART =============================
名字列表: DAVID MARK ANN PHILIP MICHAEL MIKE JENNY
```

注意:eg3_8.py 中的变量 aName 访问到 NameList 中的每个字符串。print 语句结束时是",",可以使输出内容不换行。

3.2.3 循环嵌套

循环的嵌套是指在一个循环中又包含另外一个完整的循环,即循环体中又包含循环语句。循环嵌套的执行的过程:先进入外层循环第 1 轮,然后执行完所有内层循环,接着进入外层循环第 2 轮,然后再次执行完内层循环……直到外层循环执行完毕。

while 循环和 for 循环可以相互嵌套。典型的语法形式如下所示:

```
while 表达式 1：              for 表达式 1：               for 表达式 1：
    语句体 1-1                    语句体 1-1                   语句体 1-1
    while 表达式 2：              while 表达式 2：             for 表达式 2：
        循环体 2                      循环体 2                     循环体 2
    语句体 1-2                    语句体 1-2                   语句体 1-2
```

【例 3-9】 请按图 3.8 输出九九乘法表。

$$
\begin{array}{l}
1*1=1 \\
2*1=2 \quad 2*2=4 \\
3*1=3 \quad 3*2=6 \quad 3*3=9 \\
4*1=4 \quad 4*2=8 \quad 4*3=12 \quad 4*4=16 \\
5*1=5 \quad 5*2=10 \quad 5*3=15 \quad 5*4=20 \quad 5*5=25 \\
\cdots\cdots
\end{array}
$$

图 3.8　例 3-9 九九乘法表输出结果图

分析：九九乘法表由 9 行组成，可以由循环控制变量 i 控制，表示行的递增。第 1 行有 1 列，第 2 行有 2 列……因此每行有 1～i 列，可以用循环控制变量 j 控制，表示列的递增。第 1 行的制表符数量最多，第 2 行到第 9 行的制表符数量依次递减，可以用循环控制变量 k 控制。

流程图如图 3.9 所示。

程序代码：

```
#eg3_9.py
for i in range(1,10,1):
    for k in range(1,10-i,1):
        print '\t',

    for j in range(1,i+1,1):
        print i,'*',j,'=',i*j,'\t',

    print '\n'
```

【例 3-10】 求 $S = 1 + x + \dfrac{x^2}{2!} + \dfrac{x^3}{3!} + \cdots + \dfrac{x^n}{n!}$。参考值：当 $n=10, x=0.3$ 时，$s=1.34985880758$。

分析：上述求和公式具有 n 项，每项由分子和分母构成，设为 t。因此，可以设定外层循环控制变量 i 遍历这 n 项。设定内层循环控制变量 p，用于计算 1～i 的累积，也即阶乘。注意此时，语句 p=1 和 mu=1.0 放置的位置。请思考，可否将这两条语句放在外层循环以外？如果放在外层循环以外，会产生什么后果？请实验并思考变量初始值放置的位置对结果的影响。为什么将 zi 和 mu 的初始值设为 1.0，而不是 1？如果将它们的初始值设为 1，会产生什么后果，请实验并思考变量初始值的设置对结果的影响。

请观察上述求和公式，你会发现，如果 $t_i = \dfrac{x^i}{i!}, t_{i+1} = \dfrac{x^{i+1}}{(i+1)!}$，那么后一项总比前一项多了 $\dfrac{x}{i+1}$。该如何修改程序，降低循环次数呢？

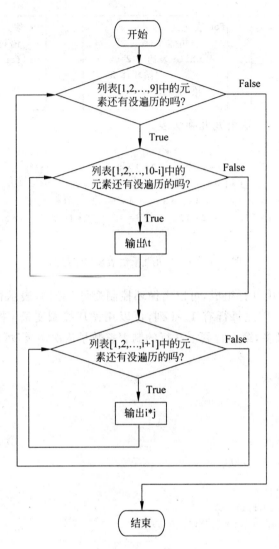

图 3.9 例 3-9 流程图

程序代码:

```
# -*- coding: cp936 -*-
#eg3_10.py
#输入 x 与 n
x = input('please input x:')
n = input('please input n:')

#定义变量
s = 1.0                        #求和
i = 1                          #计数,控制循环
zi = 1.0                       #分子
t = 0                          #每一个单独项

while i <= n:                  #分子计算
```

```
        zi = x * * i
        p = 1
        mu = 1.0
        while p <= i:                    #分母计算
            mu = p * mu
            p = p + 1
        t = zi/mu
        s = s + t
        i = i + 1

#输出计算结果
print s
```

程序运行结果：

```
>>> ========================== RESTART ==========================
please input x:0.3
please input n:10
1.34985880758
```

3.2.4 break 语句和 continue 语句

break 语句可以用在 while 和 for 循环中。在循环进行过程中，如果某个条件被激发（一般通过 if 语句设定激发的条件），则可以通过 break 语句立即终止本层循环。如果 break 语句在具有两层循环嵌套的内层循环中，则只终止内层循环，进入到外层循环的下一条语句继续执行。

【例 3-11】 求一个数除了自身以外的最大约数。

程序代码：

```
#eg3_11.py
num = input('please input a number :')
count = num/2
while count > 0:
    if num % count == 0:
        break
    count = count - 1

print count,'is the max factor of ',num
```

程序运行结果：

```
>>> ========================== RESTART ==========================
please input a number :27
9 is the max factor of 27
```

程序的执行过程：

num = 27
count = 13

进入循环体：

因为 27 除以 13 的余数不为 0,所以 count = 12
因为 27 除以 12 的余数不为 0,所以 count = 11
因为 27 除以 11 的余数不为 0,所以 count = 10
因为 27 除以 10 的余数不为 0,所以 count = 9
因为 27 除以 9 的余数为 0,遇到 break,所以循环结束

输出：9 是 27 的最大约数

【例 3-12】 输入一批数，求这一批数各自除了自身以外的最大约数。

程序代码：

```
# eg3_12.py
num = input('please input a number :')         # 输入一个数 num
while num <> -1:
    count = num/2
    while count > 0:
        if num % count == 0:
            print count,'is the factor of ',num    # 输出计算结果
            break
        count = count - 1

    num = input('please input a number :')     # 输入下一个数
print 'End'
```

程序的一次运行结果：

```
>>> ========================= RESTART =============================
please input a number :15
5 is the factor of 15
please input a number :27
9 is the factor of 27
please input a number :28
14 is the factor of 28
please input a number :36
18 is the factor of 36
please input a number : -1
End
```

程序的执行过程：

num = 15
进入外层循环：
    count = 7
        进入内层循环：
            因为 15 除以 7 的余数不为 0,所以 count = 6
            因为 15 除以 6 的余数不为 0,所以 count = 5
            因为 15 除以 5 的余数为 0,所以输出"5 is the factor of 15",然后遇到 break,内层循环结束。进入到外层循环的下一条语句。
    输入另一个 num = 27,回到外层循环起始语句：
    count = 13
        进入内层循环：

因为 27 除以 13 的余数不为 0,所以 count = 12
因为 27 除以 12 的余数不为 0,所以 count = 11
因为 27 除以 11 的余数不为 0,所以 count = 10
因为 27 除以 10 的余数不为 0,所以 count = 9
因为 27 除以 9 的余数为 0,所以输出"9 is the factor of 27",然后遇到 break,内层循环结束。进入到外层循环的下一条语句。
输入另一个 num = 28,回到外层循环起始语句:
⋮
输入另一个 num = 36,回到外层循环起始语句:
⋮
输入另一个 num = −1,结束外层循环
输出: End

continue 语句可以用在 while 和 for 循环中。在循环进行过程中,如果遇到 continue 语句,程序会终止本次循环:即忽略 continue 之后的语句,回到循环的起始语句。

break 语句与 continue 语句的区别:break 语句一旦被执行,则整个当前循环将被终止。continue 语句的执行不会终止整个当前循环,只是结束本次循环的剩余语句,提前进入到下一次循环。

【例 3-13】 请通过以下两个程序了解 break 语句和 continue 语句的区别。

程序代码:

```
# -*- coding: cp936 -*-
#eg3_13_1.py
strs = ['Mike','Tom','Null','Apple','Betty','Null','Amy','Dick']
for astr in strs:
    if astr == 'Null':
        break
    print astr
print 'End'
```

程序运行结果:

```
>>> ========================= RESTART =============================
Mike
Tom
End
```

程序代码:

```
# -*- coding: cp936 -*-
#eg3_13_2.py
strs = ['Mike','Tom','Null','Apple','Betty','Null','Amy','Dick']
for astr in strs:
    if astr == 'Null':
        continue
    print astr
print 'End'
```

程序运行结果:

```
>>> ========================= RESTART =============================
```

```
Mike
Tom
Apple
Betty
Amy
Dick
End
```

由上面两个程序可见：在 if 语句里面是 break 语句，当满足条件（即取到的字符串是 'Null'）时直接终止了循环，因此只输出了两个姓名 Mike 和 Tom。在 if 语句里面是 continue 语句，当满足条件（即取到的字符串是 'Null'）时只终止了当次循环，提前进入到下次循环（即取得下一个字符串），因此输出了所有不是 Null 的姓名 Mike、Tom、Apple、Betty、Amy、Dick。

3.3 应用实例

3.3.1 学生成绩统计

【例 3-14】 输入若干个同学的计算机成绩。求出这些同学的计算机成绩平均值、最小值和最大值。

问题分析：因为平均值是所有成绩之和再除以人数，所以设置平均值变量 sAvg 初始值为 0，计数总人数的变量 sCnt 为 0。因为需要求成绩的最大值和最小值，所以设置成绩最大值变量 sMax 在循环开始前是一个非常小的数，譬如是 −100；设置成绩最小值变量 sMin 在循环开始前是一个非常大的数，譬如是 150。

在程序运行时依次输入若干个同学的计算机成绩，存入变量 aScore，以输入负数结束输入。每输入一个同学的成绩就进行以下操作：

(1) 将该学生的计算机成绩累加到变量 sAvg 中。

(2) 对人数计数变量 sCnt 增加 1。

(3) 判断该学生的成绩与成绩最大值的关系，如果该生成绩大于成绩最大值，则将成绩最大值修改为该生的成绩值，否则不做任何操作。

(4) 判断该学生的成绩与成绩最小值的关系，如果该生成绩小于成绩最小值，则将成绩最小值修改为该生的成绩值，否则不做任何操作。

(5) 输入下一个学生的成绩，继续做上述(1)～(4)的操作。直到输入 −1 结束。

通过上述分析可见，需要利用循环控制结构实现上述(1)～(5)步操作，循环结束的条件是输入的成绩值为 −1。而对变量 sAvg、sCnt、sMax 和 sMin 的赋初值要放到循环体以外。第(3)步和第(4)步需要用分支控制结构实现。而第(5)步的输入下一个学生的成绩，是推动程序进入下一轮循环的关键。

程序代码：

```
# -*- coding: cp936 -*-
# eg3_14.py
sAvg = 0
```

```
sCnt = 0
sMax = -100
sMin = 150
aScore = input('请输入一个同学的成绩:')
while aScore >= 0 :
    sAvg = sAvg + aScore
    sCnt =  sCnt + 1
    if aScore > sMax:
        sMax = aScore
    if aScore < sMin:
        sMin = aScore
    aScore = input('请输入下一个同学的成绩:')
print '计算机平均成绩:',sAvg * 1.0/sCnt
print '计算机成绩最高分:',sMax
print '计算机成绩最低分:',sMin
```

程序的一次运行结果：

```
>>> ========================== RESTART ==========================
请输入一个同学的成绩:65
请输入下一个同学的成绩:70
请输入下一个同学的成绩:56
请输入下一个同学的成绩:89
请输入下一个同学的成绩:100
请输入下一个同学的成绩:95
请输入下一个同学的成绩:78
请输入下一个同学的成绩:88
请输入下一个同学的成绩:94
请输入下一个同学的成绩:103
请输入下一个同学的成绩:7
请输入下一个同学的成绩:-1
计算机平均成绩: 76.8181818182
计算机成绩最高分: 103
计算机成绩最低分: 7
```

思考：

（1）为什么在计算平均成绩时，用的是表达式 sAvg * 1.0/sCnt，而不是表达式 sAvg/sCnt？如果使用后面一个表达式，程序的运行结果将会怎样？请先进行分析，然后实验观察。

（2）如果最高分只能是 100 分，当输入了一个错误的分数 103 时，如何修改程序，使得在输错成绩时有提示出现，并可以继续输入其他成绩？

3.3.2 天气状况分析

【例 3-15】下面是上海从 2016 年 3 月 14 日到 3 月 20 日间一周的最高和最低气温（单位为℃）。其中，第一行为最高气温，第二行为最低气温。

| 最高温 | 13 | 13 | 18 | 18 | 19 | 15 | 16 |
| 最低温 | 5 | 7 | 10 | 13 | 11 | 8 | 9 |

编程，找出这一周中第几天最热（按最高气温计算）？最高多少度？这一周中第几天最冷（按最低气温计算）？最冷多少度？求出全周的平均气温，取整数。假设在气象意义上，入春标准是连续5天日均气温超过10℃，根据这一周的气象数据是否能判断上海已经入春？

问题分析：本题需要求取最高温数据列的最高值及其位置，最低温数据列的最低值及其位置，两个数据列每天气温的平均值及该周气温平均值等。如果单纯用变量和循环来做，程序会非常复杂。因此考虑用列表来保存，结合循环来控制程序。在Python中，针对列表数据结构提供了诸如求最大值、最小值、检索元素下标的函数。

那么，只需要运用循环结构来判断是否连续5天日平均气温超过10℃，以及周气温平均值了。假设这周的日平均气温通过程序运算保存在了列表L3中。通过for循环结合range函数可以依次访问到列表中的每个元素，通过累加和运算器变量sumL3可以求得L3列表中所有元素之和。设k变量是日均气温超过10℃的计数器，在访问L3列表的循环体外初始化为0。如果某日日均气温超过10℃则加1，一旦某日日均气温低于10℃，就会被清0。当循环结束，所有日均气温均被遍历，k这个连续计数器如果大于等于5，表明有连续5天的日均气温超过10℃。

程序代码：

```
# -*- coding: cp936 -*-
#eg3_15.py
L1 = [13,13,18,18,19,15,16]
L2 = [5,7,10,13,11,8,9]
L3 = []

maxVal = max(L1)
maxDay = L1.index(maxVal)
minVal = min(L2)
minDay = L2.index(minVal)
print("这周第" + str(maxDay + 1) + "天最热,最高" + str(maxVal) + "摄氏度")
print("这周第" + str(minDay + 1) + "天最冷,最低" + str(minVal) + "摄氏度")

for i in range(len(L1)):
    L3.append((L1[i] + L2[i])/2)
print '这周日平均气温：',L3

sumL3 = 0
k = 0
for i in range(len(L3)):
    sumL3 = sumL3 + L3[i]
    if k > 5:
        if L3[i] >= 10:
            k += 1
        else:
            k = 0
avg = int(sumL3/len(L3))
print "周平均气温为：",avg
if k >= 5:
    print "上海这周已入春。"
else:
```

```
    print "上海这周未入春。"
```

程序运行结果:

```
>>> ========================== RESTART ==========================
这周第 5 天最热,最高 19 摄氏度
这周第 1 天最冷,最低 5 摄氏度
这周日平均气温:[9, 10, 14, 15, 15, 11, 12]
周平均气温为: 12
上海这周已入春。
```

3.4 本章小结

本章先介绍了 Python 用于分支结构的控制语句 if、if/else、if/elif/else 和选择结构嵌套,结合具体程序介绍了在测试分支结构的程序时应该如何设计测试数据,以使读者能够及时发现不同于顺序程序设计的逻辑错误。

然后介绍了用于循环结构的控制语句 while、for、break、continue 和循环结构嵌套,结合具体程序介绍了单层循环、循环嵌套和终止循环的程序执行过程,以使读者能够更好地理解循环的执行过程,进行循环控制程序的设计。

习题 3

1. 从键盘接收百分制成绩(0～100),要求输出其对应的成绩等级 A～E。其中,90 分(包含)以上为 A,80～89(均包含)分为 B,70～79(均包含)分为 C,60～69(均包含)分为 D,60 分以下为 E。

2. 预设一个 0～9 之间的整数,让用户猜一猜并输入所猜的数,如果大于预设的数,显示"太大";小于预设的数,显示"太小";如此循环,直至猜中该数,显示"恭喜!你猜中了!"。

3. 输出 1000 以内的素数以及这些素数之和(素数,是指除了 1 和该数本身之外,不能被其他任何整数整除的数)。

4. 输入一个时间(小时:分钟:秒),输出该时间经过 5 分 30 秒后的时间。

5. 按公式 $s=1^2+2^2+3^2+\cdots+n^2$,求累加和 s 不超过 1000 的最大项数 n,程序运行结果如下所示:

```
n     s
1     1
2     5
3     14
4     30
5     55
6     91
7     140
8     204
```

9	285
10	385
11	506
12	650
13	819
14	1015

累计和不超过 1000 的最大项是 $n=13$。

第4章 常用数据结构

本章学习目标

- 熟练掌握序列的基本概念
- 熟练掌握列表的概念和各种用法
- 熟练掌握元组的概念和各种用法
- 熟练掌握字符串的概念和各种用法
- 熟练掌握字典的概念和各种用法
- 熟练掌握各种序列类型之间的转化
- 了解集合的概念和各种用法

下面先介绍序列的基本概念,然后介绍各种序列类型(列表、元组、字符串和字典),最后介绍集合的概念与用法。

数据结构是计算机存储、组织数据的方式。数据结构是指相互之间存在一种或多种特定关系的数据元素的集合,用来存储一组相关数据。Python 中常见的数据结构可以统称为容器(container)。序列(如列表和元组)、映射(如字典)以及集合(set)是三类主要的容器。

4.1 序列

在 Python 中,把大量数据按次序排列而形成的集合体称为序列。Python 中的字符串、列表和元组数据类型都是序列。在 Python 中,所有序列类型都可以进行某些特定的操作。这些操作包括索引(indexing)、分片(slicing)、加(adding)、乘(multiplying)以及检查某个元素是否属于序列的成员。除此之外,Python 还有计算序列长度、找出最大元素和最小元素等内建函数。

4.1.1 列表 list

列表是 Python 中最基本的数据结构,列表是最常用的 Python 数据类型,是由若干数据组成的序列。Python 列表元素可以由任意类型的数据构成,不要求各元素具有相同类型。此外,Python 列表是可以修改的,修改方式包括向列表添加元素、从列表中删除元素以及对列表的某个元素进行修改。

1. 列表创建

列表的创建,即用一对中括号将以逗号分隔的若干数据(表达式的值)括起来。下面是几种创建列表的例子:

```
>>> list_sample1 = [3.14, 1.61, 0, -9, 6]
>>> list_sample2 = ['train', 'bus', 'car', 'ship']
>>> list_sample3 = ['a',200,'b',150,'c',100]
```

在 Python 中,经常使用到列表中的列表,即二维列表。

```
>>> list_sample=[['IBM','Apple','Lenovo'],['America','America','China']]
```

2. 列表访问

列表访问,也就是对列表的索引操作过程,并返回索引位置上的元素。列表中的每个元素被关联一个序号,即元素的位置,也称为索引。索引值是从 0 开始,第二个则是 1,以此类推,从左向右逐渐变大;列表也可以从后往前,索引值从 -1 开始,从右向左逐渐变小。

1) 列表的访问

```
>>> vehicle = ['train', 'bus', 'car', 'ship']
>>> vehicle[2]
'car'
>>> vehicle[-2]
'car'
```

列表的索引操作,如果索引超出了范围,则会导致出错。

```
>>> vehicle = ['train', 'bus', 'car', 'ship']
>>> vehicle[4]

Traceback (most recent call last):
  File "<pyshell#2>", line 1, in <module>
    vehicle[4]
IndexError: list index out of range
```

2) 二维列表的访问

对二维列表中的元素进行访问,需要使用两对中括号来表示:第一个表示选择列表,第二个在选中列表中再选择元素。

```
>>> computer=[['IBM','Apple','Lenovo'],['America','America','China']]
>>> computer[0][-1]
'Lenovo'
>>> computer[1][2]
'China'
```

3. 列表分片

在列表中,可以使用分片操作来访问一定范围的元素。分片通过冒号隔开的两个索引来实现。分片操作的实现需要提供两个索引作为边界,第 1 个索引的元素是包含在分片内的,而第 2 个索引的元素则不包括在分片内。当切片的左索引为 0 时可缺省,当右索引为列表长度时也可缺省。

```
>>> vehicle = ['train', 'bus', 'car', 'ship']
>>> vehicle[0:3]
['train', 'bus', 'car']
>>> vehicle[0:1]
['train']
>>> vehicle[:3]
['train', 'bus', 'car']
>>> vehicle[3:]
['ship']
>>> vehicle[:]
['train', 'bus', 'car', 'ship']
>>> vehicle[3:3]
[]
```

当然,列表分片操作,也可以从列表结尾开始。

```
>>> vehicle[-3:-1]
['bus', 'car']
```

4. 修改元素

列表中的元素可以通过重新赋值来更改某个元素的值。

```
>>> vehicle = ['train', 'bus', 'car', 'subway', 'ship', 'bicycle']
>>> vehicle[-1] = 'bike'
>>> vehicle
['train', 'bus', 'car', 'subway', 'ship', 'bike']
```

5. 删除元素

使用 del 可以从列表中删除元素。

```
>>> vehicle = ['train', 'bus', 'car', 'ship', 'subway', 'ship', 'bicycle']
>>> del vehicle[3]
>>> vehicle
['train', 'bus', 'car', 'subway', 'ship', 'bicycle']
```

6. 列表运算

1) 列表相加

通过列表相加的方法生成新列表。

```
>>> vehicle1 = ['train', 'bus', 'car', 'ship']
>>> vehicle2 = ['subway', 'bicycle']
>>> vehicle1 + vehicle2
['train', 'bus', 'car', 'ship', 'subway', 'bicycle']
```

2) 列表相乘

用数字 n 乘以一个列表,会生成一个新列表。在新列表中原来的列表将被重复 n 次。

```
>>> vehicle = ['train', 'bus', 'car', 'ship']
>>> vehicle * 2
['train', 'bus', 'car', 'ship', 'train', 'bus', 'car', 'ship']
```

7. 列表函数

1) len()函数

len()函数用于返回列表中所包含元素的数量。例如:

```
>>> vehicle = ['train', 'bus', 'car', 'subway', 'ship', 'bicycle']
>>> len(vehicle)
6
```

2) max()函数

max()函数用于返回列表中所包含元素的最大值。

```
>>> number = [12,34,3.14,99,-10]
max(number)
99
```

如果列表中包含的是字符,按字母顺序排序。

```
>>> vehicle = ['train', 'bus', 'car', 'subway', 'ship', 'bicycle']
>>> max(vehicle)
'train'
```

3) min()函数

min()函数用于返回列表中所包含元素的最小值。同样,如果列表中包含的是字符,也按字母顺序排序。

```
>>> numbers = [12,34,3.14,99,-10]
>>> min(numbers)
-10
>>> vehicle = ['train', 'bus', 'car', 'subway', 'ship', 'bicycle']
>>> min(vehicle)
'bicycle'
```

8. 列表方法

列表中的方法是作用于 Python 中特定类型对象的函数。

1) index

index 方法用于从列表中找出与某值匹配的第一个元素索引位置。如果找不到匹配项,就会引发异常。

```
>>> vehicle = ['train', 'bus', 'car', 'ship']
>>> vehicle.index ('car')
2
```

```
>>> vehicle.index('plane')
Traceback (most recent call last):
  File "<pyshell#5>", line 1, in <module>
    vehicle.index('plane')
ValueError: 'plane' is not in list
```

2) count

count 方法用于统计某个元素在列表中出现的次数。

```
>>> vehicle = ['train', 'bus', 'car', 'subway', 'ship', 'bicycle', 'car']
>>> vehicle.count('car')
2
```

3) append

append 方法可追加单个元素到列表的尾部,只接收一个元素,元素可以是任何数据类型,被追加的元素在列表中保持着原结构类型。例如:

```
>>> vehicle = ['train', 'bus', 'car', 'ship']
>>> vehicle.append('plane')
>>> vehicle
['train', 'bus', 'car', 'ship', 'plane']
>>> vehicle.append(8)
>>> vehicle
['train', 'bus', 'car', 'ship', 'plane', 8]
>>> vehicle.append([8,9])
>>> vehicle
['train', 'bus', 'car', 'ship', 'plane', 8, [8, 9]]
```

4) insert

insert 方法可将一个元素插入到列表中的指定位置,但其参数有两个:第一个参数是索引点,即插入的位置;第二个参数是插入的元素。

```
>>> vehicle = ['train', 'bus', 'car', 'ship']
>>> vehicle.insert(4,'plane')
>>> vehicle
['train', 'bus', 'car', 'ship', 'plane']
```

5) extend

extend 方法用于在列表的末尾一次性追加另一个列表中的多个值,可以用新列表扩展原有的列表。

```
>>> vehicle = ['train', 'bus', 'car', 'ship']
>>> sample = ['subway', 'bicycle']
>>> vehicle.extend(sample)
>>> vehicle
['train', 'bus', 'car', 'ship', 'subway', 'bicycle']
```

6) remove

remove 方法用于移除列表中与某值匹配的第一个元素。如果找不到匹配项,就会引发异常。

```
>>> vehicle = ['train', 'bus', 'car', 'ship', 'subway', 'ship', 'bicycle']
>>> vehicle.remove('ship')
>>> vehicle
['train', 'bus', 'car', 'subway', 'ship', 'bicycle']
>>> vehicle.remove('ship')
>>> vehicle
['train', 'bus', 'car', 'subway', 'bicycle']
>>> vehicle.remove('ship')

Traceback (most recent call last):
  File "<pyshell#17>", line 1, in <module>
    vehicle.remove('ship')
ValueError: list.remove(x): x not in list
```

7) pop

pop 方法用于移除列表中的一个元素(默认的是最后一个元素),并且返回该元素的值。

```
>>> vehicle = ['train', 'bus', 'car', 'subway', 'ship', 'bicycle']
>>> vehicle.pop()
'bicycle'
>>> vehicle
['train', 'bus', 'car', 'subway', 'ship']
>>> vehicle.pop(0)
'train'
>>> vehicle
['bus', 'car', 'subway', 'ship']
```

9. 列表排序

1) reverse

reverse 方法用于将列表中的元素反向存放。

```
>>> vehicle = ['train', 'bus', 'car', 'subway', 'ship', 'bicycle']
>>> vehicle.reverse()
>>> vehice
['bicycle', 'ship', 'subway', 'car', 'bus', 'train']
```

2) sort

sort 方法用于将列表中的元素进行排序。默认按升序排列。使用 reverse 参数,来指明列表是否要进行反向排序,参数是简单的布尔值 True 或 False,其值等于 True 表示降序排序。如果列表中包含的是字符,按字母顺序排序,可以使用 key 参数,根据元素的长度进行排序。

```
>>> numbers = [12,34,3.14,99,-10]
>>> numbers.sort()
>>> numbers
[-10, 3.14, 12, 34, 99]
>>> numbers.sort(reverse = True)
```

```
>>> numbers
[99, 34, 12, 3.14, -10]
>>> vehicle = ['train', 'bus', 'car', 'subway', 'ship', 'bicycle']
>>> vehicle.sort()
>>> vehicle
['bicycle', 'bus', 'car', 'ship', 'subway', 'train']
>>> vehicle.sort(key = len)
>>> vehicle
['bus', 'car', 'ship', 'train', 'subway', 'bicycle']
>>> vehicle.sort(reverse = True)
>>> vehicle
['train', 'subway', 'ship', 'car', 'bus', 'bicycle']
>>> vehicle.sort(reverse = False)
>>> vehicle
['bicycle', 'bus', 'car', 'ship', 'subway', 'train']
```

10. 列表循环

可以使用 for 语句实现循环遍历列表中所有元素。

```
>>> vehicle = ['train', 'bus', 'car', 'subway', 'ship', 'bicycle']
>>> for n in vehicle:
        print n,

train bus car subway ship bicycle
>>>
```

【例 4-1】 用户分别从键盘输入 6 个数字和 5 个数字组成两个列表 list1 和 list2,将列表 list2 合并到 list1 中,并在 list1 末尾再添加两个数字 90 和 100,然后对 list1 降序排列,最后输出最终的列表 list1。

程序代码:

```
# eg4_1.py
# coding = gbk
list1 = []                          # 初始化一个空列表
list2 = []
print "列表 list1: "
for i in range(6):                  # 循环 6 次,输入 6 个数字放到列表 list1 中
    x = input("请输入第" + str(i + 1) + "个元素: ")
    list1 += [x]
print "列表 list2: "
for i in range(5):                  # 循环 5 次,输入 5 个数字放到列表 list2 中
    x = input("请输入第" + str(i + 1) + "个元素: ")
    list2 += [x]

print "list1: ", list1
print "list2: ", list2

list1.extend(list2)                 # 列表 list2 合并到 list1 中
print "列表 list2 合并到 list1 中后的数据: ", list1
```

```
list1 = list1 + [90,100]
print "加上 90,100 后的 list1 的数据：",list1
list1.sort(reverse = True)          # list1 降序排列
print "降序排列后最终列表 list1 中的数据：",list1
```

程序可能的一次运行结果：

```
>>> ========================= RESTART =============================
列表 list1：
请输入第 1 个元素：34
请输入第 2 个元素：56
请输入第 3 个元素：38
请输入第 4 个元素：89
请输入第 5 个元素：73
请输入第 6 个元素：29
列表 list2：
请输入第 1 个元素：3
请输入第 2 个元素：68
请输入第 3 个元素：14
请输入第 4 个元素：28
请输入第 5 个元素：92
list1：[34, 56, 38, 89, 73, 29]
list2：[3, 68, 14, 28, 92]
列表 list2 合并到 list1 中后的数据：[34, 56, 38, 89, 73, 29, 3, 68, 14, 28, 92]
加上 90,100 后的 list1 的数据：[34, 56, 38, 89, 73, 29, 3, 68, 14, 28, 92, 90, 100]
降序排列后最终列表 list1 中的数据：[100, 92, 90, 89, 73, 68, 56, 38, 34, 29, 28, 14, 3]
```

思考 1：列表 list2 合并到 list1 中可以用语句 list1＝list1＋list2 实现吗？可以用 append 吗？为什么？

思考 2：在 list1 末尾再添加两个数字 90 和 100 可以用 append 吗？如果可以，如何实现？

4.1.2 元组 tuple

元组由不同的元素组成，每个元素可以存储不同类型的数据，如字符串、数字和元组等。元组和列表十分相似，元组是用一对小括号括起、用逗号分隔的多个数据项的组合。元组也是序列的一种，可以利用序列操作对元组进行处理。

元组的操作和列表有很多的相似之处，但元组和列表之间也存在重要的不同，元组是不可更改的，元组创建之后，元组就不能修改、添加、删除成员。元组的上述特点优点是效率较高，而且可以防止出现误修改操作。

1. 元组创建

元组的创建，即用一对小括号将以逗号分隔的若干数据（表达式的值）括起来。下面是几种创建元组的例子：

```
>>> tuple_sample1 = ('a',200,'b',150, 'c',100)
>>> tuple_sample2 = (3.14, 1.61, 0, -9, 6)
>>> tuple_sample3 = ("a", "b", "c", "d")
```

2．元组访问

和列表一样，可以通过索引来访问元组的成员。

```
>>> vehicle = ('train', 'bus', 'car', 'ship', 'subway', 'bicycle')
>>> vehicle[1]
'bus'
>>> vehicle[0:3]
('train', 'bus', 'car')
```

3．元组运算

列表运算基本上都适用于元组。

1）元组相加

通过元组相加的方法生成新元组。

```
>>> vehicle1 = ('train', 'bus', 'car', 'ship')
>>> vehicle2 = ('subway', 'bicycle')
>>> vehicle1 + vehicle2
('train', 'bus', 'car', 'ship', 'subway', 'bicycle')
```

2）元组相乘

用数字 n 乘以一个元组，会生成一个新元组。在新元组中原来的元组将被重复 n 次。

```
>>> vehicle = ('train', 'bus', 'car', 'ship')
>>> vehicle * 2
('train', 'bus', 'car', 'ship', 'train', 'bus', 'car', 'ship')
>>> vehicle = (('train', 'bus'), 'car', 'ship') * 2
>>> vehicle
(('train', 'bus'), 'car', 'ship', ('train', 'bus'), 'car', 'ship')
```

4.1.3　字符串

字符串类型是一类特殊的数据集对象，是一种序列，也就是字符串序列。

1．字符串构造

在 Python 中字符串的构造，主要通过两种方法来实现：一是 str 函数，二是用单引号或双引号。在 Python 中，使用引号是一种非常便捷的构造字符串方式。

1）单引号或双引号构造字符串

在用单引号或双引号构造字符串时，要求引号成对出现。

如：'Python World!'、'ABC'、"what is your name?"，都是构造字符串的方法。
'String"在 Python 中不是一个合法的字符串。

2）单双引号构造字符串的特殊用法

如果代码中的字符串包含了单引号，那么整个字符串就要用双引号来构造，否则就会出错。

```
>>> "Let's go!"
"Let's go!"
>>> 'Let's go!'
SyntaxError: invalid syntax
```

如果代码中的字符串包含了双引号,同理整个字符串要用单引号来构造。

```
>>> '"Hello world!",he said.'
'"Hello world!",he said.'
```

3) 字符串中引号的转义

字符串中引号的转义,可以修正如下的错误。

```
>>> 'Let's go!'
SyntaxError: invalid syntax
```

如果这样米表示就是可以的:

```
>>> 'Let\'s go!'
"Let's go!"
```

上面代码中的反斜线\对字符串中的引号进行了转义,表示反斜线后的单引号是字符串中的一个字符,而不是字符串的构造字符。又如:

```
>>> "\"Hello world!\"he said"
'"Hello world!"he said'
```

4) 三重引号字符串

三重引号字符串是一种特殊的用法。三重引号将保留所有字符串的格式信息。如字符串跨越多行,行与行之间的回车符、引号、制表符或者其他任何信息,都将保存下来。在三重引号中可以自由地使用单引号和双引号。

```
>>> '''"What's your name?"
        "My name is Jone"'''
'"What\'s your name?"\n        "My name is Jone"'
```

2. 字符串格式化

使用 print 函数很容易输出各种对象,但 print 函数无法输出设计复杂的格式。在 Python 中提供了字符串格式化的方法。字符串格式化涉及两个概念:格式和格式化,其中格式以%开头,格式化运算符用%表示用对象代替格式串中的格式,最终得到 1 个字符串。

字符串格式化的一般形式如图 4.1 所示。

1) 字符串格式的书写

- [ ]中的内容可以省略;
- 简单的格式是%加格式字符,如%f、%d、%c 等;
- 当最小宽度及精度都出现时,它们之间不能有空格,格式字符和其他选项之间也不能有空格,如%8.2f。

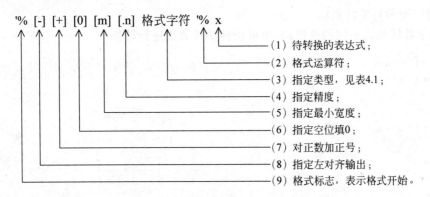

图 4.1 字符串格式化的一般形式

2) 格式字符的含义

格式字符的含义如表 4.1 所示。

表 4.1 字符串的格式字符

格式	说 明
%c	格式化字符或编码
%s	格式化字符串
%d	格式化整数
%u	格式化无符号整数
%o	格式化八进制数
%x	格式化十六进制数
%f	格式化浮点数,可指定小数位数
%e	用科学计数法格式化浮点数

3) 最小宽度和精度

最小宽度是转换后的值所保留的最小字符个数。

精度(对于数字来说)则是结果中应该包含的小数位数。

```
>>> a = 3.1416
>>> '%6.2f' % a
'  3.14'
```

把 a 转化为含 6 个字符的小数串,保留 2 位小数,对第 2 位四舍五入。不足 6 个字符则在左边补空格。

```
>>> "%2d" % 56
'56'
>>> "%2d" % 5
' 5'
>>> "%-2d" % 56
'56'
>>> "%-2d" % 5
'5 '
```

"%-2d"%5 表示 5 占两个字符宽度,左对齐输出,则输出中 5 后面补一个空格。

4) 进位制和科学计数法

把一个数转换成不同的进位制,也可按科学计数法进行转换。

```
>>> a = 123456
>>> y = '%o'%a
>>> y
'361100'
>>> z = '%x'%a
>>> z
'1e240'
>>> se = '%e'%a
>>> se
'1.234560e+05'
```

以上代码表示将十进制数 a 分别转换为八进制串、十六进制串和科学计数法串。

3. 字符串截取

字符串的截取就是取出字符串中的子串。截取有两种方法:一种是索引 str[index]取出单个字符;另一种是切片 str[[start]:[end]]取出一片字符。下面是字符串截取的几个示例。

```
>>> str = 'python'
>>> str[0]                  #取出第1个字符
'p'
>>> str[-1]                 #取出最后1个字符
'n'
>>> str[1:3]                #取出位置为1到位置为2的字符,不包括3
'yt'
>>> str[:3]                 #取出从头至位置为2的字符
'pyt'
>>> str[4:]                 #取出从位置4开始的所有字符
'on'
>>> str[:]                  #取出全部字符
'python'
```

4. 字符串方法

1) find

find 方法可以在一个较长的字符串中查找子串,并返回子串所在位置的最左端索引位置,如果没有找到,则返回 −1。

```
>>> string = 'Python is a programming language.'
>>> string.find('Python')
0
>>> string.find('is')
7
>>> string.find('Python')
-1
```

2) join

join 方法用来连接序列中的元素。

```
>>> string = 'Python', 'is', 'a', 'programming', 'language'
>>> ' + '.join(string)
'Python + is + a + programming + language'
```

3) split

split 方法用来将字符串分割成序列。

```
>>> string = 'Python is a programming language.'
>>> string.split ()
['Python', 'is', 'a', 'programming', 'language.']
```

4) lower

lower 方法将所有字母转换为小写字母,并返回字符串。

```
>>> string = 'Python is a programming language.'
>>> string.lower ()
'python is a programming language.'
```

思考:将所有字母转换为大写字母用什么方法?

5) replace

replace 方法查找字符串所有匹配项并替换,并返回字符串。

```
>>> string = 'Python is a programming language.'
>>> string.replace('a','A')
'Python is A progrAmming lAnguAge.'
```

6) strip

strip 方法可去除字符串两侧的空格,并返回字符串。

```
>>> string = '   Python is a programming language. '
>>> string.strip ()
'Python is a programming language.'
```

思考:去除字符串中间的空格如何操作?

【例 4-2】 编写程序,生成一个包含 10 个不重复的取自 a~z(随机生成)的小写字母的列表,将原列表中所有下标为偶数的元素组成新列表。先输出原列表和新列表,新列表再采用字符串格式化方式%s 逐个输出。

提示:产生随机数需要导入 random 模块,其中 random.randint(a, b),用于生成一个指定范围内的整数。其中参数 a 是下限,参数 b 是上限,生成的随机数为 n(a≤n≤b)。

程序代码:

```
# eg4_2.py
# coding = gbk
import random
list1 = []

i = 0
```

```
while i < 10:
    c = chr(random.randint(97,122))
    if c not in list1:
        i += 1
        list1.append(c)
list2 = []
list2 = list1[::2]
print "原列表: ",list1
print "新列表: ",list2
print "逐个输出新列表: "
for i in list2:
    print "%s"%i,
```

程序可能的一次运行结果：

```
>>> ========================= RESTART =========================
原列表: ['c', 't', 'r', 'l', 'k', 'e', 'u', 'n', 's', 'i']
新列表: ['c', 'r', 'k', 'u', 's']
逐个输出新列表:
c r k u s
```

【例 4-3】 利用格式化字符输出如图 4.2 所示的"九九乘法表"。

```
>>>
1×1=1
2×1=2   2×2=4
3×1=3   3×2=6   3×3=9
4×1=4   4×2=8   4×3=12  4×4=16
5×1=5   5×2=10  5×3=15  5×4=20  5×5=25
6×1=6   6×2=12  6×3=18  6×4=24  6×5=30  6×6=36
7×1=7   7×2=14  7×3=21  7×4=28  7×5=35  7×6=42  7×7=49
8×1=8   8×2=16  8×3=24  8×4=32  8×5=40  8×6=48  8×7=56  8×8=64
9×1=9   9×2=18  9×3=27  9×4=36  9×5=45  9×6=54  9×7=63  9×8=72  9×9=81
```

图 4.2 九九乘法表

程序代码：

```
#eg4_3.py
#coding = gbk
for i in range(1,10):
    for j in range(1,i+1):
        print "%d×%d=%-4d"%(i,j,i*j),
    print
```

在例 4-3 中，乘数和被乘数均占一字符宽度输出；积占四字符宽度输出且左对齐。

4.1.4 列表与元组之间的转换

1. 列表转换成元组

Python 中的 tuple() 函数可以接受一个列表，并返回一个包含同样元素的元组。从结果上看，tuple() 函数冻结了列表，而 list() 融化元组。

```
>>> vehicle = ['train', 'bus', 'car', 'ship', 'subway', 'bicycle']
>>> tuple(vehicle)
('train', 'bus', 'car', 'ship', 'subway', 'bicycle')
```

2. 元组转换成列表

Python 中的 list() 函数接受一个元组,并返回一个包含同样元素的列表。从结果上看,list() 函数融化了元组。

```
>>> vehicle = ('train','bus','car','ship','subway','bicycle')
>>> list(vehicle)
['train', 'bus', 'car', 'ship', 'subway', 'bicycle']
```

【例 4-4】 用户从键盘输入若干个字符串组成一个列表 list1,当输入提示为 y 或者 yes(大小写无关)的时候结束,然后将该列表转换为元组 tuple1,分别输出 list1 和 tuple1。

程序代码:

```
#eg4_4.py
#coding = gbk
print "请输入若干个字符串组成列表 list1,当输入提示为 y 或 yes 结束,大小写无关"
yy = 'n'
i = 1
list1 = []                                    #初始化一个空列表
while yy.upper() not in ['Y','YES'] :         #判断是否结束
    x = raw_input("请输入第" + str(i) + "个元素:")
    list1.append(x)
    i += 1
    yy = raw_input("输入结束了吗?(y 或 yes 结束,大小写无关,其他继续):")
tuple1 = tuple(list1)

print "列表 list1: ",list1
print "元组 tuple1: ",tuple1
```

程序可能的一次运行结果:

```
>>> ========================= RESTART =============================
请输入若干个字符串组成列表 list1,当输入提示为 y 或 yes 结束,大小写无关
请输入第 1 个元素:Alice
输入结束了吗?(y 或 yes 结束,大小写无关,其他继续):
请输入第 2 个元素:Tom
输入结束了吗?(y 或 yes 结束,大小写无关,其他继续): n
请输入第 3 个元素:Rose
输入结束了吗?(y 或 yes 结束,大小写无关,其他继续): ye
请输入第 4 个元素:Lily
输入结束了吗?(y 或 yes 结束,大小写无关,其他继续): y
列表 list1: ['Alice', 'Tom', 'Rose', 'Lily']
元组 tuple1: ('Alice', 'Tom', 'Rose', 'Lily')
```

思考:while 语句的判断条件还有其他写法吗?请结合字符串思考。

4.2 字典

前面介绍的列表采用的是通过位置索引来查找信息的方式。Python 还有一种通过名字来引用值的数据结构。这种类型的数据结构称为映射。字典是 Python 中唯一内建的映

射类型,可用来实现通过数据查找关联数据的功能。

Python字典中的值没有特殊的顺序,因此不能像序列那样通过位置索引来查找成员数据。但是每一个值都有一个对应的键。字典的用法是通过键key来访问相应的值value。

4.2.1 创建字典

字典可以通过以下的方式创建:

```
>>> country = {'AU':'Australia', 'CN':'China', 'DE':'Germany', 'SG':'Singapore', 'KR':'Korea'}
```

在字典中,键可以是任何不可修改类型的数据,如数值、字符串和元组等;而键对应的值则可以是任何类型的数据。字典是无序集合,字典的显示次序由字典在内部的存储结构决定。例如:

```
>>> country = {'AU':'Australia', 'CN':'China', 'DE':'Germany', 'SG':'Singapore', 'KR':'Korea'}
>>> country
{'SG': 'Singapore', 'DE': 'Germany', 'AU': 'Australia', 'CN': 'China', 'KR': 'Korea'}
```

4.2.2 字典操作

1. 字典中键值对的数量

len()可以返回字典中项(键值对)的数量。

```
>>> country = {'AU':'Australia', 'CN':'China', 'DE':'Germany', 'SG':'Singapore', 'KR':'Korea'}
>>> len(country)
5
```

2. 查找与特定键相关联的值

查找与特定键相关联的值,其返回值就是字典中与给定的键相关联的值。

```
>>> country = {'AU':'Australia', 'CN':'China', 'DE':'Germany', 'SG':'Singapore', 'KR':'Korea'}
>>> country['CN']
'China'
```

如果指定的键在字典中不存在,则报错(KeyError)。

```
>>> country['cn']

Traceback (most recent call last):
  File "<pyshell#14>", line 1, in <module>
    country['cn']
KeyError: 'cn'
>>>
```

3. 修改字典中的数据

在字典中,某个键相关联的值可以通过赋值语句来修改,如果指定的键不存在,则相当于向字典中添加新的键值对。

```
>>> country = {'AU':'Australia', 'CN':'China', 'DE':'Germany', 'SG':'Singapore', 'KR':'Korea'}
>>> country['IN'] = 'India'
>>> country
{'CN':'China','DE':'Germany','KR':'Korea','AU':'Australia','IN':'India','SG':'Singapore'}
>>> country['KR'] = 'KOREA'
>>> country
{'CN':'China','DE':'Germany','KR':'KOREA','AU':'Australia','IN':'India','SG':'Singapore'}
```

4．删除字典条目

del 命令可以用来删除字典条目。

```
>>> country = {'CN':'China','DE':'Germany','KR':'KOREA','AU':'Australia','SG':'Singapore'}
>>> del country['KR']
>>> country
{'CN': 'China', 'DE': 'Germany', 'AU': 'Australia', 'SG': 'Singapore'}
```

5．检查字典中是否含有某键的项

in 命令可以查找某键值是否在字典中。如果存在返回 True,否则返回 False。

```
>>> country = {'CN':'China','DE':'Germany','AU':'Australia','SG': 'Singapore'}
>>> 'CN' in country
True
>>> 'cn' in country
False
```

4.2.3 字典方法

1．has_key

has_key 方法可以检查字典中是否含有特定的键。如果存在返回 True,否则返回 False。与 in 命令查找特定键效果相同。

```
>>> country = {'CN':'China','DE':'Germany','AU':'Australia','SG': 'Singapore'}
>>> country.has_key('CN')
True
>>> country.has_key('cn')
False
```

2．keys

keys 方法将字典中的键以列表形式返回。

```
>>> country = {'CN':'China','DE':'Germany','AU':'Australia','SG': 'Singapore'}
>>> country.keys()
['SG', 'DE', 'AU', 'CN']
```

3. values

values 方法将字典中的值以列表形式返回。

```
>>> country = {'CN':'China','DE':'Germany','AU':'Australia','SG': 'Singapore'}
>>> country.values()
['Singapore', 'Germany', 'Australia', 'China']
```

4. items

items 方法将字典中的所有键和值以列表形式返回。

```
>>> country = {'CN':'China','DE':'Germany','AU':'Australia','SG': 'Singapore'}
>>> country.items()
[('SG', 'Singapore'), ('DE', 'Germany'), ('AU', 'Australia'), ('CN', 'China')]
```

5. clear

clear 方法将字典中的所有条目删除。

```
>>> country = {'CN':'China','DE':'Germany','AU':'Australia','SG': 'Singapore'}
>>> country.clear()
>>> country
{}
```

4.2.4 列表、元组与字典之间的转换

1. 列表与字典之间的转化

Python 中的 list()函数可以将字典转换列表,但列表不能转换为字典。

```
>>> country = {'AU':'Australia', 'CN':'China', 'DE':'Germany', 'SG':'Singapore', 'KR':'Korea'}
>>> list(country)
['SG', 'DE', 'AU', 'CN', 'KR']
>>> list(country.values())
['Singapore', 'Germany', 'Australia', 'China', 'Korea']
```

2. 元组与字典之间的转化

Python 中的 tuple()函数可以将字典转换元组,但元组不能转换为字典。

```
>>> country = {'AU':'Australia', 'CN':'China', 'DE':'Germany', 'SG':'Singapore', 'KR':'Korea'}
>>> tuple(country)
('SG', 'DE', 'AU', 'CN', 'KR')
>>> tuple(country.values())
('Singapore', 'Germany', 'Australia', 'China', 'Korea')
```

【例 4-5】 宠物进行比赛,裁判根据各种条件给出宠物的得分。现在有编号为 1~5 的

五只宠物,名字和得分分别是 Alice:80、John:69、Rose:90、Lily:75、Ha:95。请用字典实现根据编号查询该宠物的名字和得分。要求:输入编号,可以一直查询该宠物的名字和得分,直到输入编号以外的任意字符显示"无查询结果",并结束程序。

```
# eg4_5.py
# coding = gbk
info = {'1':['Alice',80],'2':['John',69],'3':['Rose',90],\
        '4':['Lily',75],'5':['Ha',95]}
no = raw_input("请输入编号(1-5): ")
while no in info:
    print info[no]
    no = raw_input("请输入编号: ")
else:
    print "无查询结果!"
```

程序可能的一次运行结果:

```
>>> =========================== RESTART ============================
请输入编号(1-5): 3
['Rose', 90]
请输入编号: 1
['Alice', 80]
请输入编号: 2
['John', 69]
请输入编号: 4
['Lily', 75]
请输入编号: 5
['Ha', 95]
请输入编号: 8
无查询结果!
```

【例 4-6】 根据客户等级及订货量计算订货额。

建立字典,客户分 ABCD 类:A 类客户享受 9 折优惠,B 类客户享受 92 折优惠,C 类客户享受 95 折优惠,D 类客户不享受折扣优惠;假定价格是 100 元,订货量小于 500 无折扣,500~1999 折扣 0.05,2000~4999 折扣 0.1,5000~20 000 折扣 0.15,20 000 以上折扣 0.2。客户可同时享受价格优惠和客户等级优惠。

要求:只要输入客户等级和订货量,就计算出订货额;直到客户等级或订货量不输入任何字符,自动退出,显示"请输入完整信息,谢谢!"。客户等级和订货量均不需要判断是否输入正确,订货量需剔除小于 0 的情况,直到输入大于等于 0 的订货量为止,客户等级和订货量均需判断不为空。

程序代码:

```
# eg4_6.py
# coding = gbk
classification = {'A':0.9,'B':0.92,'C':0.95,'D':1.00}  # 定义字典
degree = raw_input('请输入客户等级(A-D): ')
number1 = raw_input('请输入订货量: ')
while degree!= '' and number1!= '':
```

```python
            discount1 = classification[degree]    #根据客户等级(键)查折扣(值)
            number = int(number1)
            while number < 0:
                print '订货额<0!请重新输入!'
                number1 = raw_input('请输入订货量: ')
                number = int(number1)
            else:
                if number < 500:
                    discount2 = 0
                elif number < 2000:
                    discount2 = 0.05
                elif number < 5000:
                    discount2 = 0.1
                elif number < 20000:
                    discount2 = 0.15
                else:
                    discount2 = 0.2
                total = 100 * number * (discount1) * (1 - discount2)
                print '客户等级折扣为: ',discount1
                print '订货量折扣为: ',discount2
                print '订货金额为: ',total
                degree = raw_input('请输入客户等级(A-D): ')
                number1 = raw_input('请输入订货量: ')
    else:
        print '请输入完整信息,谢谢!'
```

程序可能的一次运行结果：

```
>>> ============================ RESTART =============================
请输入客户等级(A-D): A
请输入订货量: 89
客户等级折扣为: 0.9
订货量折扣为: 0
订货金额为: 8010.0
请输入客户等级(A-D): A
请输入订货量: -7
订货额<0!请重新输入!
请输入订货量: 7
客户等级折扣为: 0.9
订货量折扣为: 0
订货金额为: 630.0
请输入客户等级(A-D): B
请输入订货量: 600
客户等级折扣为: 0.92
订货量折扣为: 0.05
订货金额为: 52440.0
请输入客户等级(A-D): C
请输入订货量: 4000
客户等级折扣为: 0.95
订货量折扣为: 0.1
订货金额为: 342000.0
```

```
请输入客户等级(A-D):D
请输入订货量:300000
客户等级折扣为:1.0
订货量折扣为:0.2
订货金额为:24000000.0
请输入客户等级(A-D):D
请输入订货量:-900
订货额<0!请重新输入!
请输入订货量:900
客户等级折扣为:1.0
订货量折扣为:0.05
订货金额为:85500.0
请输入客户等级(A-D):
请输入订货量:9
请输入完整信息,谢谢!
```

思考:请结合第3章控制结构的相关知识,说明需要设计怎样的测试用例才能把每个分支都检测到。

4.3 集合

集合是一组对象的集合,对象可以是各种类型。集合由各种类型元素组成,但任何元素之间没有任何顺序,并且元素都不重复。Python 提供了集合类型 set,用于表示大量无序元素的集合。

4.3.1 集合的创建

集合类型的值有两种创建方式:一种是用一对大括号将多个元素括起来,元素之间用逗号分隔;另一种是用函数 set(),同时此函数也可以将字符串、列表、元组等类型的数据转换为集合类型。不管用哪种方式创建集合,在 Python 都是以 set([ ])的形式来表示的。

```
>>> vehicle = {'train','bus','car','ship'}
>>> vehicle
set(['car', 'ship', 'train', 'bus'])

>>> vehicle = set(['train','bus','car','ship'])
>>> vehicle
set(['bus', 'ship', 'train', 'car'])
```

注意,空的集合只能用 set()来创建,而不能用大括号{}表示,因为 Python 将{}用于表示空字典。

集合中是不能有相同元素的,因此 Python 在创建集合的时候会自动删除重复的元素。

```
>>> vehicle = {'train','bus','car','ship','bus'}
>>> vehicle
set(['bus', 'ship', 'train', 'car'])
```

4.3.2 集合的运算

1. len()

len()函数可以确定集合中的元素数量。

```
>>> vehicle = set(['train','bus','car','ship'])
>>> len(vehicle)
4
```

2. in

判断某元素是否存在集合之中,判断结果用布尔值 True 或 False 表示。

```
>>> vehicle = set(['train','bus','car','ship'])
>>> 'bus' in vehicle
True
```

3. 并集

创建一个新的集合,该集合包含两个集合中的所有元素。

```
>>> vehicle1 = set(['train','bus','car','ship'])
>>> vehicle2 = set(['subway','bicycle'])
>>> vehicle = vehicle1|vehicle2
>>> vehicle
set(['train', 'bicycle', 'subway', 'car', 'bus', 'ship'])
```

4. 交集

创建一个新的集合,该集合为两个集合中的公共部分。

```
>>> vehicle1 = set(['train','bus','car','ship'])
>>> vehicle2 = set(['subway','bicycle','bus'])
>>> vehicle = vehicle1&vehicle2
>>> vehicle
set(['bus'])
```

5. 差集

收集在调用集合但不在参数集合中的元素。

```
>>> vehicle1 = set(['train','bus','car','ship'])
>>> vehicle2 = set(['subway','bicycle','bus'])
>>> vehicle = vehicle1 - vehicle2
>>> vehicle
set(['car', 'ship', 'train'])
>>> vehicle = vehicle2 - vehicle1
>>> vehicle
set(['bicycle', 'subway'])
```

6. 对称差

收集两个集合那些不共享的元素。

```
>>> vehicle1 = set(['train','bus','car','ship'])
>>> vehicle2 = set(['subway','bicycle','bus'])
>>> vehicle = vehicle1 ^vehicle2
>>> vehicle
set(['car', 'ship', 'train', 'bicycle', 'subway'])
```

7. 子集和超集

如果集合 A 的每个元素都是集合 B 中的元素,则集合 A 是集合 B 的子集。超集是仅当集合 B 是集合 A 的一个子集,集合 A 才是集合 B 的一个超集。

- A<=B,检测 A 是否是 B 的子集
- A<B,检测 A 是否是 B 的真子集
- A>=B,检测 A 是否是 B 的超集
- A>B,检测 A 是否是 B 的真超集
- A|= B,将 B 的元素并入 A 中

```
>>> vehicle1 = set(['train','bus','car','ship'])
>>> vehicle2 = set(['car','ship'])
>>> vehicle2 < vehicle1
True
>>> vehicle1 = set(['train','bus','car','ship'])
>>> vehicle2 = set(['subway','bicycle','bus'])
>>> vehicle1 |= vehicle2
>>> vehicle1
set(['train', 'bicycle', 'subway', 'car', 'bus', 'ship'])
>>> vehicle2
set(['bus', 'bicycle', 'subway'])
```

4.3.3 集合的方法

Python 中同样以面向对象方式实现集合类型的运算。

1. union

union 方法相当于并集运算。

```
>>> vehicle1 = set(['train','bus','car','ship'])
>>> vehicle2 = set(['subway','bicycle'])
>>> vehicle = vehicle1.union(vehicle2)
>>> vehicle
set(['train', 'bicycle', 'subway', 'car', 'bus', 'ship'])
```

2. intersection

intersection 方法相当于交集运算。

```
>>> vehicle1 = set(['train','bus','car','ship'])
>>> vehicle2 = set(['subway','bicycle','bus'])
>>> vehicle = vehicle1.intersection(vehicle2)
>>> vehicle
set(['bus'])
```

3. difference

difference 方法相当于差集运算。

```
>>> vehicle1 = set(['train','bus','car','ship'])
>>> vehicle2 = set(['subway','bicycle','bus'])
>>> vehicle = vehicle1.difference(vehicle2)
>>> vehicle
set(['car', 'ship', 'train'])
>>> vehicle = vehicle2.difference(vehicle1)
>>> vehicle
set(['bicycle', 'subway'])
```

4. symmetric_difference

symmetric_difference 方法相当于对称差运算。

```
>>> vehicle1 = set(['train','bus','car','ship'])
>>> vehicle2 = set(['subway','bicycle','bus'])
>>> vehicle = vehicle1.symmetric_difference(vehicle2)
>>> vehicle
set(['car', 'ship', 'train', 'bicycle', 'subway'])
```

5. issubset 和 issuperset

issubset 方法相当于判断是否是子集。issuperset 方法相当于判断是否是超集。

```
>>> vehicle1 = set(['train','bus','car','ship'])
>>> vehicle2 = set(['car','ship'])
>>> vehicle2.issubset(vehicle1)
True
>>> vehicle1.issuperset(vehicle2)
True
```

6. update

update 方法相当于集合元素合并运算。

```
>>> vehicle1 = set(['train','bus','car','ship'])
>>> vehicle2 = set(['subway','bicycle','bus'])
>>> vehicle1.update(vehicle2)
>>> vehicle1
set(['train', 'bicycle', 'subway', 'car', 'bus', 'ship'])
```

7. add

add 方法作用是向集合中添加元素。

```
>>> vehicle1 = set(['train','bus','car','ship'])
>>> vehicle1.add('subway')
>>> vehicle1
set(['bus', 'ship', 'train', 'subway', 'car'])
```

8. remove

remove 方法作用是从集合中删除元素,如果集合中没有该元素,则出错。

```
>>> vehicle1 = set(['train','bus','car','ship'])
>>> vehicle1.remove('bus')
>>> vehicle1
set(['ship', 'train', 'car'])
>>> vehicle1.remove('bus')

Traceback (most recent call last):
  File "<pyshell#59>", line 1, in <module>
    vehicle1.remove('bus')
KeyError: 'bus'
```

9. discard

discard 方法作用是从集合中删除元素,如果集合中没有该元素,也不提示出错。

```
>>> vehicle1 = set(['train','bus','car','ship'])
>>> vehicle1.discard('bus')
>>> vehicle1
set(['ship', 'train', 'car'])
>>> vehicle1.discard('bus')
```

10. pop

pop 方法作用是从集合中删除任一元素,并返回元素。

```
>>> vehicle1 = set(['train','bus','car','ship'])
>>> vehicle1.pop()
'bus'
>>> vehicle1.pop()
'ship'
```

11. clear

clear 方法作用是从集合中删除所有元素。

```
>>> vehicle1 = set(['train','bus','car','ship'])
>>> vehicle1.clear()
```

```
>>> vehicle1
set([])
```

12. copy

copy 方法作用是复制集合。

```
>>> vehicle1 = set(['train','bus','car','ship'])
>>> vehicle2 = vehicle1.copy()
>>> vehicle2
set(['bus', 'ship', 'train', 'car'])
```

4.4 本章小结

本章介绍 Python 中常见的数据结构序列（如列表和元组）、映射（如字典）以及集合等，主要内容包括：

- 序列的基本概念。
- 序列的各种方法。
- 字符串的两种重要使用方式：字符串格式化和字符串方法。
- 利用字典格式化字符串，以及字典的用法。
- 集合的创建、运算和方法。

习题 4

1. 比较列表、元组和字符串的异同。
2. 利用循环创建一个包含 10 个奇数的列表，并计算该列表的和与平均值。分别使用 while 循环和 for 循环实现。
3. 从键盘输入一个正整数列表，以 −1 结束，分别计算列表中奇数和偶数的和。
4. 输入一个字符串，然后依次显示该字符串的每一个字符以及该字符的 ASCII 码。

第5章 函数的设计

本章学习目标
- 熟练掌握函数的设计和使用
- 深入了解各类参数,熟悉参数传递过程
- 熟悉自顶向下、逐步求精的程序设计方法
- 了解递归函数

本章先介绍函数的定义,再介绍函数返回值和形参、实参、默认参数、关键参数、可变长度参数、序列参数等各类参数,接着介绍基于函数的抽象和求精,最后介绍递归的思想和递归函数的用法。

5.1 函数的定义

引例:假设需要分别计算 6!、16!、26!,利用已经学过的知识,代码可能是这样的:

```
s = 1
for i in range(1,7):
    s * = i
print "6!= ",s
s = 1
for i in range(1,17):
    s * = i
print "16!= ",s
s = 1
for i in range(1,27):
    s * = i
print "26!= ",s
```

程序运行结果:

```
>>> ========================== RESTART ==========================
6!= 720
16!= 20922789888000
26!= 403291461126605635584000000
```

从这个例子可以看出,除了 range 中的数字不一样外,其他的都非常相似,也就是说,大段的代码是重复的,那么,能不能编写一段通用的代码然后重复使用呢?答案是肯定的,你可以利用函数来解决这个问题。

函数是为实现一个操作而集合在一起的语句集,可以用来定义可重用代码、组织和简化代码。

函数定义格式如下:

```
def 函数名(形式参数):
    函数体
```

函数是通过 def 关键字定义,包括函数名称、形式参数、函数体。函数名是标识符,命名必须符合 Python 标识符的规定;形式参数,简称为形参,写在一对小括号里面,形参是可选的,即函数可以包含参数,也可以不包含参数;该行以冒号结束;函数体是语句序列,左端必须缩进一些空格。

【例 5-1】 定义一个函数,函数的功能是打印一行"Hello World!",并调用该函数。

程序代码:

```
#eg5_1.py
def SayHello():                          #函数定义
    print "Hello World!"                 #函数体

#主程序
SayHello()                               #函数调用
```

程序运行结果:

```
>>> ========================= RESTART =============================
Hello World!
```

这里定义了一个名为 SayHello 的函数,这个函数每调用一次只能打印出一行"Hello World!",并且不使用任何参数。图 5.1 解释了这个函数的定义。

图 5.1 SayHello 函数的定义图解

问题:如果要打印出"Hello!"和"How are you?",则不能使用此函数。如何改进此函数使之能打印出其他字符串呢?

【例 5-2】 改进 SayHello 函数,使该函数能打印出其他字符串,并利用该函数打印出"Hello!"和"How are you?"。

程序代码:

```
#eg5_2.py
def SayHello(s):                         #函数定义
    print s                              #函数体

#主程序
SayHello("Hello!")                       #函数调用
```

SayHello("How are you?")

程序运行结果：

```
>>> ========================= RESTART =============================
Hello!
How are you?
```

这里改进的 SayHello 函数有一个形参 s，在主程序中调用 SayHello 函数时，分别将具体的值"Hello!"和"How are you?"赋给了形参。图 5.2 解释了这个函数的定义和主程序的调用。而要想打印出"Hello World!"，只需要在主程序中写上 SayHello("Hello World!")即可。

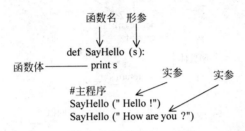

图 5.2　改进的 SayHello 函数的定义和调用图解

所以形式参数是根据需要定义的，当调用定义了形式参数的函数时，就将一个值传递给形参，这个值称为实际参数，简称为实参。在例 5-2 中"Hello!"和"How are you?"都是实参。

一些函数可能只完成要求的操作而无返回值，如例 5-1 和例 5-2，而另一些函数可能有返回值。如果函数有返回值，则被称为带返回值的函数，使用关键字 return 来返回一个值，执行 return 语句意味着函数的终止。

【例 5-3】　定义一个函数，函数的功能是求正整数的阶乘，并利用该函数求解引例的结果。

程序代码：

```
#eg5_3.py
def jc(n):                          #函数定义
    s = 1
    for i in range(1,n+1):
        s * = i
    return s

#主程序
i = 6
k = jc(i)
print str(i) + "!= ",k
i = 16
k = jc(i)
print str(i) + "!= ",k
i = 26
k = jc(i)
```

```
print str(i) + "!= ",k
```

程序运行结果：

```
>>> =========================== RESTART ===========================
6!= 720
16!= 20922789888000
26!= 403291461126605635584000000
```

这里定义了一个名为 jc 的函数，它有一个形参 n，函数返回 s 的值，即 n 的阶乘值。图 5.3 解释了这个函数的定义。

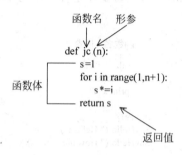

图 5.3 jc 函数的定义图解

5.2 函数的调用

函数的定义是定义函数做什么。而函数一旦被定义，就可以在程序的任何地方调用这个函数。当调用一个函数时，程序控制权就会转移到被调用的函数上；当执行完函数，被调用的函数就会将程序控制权交还给调用者。

下面分别以例 5-2 和例 5-3 为例，具体描述函数调用过程。

在例 5-2 中，程序从主程序开始执行。执行主程序中的第一条语句，遇到函数调用，程序控制权转移到 SayHello 函数，函数 SayHello 的形式参数被赋予实际参数"Hello!"，然后执行函数体打印出"Hello!"，函数执行完毕后返回主程序。执行主程序中的第二条语句，这时又遇到函数调用，同样，函数 SayHello 的形式参数被赋予实际参数"How are you?"，然后执行函数体打印出"How are you?"，函数执行完毕后返回主程序，程序结束。

在例 5-3 中，程序从主程序开始执行。执行主程序中的第一条语句，将 6 赋值给 i，然后执行主程序中的第二条语句，调用函数 jc(i)，当 jc 函数被调用时，变量 i 的值被传递到 n，程序控制权转移到 jc 函数，然后就开始执行 jc 函数。当 jc 函数的 return 语句被执行后，jc 函数又将程序的控制权转移给主程序。jc 函数结束之后，jc 函数的返回值就会赋值给 k。接下来执行主程序中的第三条语句打印出结果。然后继续执行主程序的第四条语句，将 16 赋值给 i ……（后面调用跟前面一致，不再重复）。图 5.4 解释了 jc 函数调用的过程。

前面的调用比较简单，复杂的是函数体中还可以调用其他函数，在这种情况下，函数调用又是怎样的呢？

【例 5-4】 利用求正整数阶乘的函数，编写求阶乘和 1！＋2！＋…＋n！的函数，利用该函数求 1！＋2！＋3！＋4！＋5！的和。

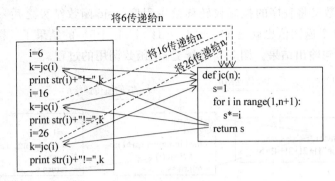

图 5.4 jc 函数调用过程

程序代码：

```
# eg5_4.py
# 求正整数阶乘的函数
def jc(n):                           # 函数定义
    s = 1
    for i in range(1, n + 1):
        s *= i
    return s

# 求阶乘和的函数
def sjc(n):                          # 函数定义
    ss = 0
    for i in range(1, n + 1):
        ss += jc(i)
    return ss

# 主程序
i = 5
k = sjc(i)
print "1! + 2! + 3! + 4! + 5!=", k
```

程序运行结果：

```
>>> ========================== RESTART ==============================
1! + 2! + 3! + 4! + 5!= 153
```

在例 5-4 中，程序从主程序开始执行。执行主程序中的第一条语句，将 5 赋值给 i，然后执行主程序中的第二条语句，调用函数 sjc(i)。当 sjc 函数被调用时，变量 i 的值被传递到 n，程序控制权转移到 sjc 函数，然后就开始执行 sjc 函数。在 sjc 函数中，当执行到 for 循环，i 的取值为 1，调用函数 jc(i)。当 jc 函数被调用时，变量 i 的值被传递到 n，程序控制权转移到 jc 函数，然后就开始执行 jc 函数。当 jc 函数的 return 语句被执行后，jc 函数又将程序的控制权转移给 sjc 函数。jc 函数结束之后，jc 函数的返回值就会跟原来的 ss 的值相加再赋值给 ss。接着在 sjc 函数的 for 循环中，i 的取值为 2，同样与前面一样，调用函数 jc(i)……（此处不再赘述）。一直到 i 的取值为 5 为止。当最后的 jc 函数将程序的控制权转移给 sjc 函数，jc 函数的返回值就又会跟原来的 ss 的值相加再赋值给 ss。当 sjc 函数的 return 语句被执行后,sjc 函数又将程序的控制权转移给主程序。sjc 函数结束之后,sjc 函数的返回值就会赋值给 k,这个返回值也就是 1!+2!+3!+4!+5!的结果了。接下来再执行主程序中的第三条语句输出结果。图 5.5 解释了 sjc 函数调用的过程。

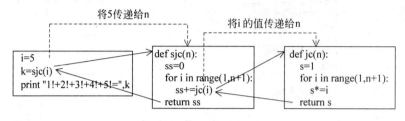

图 5.5　sjc 函数调用过程

最后值得说明的是,Python 对于程序运行到哪里有很好的记录,每个函数执行结束后,程序都能跳回到它离开的地方。直到执行到整个程序的结尾,才会结束程序。

5.3　形参与实参

在函数定义里的参数,称为形参,如例 5-2 的 SayHello 函数中的 s 和例 5-3 的 jc 函数中的 n。如果形参的个数超过 1 个,各参数之间用逗号隔开。在定义函数时,函数的形参不代表任何具体的值,只有在函数调用时,才会有具体的值赋给形参。调用函数时传入的参数称为实参,如例 5-2 中调用 SayHello 函数时传入的字符串参数 Hello!,例 5-3 中调用 jc 函数传入的变量参数 i。

【例 5-5】　编写函数,利用辗转相除法求两个自然数的最大公约数,并利用该函数求 25、45 以及 36、12 的最大公约数。

辗转相除法的算法如下:
(1) 两个自然数 x 和 y,保证 x≥y;
(2) 计算 x 除以 y 的余数 r;
(3) 若 r≠0,则用 y 替换 x,用 r 替换 y,再计算 x 除以 y 的余数 r,重复步骤(3)。

程序代码:

```
#eg5_5.py
def fdiv(x,y):                          #函数定义
    if x < y:
        x,y = y,x
    r = x % y
    while r!= 0:
        x = y
        y = r
        r = x % y
    return y

#主程序
a = fdiv(25,45)                         #传递两个实数参数
print "25 和 45 的最大公约数:",a
```

```
m = 36
n = 12
b = fdiv(m,n)                                    #传递两个变量参数
print str(m) + "和" + str(n) + "的最大公约数：",b
```

程序运行结果：

```
>>> =========================== RESTART ===============================
25 和 45 的最大公约数：5
36 和 12 的最大公约数：12
```

在这个例子中，定义了一个名为 fdiv 的函数，在这个函数中有两个形参 x 和 y。在主程序中第一次调用采用传递两个实数参数 25 和 45，fdiv(25,45)直接把数 25、45（即实参）传递给函数，25 传递给 x,45 传递给 y。在主程序中第二次调用采用传递两个变量参数 m 和 n，fdiv(m,n)将实参 m 的值赋给形参 x，将实参 n 的值赋给形参 y。作为实参传入到函数的变量的名称（m 和 n）和函数定义里的形参的名称（x 和 y）没有关系。函数内部只关心形参的值，而不关心它在调用前叫什么名字。当然，参数是可选的，即函数可以不包含参数，如例 5-1 中的 SayHello()就不包含参数。

【例 5-6】 编写一个函数计算未来投资额，公式如下：

$$未来投资额 = 投资额 \times (1 + 月投资额)^{月数}$$

利用该函数计算投资额为 1000，年投资率为 4.5%，1 年～10 年的未来投资额。

约定：年投资率为 4.5%，只需要输入 4.5 即可，那么月投资率就等于年投资率除以 1200。

程序代码：

```
#eg5_6.py
#coding = GBK
def future_value(money,year_Rate,years):         #函数定义
    month_Rate = year_Rate/1200.0                #月投资率
    future_Amount = money * (1 + month_Rate) * * (years * 12)
    return future_Amount

#主程序
money = 1000
year_Rate = 4.5                                  #年利润为 4.5%，赋值 4.5 即可
print "投资额：" + str(money),"\n年利率：" + str(year_Rate) + "%"
print "年份","未来投资值"
for years in range(1,11):
    x = future_value(money,year_Rate,years)
    print " %2d" % years," %10.2f" % x
```

程序运行结果：

```
>>> =========================== RESTART ===============================
投资额：1000
年利率：4.5%
年份 未来投资值
  1    1045.94
  2    1093.99
```

```
3       1144.25
4       1196.81
5       1251.80
6       1309.30
7       1369.45
8       1432.36
9       1498.17
10      1566.99
```

5.4 函数的返回

函数不是一定有返回值。例 5-1 和例 5-2 给出了一个无返回值函数的例子；例 5-3 到例 5-6 给出了一个带返回值函数的例子。函数调用时的参数传递实现了从函数外部向函数内部输入数据，而函数的返回则解决了函数向外部输出信息的问题。

【例 5-7】 定义一个函数，函数的功能是求圆的面积，然后调用它打印出给定半径圆的面积。

下面是第一种方法的实现代码。

程序代码：

```
#eg5_7_1.py
#定义函数 circle1,直接打印出圆的面积
def circle1(r):                                 #函数定义
    area = 3.14 * r * r
    print "半径为",r,"的圆面积为: ",area

#主程序
circle1(3)                                      #函数调用
```

程序运行结果：

```
>>> ========================= RESTART =============================
半径为 3 的圆面积为: 28.26
```

circle1 函数不返回任何值，在主程序中被当作一个语句调用。

为了体现无返回值的函数和带返回值函数的区别，重新设计一个新的函数，该函数返回圆的面积。如何定义带返回值的函数呢？Python 语言提供了一条 return 语句用于从函数返回值，格式如下：

```
def 函数名(形式参数):
    …
    return <表达式 1>,…,<表达式 n>
```

下面是第二种方法的实现代码。

程序代码：

```
#eg5_7_2.py
#定义函数 circle2,返回圆的面积
```

```
def circle2(r):                              # 函数定义
    area = 3.14 * r * r
    return area


# 主程序
r = 3
area = circle2(r)                            # 函数调用
print "半径为",r,"的圆面积为：",area
```

程序运行结果：

```
>>> =========================== RESTART =============================
半径为 3 的圆面积为：28.26
```

函数 circle2 返回一个数字，返回值赋给变量 area，它可以像调用一个数字一样使用。如上述主程序也可以写为：

```
r = 3
print "半径为",r,"的圆面积为：",circle2(r)
```

例 5-7 只是单一求出给定半径圆的面积，如果要再同时求出圆的周长，又该如何编写程序呢？返回值又有什么不同的地方？

【例 5-8】 定义一个函数，函数的功能是求圆的面积和周长，然后调用它打印出给定半径圆的面积和周长。

下面是第一种方法的实现代码：

程序代码：

```
# eg5_8_1.py
# 定义函数 circle3,直接打印出圆的面积和周长
def circle3(r):                              # 函数定义
    area = 3.14 * r * r
    perimeter = 2 * 3.14 * r
    print "半径为",r,"的圆面积为：",area
    print "半径为",r,"的圆周长为：",perimeter


# 主程序
circle3(3)                                   # 函数调用
```

程序运行结果：

```
>>> =========================== RESTART =============================
半径为 3 的圆面积为：28.26
半径为 3 的圆周长为：18.84
```

这个函数与例 5-7 中的 circle1 函数类似，函数不返回任何值，只是多了一个圆周长，还是在主程序中被当作一个语句调用。

下面是第二种方法的实现代码：

程序代码：

```
# eg5_8_2.py
```

```
#定义函数 circle4,返回圆的面积和周长
def circle4(r):                           #函数定义
    area = 3.14 * r * r
    perimeter = 2 * 3.14 * r
    return area,perimeter

#主程序
r = 3
print circle4(r)                          #函数调用
```

程序运行结果:

>>> ========================= RESTART ============================
(28.259999999999998, 18.84)

当然,在主程序中,也可以写成如下形式分别打印出面积和周长。

```
#主程序
r = 3
re = circle4(r)                           #函数调用
print "半径为",r,"的圆面积为: ",re[0]
print "半径为",r,"的圆周长为: ",re[1]
```

程序运行结果:

>>> ========================= RESTART ============================
半径为 3 的圆面积为: 28.26
半径为 3 的圆周长为: 18.84

不难看出,当函数具有多个返回值的时候,如果只用一个变量来接收返回值,函数返回的"多个值"实际上构成了一个元组;如程序 eg5_8_2.py,直接使用 print circle4(r)打印出一个元组,也可以用 re＝circle4(r),先用 re 接收返回的元组,再用 re[0]和 re[1]打印出元组的第 1 个和第 2 个元素。实际上还可以利用多变量同时赋值语句来接收多个返回值。如在主程序中,还可以写成如下形式分别打印出面积和周长。

```
#主程序
r = 3
cr,cp = circle4(r)                        #函数调用
print "半径为",r,"的圆面积为: ",cr
print "半径为",r,"的圆周长为: ",cp
```

程序运行结果:

>>> ========================= RESTART ============================
半径为 3 的圆面积为: 28.26
半径为 3 的圆周长为: 18.84

在这里,用 cr 接收面积的返回值,cp 接收周长的返回值。

实际上,在 Python 中,不管是否使用 return,函数都将返回一个值。如果某个函数没有返回值,那么默认情况下,它返回一个特殊值 None。

一般来说,函数执行完所有步骤之后才得出计算结果并返回,return 语句通常出现在函

数的末尾。但是，有时我们希望改变函数的正常流程，在函数到达末尾之前就终止并返回，例如，当函数检查到错误的数据时就没有必要继续执行。我们可以修改 circle3 函数，检查输入，如果不是正数则退出函数，否则对数据进行处理。代码如下：

```
#eg5_8_1_1.py
#定义函数 circle3,直接打印出圆的面积和周长
def circle3(r):                          #函数定义
    if r <= 0:
        print "要求输入正数!"
        return
    area = 3.14 * r * r
    perimeter = 2 * 3.14 * r
    print "半径为",r,"的圆面积为：",area
    print "半径为",r,"的圆周长为：",perimeter

#主程序
circle3(-3)                              #函数调用
circle3(3)
```

程序运行结果：

```
>>> ========================== RESTART ==============================
要求输入正数!
半径为 3 的圆面积为：28.26
半径为 3 的圆周长为：18.84
```

5.5 位置参数

当调用函数时，需要将实参传递给形参。实参有两种类型：位置参数和关键参数，即函数实参是作为位置参数和关键参数被传递的。

当使用位置参数时，实参必须和形参在顺序、个数和类型上一一匹配。前面示例中函数调用有参数时均使用位置参数。

【例 5-9】 改进 SayHello 函数，使之能输出多行字符串。调用该函数打印 3 行"Hello!"。

程序代码：

```
#eg5_9.py
def SayHello(s,n):                       #函数定义
    for i in range(1,n+1):
        print s

#主程序
SayHello("Hello!",3)                     #位置参数
```

程序运行结果：

```
>>> ========================== RESTART ==============================
Hello!
```

```
Hello!
Hello!
```

在主程序中,使用 SayHello("Hello!",3)输出 3 行"Hello!"。在该语句中,将"Hello!"传递给 s,将 3 传递给 n,但是如果使用 SayHello(3,"Hello!"),则表示将 3 传递给 s,将"Hello!"传递给 n,程序会出现如下错误:

```
cannot concatenate 'str' and 'int' objects
```

当实参作为关键参数被传递是通过 name = value 的形式传递每个参数,如使用 SayHello(n=3,s="Hello!"),就是将 3 传递给 n,将"Hello!"传递给 s,运行结果就与使用 SayHello("Hello!",3)相同。

【例 5-10】 编写一个函数,能够打印出两个字符之间的字符,并能指定每行打印的个数。

程序代码:

```
#eg5_10.py
def printChars(ch1, ch2, number):
    count = 0
    for i in range(ord(ch1), ord(ch2) + 1):
        count += 1
        if count % number!= 0:
            print " % 4s" % chr(i),
        else:
            print " % 4s" % chr(i)

#主程序
printChars("!","9",10)                      #位置参数
```

程序运行结果:

```
>>> ========================= RESTART =============================
    !    "    #    $    %    &    '    (    )    *
    +    ,    -    .    /    0    1    2    3    4
    5    6    7    8    9
```

在 printChars 函数中,ch1、ch2 表示两个字符,number 表示每行打印字符的个数。在主程序中,使用 printChars("!","9",10)输出字符!到字符 9 之间的字符,每行打印 10 个字符。在该语句中,将"!"传递给 ch1,将"9"传递给 ch2,将 10 传递给 number。

5.6 默认参数与关键参数

对于一些函数的形参,可以为其设置默认值,Python 允许定义带默认参数值的函数,如果在调用函数时不为这些函数提供值,这些参数就使用默认值;如果在调用的时候有实参,则将实参的值传递给形参。设置默认参数值的格式如下:

```
def 函数名(形参名 = 默认值, ……)
```

【例 5-11】 分析函数调用及程序的运行结果。

程序代码：

```
#eg5_11.py
def SayHello(s = "Hello!",n = 2,m = 1):      #函数定义
    for i in range(1,n + 1):
        print s * m

#主程序
SayHello()
print
SayHello("Ha!",3,4)
print
SayHello("Ha!")
```

程序运行结果：

```
>>> =========================== RESTART ============================
Hello!
Hello!

Ha!Ha!Ha!Ha!
Ha!Ha!Ha!Ha!
Ha!Ha!Ha!Ha!

Ha!
Ha!
```

改进的 SayHello 函数的功能是输出多行重复的字符串。在该函数的定义中有三个参数 s、n 和 m，s 的默认值是"Hello!"，n 的默认值是 2，m 的默认值是 1。

在主程序中，SayHello()没有提供实参值，所以程序就将默认值"Hello!"赋给 s,将默认值 2 赋给 n,将默认值 1 赋给 m,运行结果就是打印出两行"Hello!"。

调用 SayHello("Ha!",3,4)时，这三个参数均是按位置赋值的,"Ha!"赋给 s,3 赋给 n, 4 赋给 m,运行结果就是打印出三行"Ha! Ha! Ha! Ha!",行数由 n 决定,"Ha!"的个数由 m 决定。

调用 SayHello("Ha!")时，是将 Ha! 赋给 s,没有提供实参值赋给 n 和 m,则还是将各自的默认值分别赋给 n 和 m,也就打印出两行"Ha!"。

例 5-11 三个参数均用了默认参数，其实函数是可以混用默认值参数和非默认值参数的，但混用时非默认值参数必须定义在默认值参数之前。如 def SayHello(s,n=2)是有效的，而 def SayHello(s="Hello!",n)是无效的。

【例 5-12】 分析函数调用及程序的运行结果。

程序代码：

```
#eg5_12.py
def SayHello(s,n = 2,m = 1):      #函数定义
    for i in range(1,n + 1):
        print s * m
```

```
#主程序
SayHello("Ha!")
print
SayHello("Ha!",3)
print
SayHello("Ha!",m = 3)
print
SayHello(m = 3,s = "Ha!")
```

程序运行结果：

```
>>> ========================= RESTART =============================
Ha!
Ha!

Ha!
Ha!
Ha!

Ha! Ha! Ha!
Ha! Ha! Ha!

Ha! Ha! Ha!
Ha! Ha! Ha!
```

这个示例中的SayHello()函数混用了默认值参数和非默认值参数，s为非默认值参数，定义在前，n和m均为默认值参数，n的默认值是2，m的默认值是1，如果调用函数的时候没有提供对应的实参，则使用默认值。

主程序中调用SayHello("Ha!")时，就是将"Ha!"传递给s，其他参数均使用默认值，运行结果是打印出两行"Ha!"。

调用SayHello("Ha!",3)时，根据实参的位置，Ha! 传递给s，3传递给n，m使用默认值1，运行结果是打印出三行Ha!。

前面已经提到，函数实参是作为位置参数和关键参数被传递的，在调用函数的时候，如果不想按顺序为形参传递值，则可以使用关键参数，而不是按位置来给函数指定形参。调用SayHello("Ha!",m＝3)时，根据实参的位置，还是将"Ha!"传递给s，根据关键参数，3传递给m，而n根据默认值为2，运行结果是打印出两行"Ha! Ha! Ha!"，其中行数就是由n的默认值决定的。调用SayHello(m＝3,s＝"Ha!")时，使用关键参数将3传递给m，将"Ha!"传递给s，n使用默认值2，运行结果还是打印出两行"Ha! Ha! Ha!"。

尽管函数定义时是s、n、m的次序，但使用关键参数可以改变顺序为形参传递值。

5.7 可变长度参数

在前面的函数介绍中，我们知道一个实参只能接收一个形参，其实在Python中，函数可以接收不定个数的参数，即用户可以给函数提供可变长度的参数，这可以通过在参数前面

使用标识符 * 来实现。

【例 5-13】 编写一个函数,接收任意个数的参数并打印出来。

程序代码:

```
# eg5_13.py
def all_1(*args):                        # 函数定义
    print args

# 主程序
all_1("a")
all_1("a",2)
all_1("a",2,"b")
```

程序运行结果:

```
>>> ========================= RESTART =============================
('a',)
('a', 2)
('a', 2, 'b')
```

在函数 all-1 的定义中,参数 args 前面有一个标识符 *,表明形参 args 可以接收不定个数的参数,在主程序中调用 all_1("a"),传递一个参数给 args,结果以元组的形式输出('a',);主程序中调用 all_1("a",2),传递两个参数给 args,结果也是以元组的形式输出('a',2);主程序中调用 all_1("a",2,"b"),传递三个参数给 args,结果还是以元组的形式输出('a',2,'b')。从这个示例中,可以看出,不管传递几个参数到 args,都是将接收的所有参数到一个元组上。

【例 5-14】 编写一个函数,接收任意个数的数字参数并求和。

程序代码:(为简单起见,没判断输入,这里主要是讨论可变长度参数)

```
# eg5_14.py
def all_2(*args):                        # 函数定义
    print args
    s = 0
    for i in args:
        s += i
    return s

# 主程序
print all_2(1,2,3)
print all_2(1,2,4,5,6)
```

程序运行结果:

```
>>> ========================= RESTART =============================
(1, 2, 3)
6
(1, 2, 4, 5, 6)
18
```

在函数 all-2 的定义中,还是使用参数 *args 接收不定长度的参数。在主程序中调用

all_2(1,2,3)时,传递三个参数给 args,实际上接收的所有参数到一个元组中,返回元组中各元素的和并打印出来。在主程序中调用 all_2(1,2,4,5,6)时,是传递五个参数给 args。

在 Python 中,有很多内置函数也使用可变参数函数,如 max 和 min 都可以接收任意个数的参数。

```
>>> max(1,2)
2
>>> max(1,2,3)
3
>>> max(4,7,9,2)
9
>>> min(4,5)
4
>>> min(5,6,4,8,3)
3
```

当然,用标识符 * 实现的可变长度的参数也可以和其他普通参数联合使用,这时一般将可变长度参数放在形参列表的最后。

【例 5-15】 分析程序运行结果。

程序代码:

```
#eg5_15.py
def all_3(brgs, * args):          #函数定义
    print brgs
    print args

#主程序
all_3("abc","a",2,3,"b")
```

程序运行结果:

```
>>> =========================== RESTART =============================
abc
('a', 2, 3, 'b')
```

在函数 all_3 中定义了两个形参 brgs 和 args,其中 brgs 是普通参数,args 是可变长度参数。在主程序中调用 all_3("abc","a",2,3,"b"),将"abc"传递给 brgs,剩下的三个参数都传递给 args,输出时 brgs 以普通字符串的形式输出,args 还是以元组的形式输出。

另外,在 Python 中还提供了一个标识符 **,可以引用一个字典。

【例 5-16】 引用字典示例。

程序代码:

```
#eg5_16.py
def all_4( * * args):             #函数定义
    print args

#主程序
all_4(x = "a",y = "b",z = 2)
```

```
all_4(m = 3, n = 4)
```

程序运行结果:

```
>>> ========================= RESTART =============================
{'y': 'b', 'x': 'a', 'z': 2}
{'m': 3, 'n': 4}
```

在函数 all-4 的定义中,参数 args 前面有一个标识符 **,表明形参 args 可以引用一个字典。在主程序中第一次调用该函数,将三个参数传递给 args,输出的结果是一个字典。第二次调用该函数,将两个参数传递给 args,输出的结果还是一个字典。

【例 5-17】 阅读下面的程序并与例 5-14 比较。

程序代码:(没判断输入,这里主要是讨论引用字典)

```
# eg5_17.py
def all_5( * * args):                    # 函数定义
    print args
    s = 0
    for i in args.keys():
        s += args[i]
    return s

# 主程序
print all_5(x = 1, y = 2, c = 3)
print all_5(aa = 1, bb = 2, cc = 4, dd = 5, ee = 6)
```

程序运行结果:

```
>>> ========================= RESTART ============================
{'y': 2, 'x': 1, 'c': 3}
6
{'aa': 1, 'cc': 4, 'dd': 5, 'ee': 6, 'bb': 2}
18
```

这个程序是引用字典实现了接收字典中的值并求和,而例 5-14 是通过可变长度参数实现的。

使用标识符 ** 引用一个字典的参数、用标识符 * 实现的可变长度的参数、以前介绍过的普通参数都可以联合起来使用。

【例 5-18】 联合使用各种参数。

程序代码:

```
# eg5_18.py
def all_6(a, b, * aa, * * bb):           # 函数定义
    print a
    print b
    print aa
    print bb

# 主程序
```

```
all_6(1,2,3,4,5,xx = "a",yy = "b",zz = 2)
```

程序运行结果：

```
>>> ========================= RESTART =============================
1
2
(3, 4, 5)
{'yy': 'b', 'xx': 'a', 'zz': 2}
```

5.8 序列作为参数

在 Python 中，如果使用序列作为实参，则要满足下列两个条件之一：
(1) 函数中默认形参也是序列；
(2) 如果函数中默认形参是 n 个单变量，则在序列前加 *，要求序列的元数个数与需要接收值的形参个数对应；如果变量与序列混用，则加 * 的实参放置在最后。

【例 5-19】 阅读下面的程序，并与例 5-14、例 5-17 比较。

程序代码：

```
#eg5_19.py
def snn1(args):                          #函数定义
    print args
    s = 0
    for i in args:
        s += i
    return s

def snn2(args):                          #函数定义
    print args
    s = 0
    for i in args.keys():
        s += args[i]
    return s

#主程序
print "snn1:"
aa = [1,2,3]                             #列表
print snn1(aa)
print snn1([4,5])                        #列表
bb = (6,2,3,1)                           #元组
print snn1(bb)
print
print "snn2:"
cc = {'x': 1, 'y': 2, 'c': 3}            #字典
print snn2(cc)
print snn2({'aa': 1, 'bb': 2 ,'cc': 4, 'dd': 5, 'ee': 6})      #字典
```

程序运行结果:

```
>>> ========================= RESTART =============================
snn1:
[1, 2, 3]
6
[4, 5]
9
(6, 2, 3, 1)
12

snn2:
{'y': 2, 'x': 1, 'c': 3}
6
{'aa': 1, 'cc': 4, 'dd': 5, 'ee': 6, 'bb': 2}
18
```

该示例中序列作为实参,在函数定义中形参也是序列。snn1 函数中实参可以是列表或者元组,功能是求列表或者元组中各元素的和;snn2 函数中实参是字典,功能是求字典中值的和。

例 5-19 中的 snn1 函数与例 5-14 中的 all_2 函数函数体都是一样的,但是定义的形参不同,调用提供的实参也就不一样。snn1 函数用序列作形参,则调用时实参直接用列表或者元组;all_2 函数形参用可变长度参数,则调用时实参长度是不定的,接收的所有参数放在一个元组中。这两种函数定义和调用的不同之处如表 5.1 所示。

表 5.1 函数定义和调用的不同 1

	序列作形参	可变长度参数

函数定义	def snn1(args):
	　　print args
	　　s = 0
	　　for i in args:
	　　　　s += i
	　　return s
		def all_2(* args):
		　　print args
		　　s = 0
		　　for i in args:
		　　　　s += i
		　　return s

函数调用	列表或元组作实参	实参长度不定,接收的所有参数到一个元组上
	♯主程序 print "snn1:" aa = [1,2,3] print snn1(aa) print snn1([4,5]) bb = (6,2,3,1) print snn1(bb)	♯主程序 print all_2(1,2,3) print all_2(1,2,4,5,6)

例 5-19 中的 snn2 函数与例 5-17 中的 all_5 函数函数体都是一样的,也即定义的形参不同,调用提供的实参也就不同。snn2 函数用字典作形参,则调用时实参直接用字典;all_5 函数形参引用一个字典,则调用时实参长度也是不定的,接收的所有参数放在一个字典中。这两种函数定义和调用的不同之处如表 5.2 所示。

表 5.2 函数定义和调用的不同 2

	字典作形参	引用一个字典

函数定义	def snn2(args):
	　　print args
	　　s = 0
	　　for i in args.keys():
	　　　　s += args[i]
	　　return s
		def all_5(**args):
		　　print args
		　　s = 0
		　　for i in args.keys():
		　　　　s += args[i]
		　　return s

函数调用	字典作实参 cc = {'x': 1, 'y': 2, 'c': 3} print snn2(cc)	实参长度不定,接收的所有参数到一个字典上 print all_5(x = 1, y = 2, c = 3) print all_5(aa = 1, bb = 2, cc = 4, dd = 5, ee = 6)

【例 5-20】 分析程序输出结果并解释原因。

程序代码：

```
# eg5_20.py
def snn3(x,y,z):                    # 函数定义
    return x + y + z

# 主程序
aa = [1,2,3]                        # 列表
print snn3(*aa)
bb = (6,2,3)                        # 元组
print snn3(*bb)
cc = [8,9]
print snn3(7,*cc)
```

程序执行结果：

```
>>> ========================= RESTART =============================
6
11
24
```

在这个示例中,函数 snn3 中默认形参是三个单变量,返回值为这三个变量的和,而在主程序中调用时 aa 是一个列表,也就是说,用序列作实参,则要在序列前加 *,而且序列的元数个数与 snn3 中的形参个数对应,aa 中的元素正好也是三个,这样调用时就写成 snn3(*aa),输出结果 6 就是 aa 列表中三个元素的和。如果主程序中写成 snn3(aa),则程序会出现这样的错误：snn3() takes exactly 3 arguments (1 given),因为传递的是序列名,会遇到参数个数不匹配的问题,而用 *aa,则能把实参的元素分配给各个形参,snn3 接收三个参数,则把列表中的元素 1 分配给 x,2 分配给 y,3 分配给 z。

bb 是一个元组,跟 aa 一样,也是序列作实参,调用时要在序列前加 *。

cc 也是一个列表,但是只有两个元素,主程序中通过 snn3(7,*cc)调用,加 * 的实参放置在最后,传递参数时会把 7 传递给 x,把列表中的元素 8 分配给 y,9 分配给 z。

按照惯例,一般会把程序的主函数(程序入口)命名为 main,用于完成程序的总体功能,程序的最后一行就是调用这个主函数。如例 5-20 通常可写成如下形式：

```
# eg5_20_1.py
def snn3(x,y,z):                          # 函数定义
    return x + y + z

def main():
    aa = [1,2,3]                          # 列表
    print snn3( * aa)
    bb = (6,2,3)                          # 元组
    print snn3( * bb)
    cc = [8,9]
    print snn3(7, * cc)

main()
```

在下一节中将采用这种模块化编程的风格。

5.9 基于函数的抽象与求精

函数抽象就是将函数的使用和函数的实现分开来实现,函数的实现细节被封装在函数内,对调用该函数的用户来说,就是一个黑盒子,称为信息隐藏或封装。用户只需要知道函数的输入和输出即可,并不需要知道函数是如何实现的,如图5.6所示。

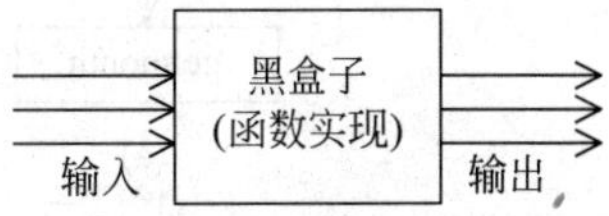

函数抽象的概念可以应用到开发程序的过程中。开发一个大程序主要是采用自顶向下方法进行模块化编程,自顶向下设计也称为逐步求精,将大问题分解为子问题,子问题又被细分为更小的问题,直到可以直接编码实现为止。

图5.6 黑盒子包含函数的详细实现过程

【例5-21】 编写一个程序,根据用户输入的年份,打印出这一年的日历。

下面就采用逐步求精的方法来说明如何实现的。先利用函数抽象把细节和设计分离,在最后才实现具体的细节。

5.9.1 自顶向下设计

首先,根据题目要求,如果根据用户输入的年份,把该年每个月的日历都打印出来,则这一年的日历就打印出来了。由此可把问题分解成两个子问题:

(1) 获取用户输入的年;

(2) 打印某个月的日历。

不妨假设每个步骤都由一个函数来实现,从而可以利用这些函数来实现程序。获取用户输入用getyear()表示,而打印某月的日历用printmonth()表示。分解过程如图5.7(a)所示。在这一步,我们并不考虑输入如何获取、日历如何打印的具体细节,应该考虑的是子问题是否还能分解成更小的子问题。我们发现打印某月的日历又可以分为打印表头和打印主体,打印表头用printtitle()表示,打印主体 printbody()用表示。为了便于理解,再次画出结构图(见图5.7(b))以看清分解的过程。

为了打印某月日历的表头,需要将数字的月份转换成英文月份,获取英文月份用

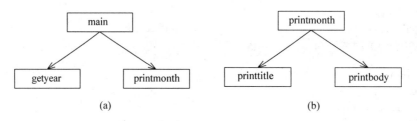

图 5.7　main、printmonth 分解过程结构图

getmonth()表示,如图 5.8(a)所示;为了打印某月日历的主体,我们需要知道这个月的 1 日是星期几,以及这个月共有多少天。获取星期用 getweek()表示,获取天数用 getday()表示。如图 5.8(b)所示。获取星期有很多种方法,其中比较简单的就是利用 Zeller 一致性原理来计算;而天数则有 28、29、30、31 四种情况,其中二月的天数还需判断是否闰年来确定 28 天还是 29 天,这样,获取天数又再次分解成一个小问题:判断闰年(用 isleap()表示)。如图 5.8(c)所示。完整的结构图如图 5.9 所示。

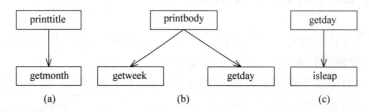

图 5.8　printtitle、printbody、getday 分解过程结构图

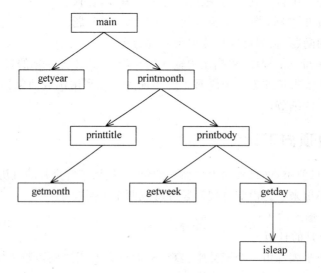

图 5.9　完整的分解过程结构图

5.9.2　自顶向下的实现

分解完成以后的实现过程既可以采用自顶向下的方法,也可以采用自底向上的方法。
自顶向下的方法是自上而下,每次实现结构图中的一个函数。

1．根据首层结构图完成主程序的完整结构

在结构图中，getyear()函数表示获得用户输入的年份并返回给主程序使用，因此设计为将该函数的返回值赋给主程序变量 year，在主程序中表示如下：

```
def main():
    year = getyear()
```

还是在这一层中，printmonth()函数表示打印出某月的日历，此函数需要用到的信息为 year 和 month，无须提供返回值，这样，在主程序中添加这个函数的调用语句。主程序的完整结构如下：

```
def main():
    year = getyear()
    for month in range(1,13):
        printmonth(year,month)
        print
```

接下来需要对第二层上的每个函数进行精化。

2．对第二层上的函数精化

首先看 getyear()函数，这个函数得到用户输入的年份，可以直接用 Python 的基本语句实现。具体实现如下：

```
def getyear():
    year = input("请输入 4 位年份(如 2016):")
    return year
```

然后考虑 printmonth()函数的设计，该函数是打印某月的月历，根据第二层结构图，这个函数由 printtitle()和 printbody()两个函数来实现，则 printmonth()的代码如下：

```
def printmonth(year,month):
    printtitle(year,month)
    printbody(year,month)
```

再接下来需要对第三层上的每个函数进行精化。

3．对第三层上的函数精化

首先看 printtitle()函数，该函数是打印表头，根据第三层结构图，这个函数由 getmonth()函数来实现，另外还需要设计表头的布局，我们在每星期之前空两格。具体实现如下：

```
def printtitle(year,month):
    print " " * 15,getmonth(month),year
    print " Sun"," Mon"," Tue"," Wed"," Thu"," Fri"," Sat"
```

然后考虑 printbody()函数的设计，该函数是打印某月日历的主体，根据第三层结构图，这个函数由 getweek()和 getday()两个函数来实现。另外根据惯例，一周的第一天是星期日，在得到的星期中我们用 1 表示，这样，一周的星期一到星期六分别用 2～7 表示；再根据日历的布局,还需要确定1号打印在什么地方和何时需要换行。根据表头的设计,每个星期几占五个字符位置,则打印1号之前要留有恰当的空格;输出的每个天数也占五位,打印时可用 print "%5d"%i 表示;考虑换行条件的时候不仅需要考虑正常的到了周六打印周日日期的时候要换行,还需要把这天是不是该月的最后一天考虑进去,因为如果是最后一天换行的话,打印下个月的时候就会多一行空行,这样换行的条件是到了周六打印周日日期的时候并且这天不是该月的最后一天。printbody()的代码如下:

```
def printbody(year,month):
    week = getweek(year,month)
    allday = getday(year,month)
    for i in range(1,week):
        print " " * 5,
    for i in range(1,allday + 1):
        print "%5d" % i,
        if (i + week - 1) % 7 == 0 and i != allday:
            print
```

4. 对第四层上的函数精化

首先看 getmonth() 函数,该函数根据数字的月份返回英文的月份,用字典来表示,键代表数字的月份,值代表英文的月份,这样根据"键"返回"值"就可以实现这个函数的功能了。getmonth() 的代码如下:

```
def getmonth(month):
    month_name = {1:"January",2:"February",3:"March",4:"April",5:"May",\
                  6:"June",7:"July",8:"August",9:"September",10:"October",\
                  11:"November",12:"December"}
    return month_name[month]
```

再考虑 getweek() 函数,该函数返回某月的第1天是星期几,为了简单起见,利用 Zeller 一致性原理来计算某天是星期几,这个公式是:

$$h = \left(q + \left\lfloor \frac{26(m+1)}{10} \right\rfloor + k + \left\lfloor \frac{k}{4} \right\rfloor + \left\lfloor \frac{j}{4} \right\rfloor + 5j\right) \% 7$$

其中:

h 表示一周的星期几(0:星期六;1:星期日;2:星期一;3:星期二;4:星期三;5:星期四;6:星期五);

q 表示一个月的哪一天;

m 表示月份(1月和2月按照前一年的13月和14月来计算,3月~12月按正常的用3~12来计算);

j 表示世纪数,即 $\left\lfloor \dfrac{year}{100} \right\rfloor$,四位年的前两位;

k 表示一个世纪的某一年,即 year % 100,四位年的后两位。

利用这个计算公式可以得到某月的1日是星期几,为了符合惯例,如果算出0(星期六),要返回7。getweek() 的代码如下:

```
def getweek(year,month):
```

```
        q = 1
        if month == 1:
            year = year - 1
            month = 13
        elif month == 2:
            year = year - 1
            month = 14
        j = year//100
        k = year % 100
        h = (q + (26 * (month + 1)//10) + k + (k//4) + (j//4) + 5 * j) % 7
        if h == 0:
            h = 7
        return h
```

最后考虑 getday() 函数,这个函数返回某年某月的天数,其中要注意到一个特殊的情况,就是闰年的二月是 29 天,由 isleap() 函数来实现。getday() 的代码如下:

```
def getday(year, month):
    if (month == 1 or month == 3 or month == 5 or month == 7 or month == 8 or \
        month == 10 or month == 12):
        day = 31
    elif (month == 4 or month == 6 or month == 9 or month == 11):
        day = 30
    elif (month == 2 and isleap(year)):
        day = 29
    else:
        day = 28
    return day
```

5. 对第五层上的函数精化

现在,只剩下最后一个函数 isleap(),该函数判断该年是否是闰年,如果是闰年,则返回 True;若不是闰年,则返回 False。闰年的计算方法是如果年份能被 4 整除但不能被 100 整除或者年份能被 400 整除,则该年就是闰年。isleap() 的代码如下:

```
def isleap(year):
    if (year % 4 == 0 and year % 100 != 0) or (year % 400 == 0):
        return True
    else:
        return False
```

至此,日历程序的所有函数都已实现。

5.9.3 自底向上的实现与单元测试

自底向上方法是从下向上每次实现结构图中的一个函数,对每一个实现的函数都编写一个被称为驱动程序的测试程序进行测试。先测试最底层的函数,然后向上测试上层函数。直至最后测试完整程序。

以这个打印某年的日历程序为例。如果采用自底向上的方法,首先完成最底层 isleap() 函数的实现和测试。将 isleap(year) 的定义存入一个模块文件(假设文件名为 funtest.py)，导入该文件进行测试，可以按照如下方法进行。假设 funtest.py 保存在 E 盘 test 文件夹中。

```
>>> import sys
>>> sys.path.append("e:/test")
>>> from funtest import isleap
>>> isleap(2001)
False
>>> isleap(2000)
True
>>> isleap(1988)
True
>>> isleap(2012)
True
>>> isleap(2016)
True
>>> isleap(2015)
False
>>> isleap(5000)
False
>>> isleap(7000)
False
```

值得注意的是，测试数据要全面，应尽可能覆盖所有关键条件。像这里 2000 就是能被 400 整除的测试数据，而 1988、2012、2016 都是能被 4 整除不能被 100 整除的测试数据，这些年份都是闰年；而 2001 不能被 4 整除，5000 和 7000 虽然能被 4 整除但也能被 100 整除，因此这些年份均不是闰年。然后依次向上，对 getday()、getweek()、getmonth()、printbody()、printtitle()、printmonth()、getyear()、main() 等函数依次进行细节设计、实现和测试。如果底层函数均正确，则由它们组成的上层函数出现错误的可能性就较小，最终测试完整程序时就更容易通过测试。

当然，自顶向下和自底向上都是不错的方法，它们都是逐步实现函数，可以简化程序，使程序易于开发、调试和测试。这两种方法也可以一起使用。

为了完整起见，我们把实现代码汇集起来写在下面，该程序完整地实现了根据年份打印出该年的日历。

```
# -*- coding: cp936 -*-
# eg5_21.py
def main():
    year = getyear()
    for month in range(1,13):
        printmonth(year,month)
        print

def getyear():
    year = input("请输入 4 位年份(如 2016):")
    return year

def printmonth(year,month):
```

```
        printtitle(year,month)
        printbody(year,month)

def printtitle(year,month):
    print " " * 15,getmonth(month),year
    print " Sun"," Mon"," Tue"," Wed"," Thu"," Fri"," Sat"

def printbody(year,month):
    week = getweek(year,month)
    allday = getday(year,month)
    for i in range(1,week):
        print " " * 5,
    for i in range(1,allday + 1):
        print " % 5d" % i,
        if (i + week - 1) % 7 == 0 and i!= allday:
            print

def getmonth(month):
    month_name = {1:"January",2:"February",3:"March",4:"April",5:"May",\
                  6:"June",7:"July",8:"August",9:"September",10:"October",\
                  11:"November",12:"December"}
    return month_name[month]

def getweek(year,month):
    q = 1
    if month == 1:
        year = year - 1
        month = 13
    elif month == 2:
        year = year - 1
        month = 14
    j = year//100
    k = year % 100
    h = (q + (26 * (month + 1)//10) + k + (k//4) + (j//4) + 5 * j) % 7
    if h == 0:
        h = 7
    return h

def getday(year,month):
    if (month == 1 or month == 3 or month == 5 or month == 7 or month == 8 or \
        month == 10 or month == 12):
        day = 31
    elif (month == 4 or month == 6 or month == 9 or month == 11):
        day = 30
    elif (month == 2 and isleap(year)):
        day = 29
    else:
        day = 28
    return day

def isleap(year):
```

```
    if (year % 4 == 0 and year % 100!= 0) or (year % 400 == 0):
        return True
    else:
        return False

# 主程序
main()
```

程序运行结果:(结果较长,只显示部分结果)

```
>>> ============================ RESTART ============================
请输入 4 位年份(如 2016):2016
                January 2016
Sun   Mon   Tue   Wed   Thu   Fri   Sat
                                1     2
 3     4     5     6     7     8     9
10    11    12    13    14    15    16
17    18    19    20    21    22    23
24    25    26    27    28    29    30
31
                February 2016
Sun   Mon   Tue   Wed   Thu   Fri   Sat
        1     2     3     4     5     6
 7     8     9    10    11    12    13
14    15    16    17    18    19    20
21    22    23    24    25    26    27
28    29
                 March 2016
Sun   Mon   Tue   Wed   Thu   Fri   Sat
              1     2     3     4     5
 6     7     8     9    10    11    12
13    14    15    16    17    18    19
20    21    22    23    24    25    26
27    28    29    30    31
...
                November 2016
Sun   Mon   Tue   Wed   Thu   Fri   Sat
              1     2     3     4     5
 6     7     8     9    10    11    12
13    14    15    16    17    18    19
20    21    22    23    24    25    26
27    28    29    30
                December 2016
Sun   Mon   Tue   Wed   Thu   Fri   Sat
                          1     2     3
 4     5     6     7     8     9    10
11    12    13    14    15    16    17
18    19    20    21    22    23    24
25    26    27    28    29    30    31
```

最后需要说明的是,由于星期是利用 Zeller 一致性原理来计算得到的,所以这个公式只适合 1582 年 10 月 25 日之后的情形,当时的罗马教皇将凯撒大帝制定的儒略历修改成格里历,即今天使用的公历。

5.10 递归

通过前面几节的学习,我们知道,在函数内部可以调用其他函数。如果一个函数在内部直接或间接地调用自己本身,这个函数就是递归函数。递归是一种非常实用的程序设计技术。许多问题都具有递归的特性,在某些情况下,用其他方法很难解决的问题,利用递归可以轻松解决。

【例 5-22】 利用递归的思想来实现阶乘函数,然后调用该函数求正整数的阶乘。

分析:我们知道,正整数 n 的阶乘可以这样定义:

$$n!\begin{cases}1 & (n=1)\\ n\times(n-1) & (n>1)\end{cases}$$

也就是说,如果要求 4!,根据阶乘定义,4!=4×3!,而 3!=3×2!,2!=2×1!,1!=1,以此类推,2!=2×1!= 2×1=2 ,3!=3×2!=3×2=6,4!=4×3! =4×6=24,这样就能求得 4!。把这种思想融入程序代码中。

程序代码:

```
#eg5_22.py
def fac(n):                         #函数定义
    if n == 1:
        s = 1
    else:
        s = n * fac(n-1)
    return s
#主程序
a = input("please enter n:")
print str(a) + "!= ",fac(a)
```

程序执行结果:

```
>>> ========================= RESTART ===============================
please enter n:4
4!= 24
```

以输入 4 为例,说明程序的递归调用过程,如图 5.10 所示。

一个递归调用可能导致更多的递归调用,要终止一个递归调用,必须最终递减到满足一个终止条件。递归调用是通过栈来实现的,分为递推过程和回归过程。每调用一次自身,即把当前参数压栈,直到达到递归终止条件,这个过程叫递推过程。然后从栈中弹出当前的参数,直到栈空,这个过程叫回归过程。图 5.10 中,1~4 是递推过程,5~8 是回归过程。

一个递归调用当达到终止条件时,就将结果返回给调用者。然后调用者进行计算并将结果返回给它自己的调用者。这个过程持续进行,直到结果被传回原始的调用者为止。因此在编写递归函数的时候必须满足以下两点：

（1）递归终止条件及终止时的值；

（2）能用递归形式表示，并且向终止条件的方向发展。

请思考：如果这样编写 fac 函数会出现什么问题？

```
def fac(n):
    s = n * fac(n-1)
    return s
```

这个递归没有终止条件，会永远递归调用下去，理论上程序也永不停止。这种现象被称为无限递归。在大多数程序环境中，无限递归的函数并不会真的永远执行，Python 会在递归深度到达上限时报告一个错误信息。

前面已经提到，递归调用是通过栈来实现的，由于栈的大小不是无限的，递归调用的次数过多，会导致栈溢出。因此使用递归函数时需要注意防止栈溢出。解决递归调用栈溢出的方法是通过尾递归优化，这里不再详细说明，感兴趣的读者可参考其他有关书籍。

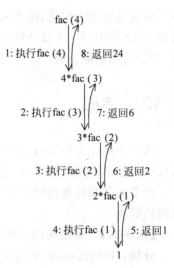

图 5.10 fac(4)递归调用过程

【例 5-23】 猴子吃桃子问题。

一天猴子摘了若干桃子，每天吃现有桃子数的一半多 1 个，第 7 天早上只剩下 1 个桃子，问猴子一共摘了多少个桃子？试用迭代和递归两种方法实现。

（1）迭代方法。

分析：根据题意，可以用后一天的桃子数推出前一天的桃子数。

设第 n 天的桃子为 x_n，是前一天的桃子的二分之一减去 1。

即：$x_n = \frac{1}{2} x_{n-1} - 1$，也就是：$x_{n-1} = (x_n + 1) \times 2$。

程序代码：

```
#eg5_23_1.py
x = 1
for i in range(6, 0, -1):
    x = (x + 1) * 2
print "peaches:", x
```

程序运行结果：

```
>>> =========================== RESTART ===========================
peaches: 190
```

（2）递归方法。

分析：根据题意，第 n 天的桃子数＝(第 $n+1$ 天的桃子数＋1)×2，而第 7 天的桃子数为 1，这就是终止条件。我们可以列出如下表达式：

$$f(n) = \begin{cases} 1 & (n = 7) \\ (f(n+1) + 1) \times 2 & (n < 7) \end{cases}$$

程序代码：

```
# eg5_23_2.py
def f(n):                                    # 函数定义
    if n == 7:
        s = 1
    else:
        s = (f(n + 1) + 1) * 2
    return s
# 主程序
print "peaches:",f(1)
```

程序执行结果：

```
>>> ========================= RESTART =============================
peaches: 190
```

以上两个示例既可以用递归函数实现，也可以用非递归方法实现。例 5-3 是用循环的方法实现正整数的阶乘函数。但有些问题使用递归很容易解决，不使用递归很难解决，如经典的汉诺塔问题。

汉诺塔问题：

n 个标记 1、2、3、……、n 的大小互不相同的盘子，三个标记 A、B、C 的塔。借助塔 C 把所有盘子从塔 A 移动到塔 B。初始状态时所有盘子都放在塔 A，任何时候盘子都不能放在比它小的盘子的上方，每次只能移动一个盘子，并且这个盘子必须在塔顶位置。

当只有 1 个盘子，即 $n=1$ 时，可以简单地把这个盘子直接从塔 A 移动到塔 B。这就是我们所说的终止条件。当 $n>1$ 时，依次解决以下三个子问题即可（具体分析过程请大家参阅相关书籍，这里不一一论述）：

(1) 借助塔 B 将前 $n-1$ 个盘子从 A 移到 C；
(2) 将盘子 n 从塔 A 移到塔 B；
(3) 借助塔 A 将前 $n-1$ 个盘子从 C 移到 B。

【例 5-24】 编写函数解决汉诺塔问题，打印出 4 个盘子的解决方案。

程序代码：

```
# eg5_24.py
# ftower,表示原始盘
# ttower,表示目标盘
# atower,表示过渡盘
def han(n,ftower,ttower,atower):             # 函数定义
    if n == 1:
        print n,"from",ftower,"to",ttower
    else:
        han(n - 1,ftower,atower,ttower)
        print n,"from",ftower,"to",ttower
        han(n - 1,atower,ttower,ftower)

# 主程序
a = input("please enter n:")
han(a,"A","B","C")
```

程序运行结果：

```
>>> ============================ RESTART ============================
please enter n:4
1 from A to C
2 from A to B
1 from C to B
3 from A to C
1 from B to A
2 from B to C
1 from A to C
4 from A to B
1 from C to B
2 from C to A
1 from B to A
3 from C to B
1 from A to C
2 from A to B
1 from C to B
```

5.11 本章小结

本章主要介绍了函数的基本语法、函数参数、返回值、自顶向下或自底向上逐步求精的设计方法以及递归函数。函数由关键字 def 开头,接下来是函数名、形参和冒号,最后是函数体;形参是可选的,可有可无;函数可以有返回值,也可以无返回值;函数通过 return 语句返回值,也是通过 return 语句将程序的控制权返回给函数的调用者。函数参数可以当作位置参数或关键字参数传递,Python 还允许用默认参数值定义函数,当无参数调用函数时,默认值就被传给形参。函数抽象是将函数的使用和实现相分离,函数的实现细节被封装在函数内,对调用该函数的用户来说是隐藏的,这称为信息隐藏或封装;当实现一个大程序的时候,要使用自顶向下或自底向上逐步求精的程序设计方法。递归函数是一个直接或间接调用它自己的函数,设计一个递归函数时必须满足两个条件:递归终止条件及终止时的值;能用递归形式表示,并且能向终止条件的方向发展。

习题 5

1. 编写两个函数分别按单利和复利计算利息,根据本金、年利率、存款年限得到本息和及利息。调用这两个函数计算 1000 元在银行存 3 年,在年利率是 6％的情况下,单利和复利分别获得的本息和利息。单利计算指只有本金计算利息。复利计算是指不仅本金计算利息,利息也计算利息,也就是通常所说的"利滚利"。如这题按单利计算本息和 $1000+1000 \times 6\% \times 3 = 1180$ 元,其中利息为 118 元;按复利计算本息和 $1000 \times (1+6\%)^3 = 1191.016$ 元,其中利息为 191.016 元。

2. 编写函数,判断一个数是否为素数。调用该函数判断从键盘中输入的数是否为素数。素数也称质数,是指只能被 1 和它本身整除的数。

3. 编写函数,求出一个数除了 1 和自身以外的因子。从键盘输入一个数,调用该函数输出除了 1 和它自身以外的所有因子。

4. 编写函数,判断一个数是否为水仙花数。调用该函数打印出 1000 以内的所有水仙花数。水仙花数是指一个 n 位数($n \geq 3$),它的每个位上的数字的 n 次幂之和等于它本身。例如:$1^3+5^3+3^3=153$,则 153 是水仙花数。水仙花数只是自幂数的一种,严格来说三位数的 3 次幂数才成为水仙花数。

5. 编写函数求斐波拉契数列的前 20 项。斐波拉契数列的第 1 项、第 2 项分别是 0、1,从第 3 项开始,每一项都是前两项之和。如:0、1、1、2、3、5、8、13、21……试用递归函数实现。

第6章 文件操作

本章学习目标
- 熟练掌握典型数据文档的读写
- 熟练掌握典型数据文件的指针移动
- 了解文件的关闭

本章向读者介绍了如何利用 Python 打开、读写和关闭数据文件,读写过程中文件指针的移动方式,以及如何通过文件对话框获取目标文本。

6.1 打开与关闭文件

通常而言,可通过以下函数打开一个文件:

open(name[, mode [, buffering]])

这个函数中,name 是唯一必须提供的参数,即为文件的路径。mode 和 buffering 是可选参数,我们将在后面小节对其详细说明。调用 open 函数之后,将得到一个文件对象。假如在 C 盘中存在一个名为 test.txt 的文件,可以通过以下语句打开它:

\>>> f = open(r'C:\test.txt')

如果 C 盘中不存在这个文件,则会提示以下错误:

```
Traceback (most recent call last):
  File "<pyshell#0>", line 1, in <module>
    f = open(r'c:\test.txt')
IOError: [Errno 2] No such file or directory: 'c:\\test.txt
```

Python 中的文本对象有三种常用属性:closed 用于判断文件是否关闭,若文件处于打开状态,则返回 False;Mode 返回文件的打开模式;Name 返回文件的名称。
在文件读写完毕之后,要注意使用 f.close() 方法关闭文件,以把缓存区的数据写入磁盘,释放内存资源以供其他程序使用。

6.2 读写文件

如果只提供给 open 函数一个参数 name,那么将返回一个只读的文件对象。如果需要将数据写入文件中,需通过 mode 参数提供文件模型。该参数有多种选择,具体参见表 6.1。

r 模式等价于不提供 mode 参数，w 模式可以往文件中写入数据，a 模式可以往文件中附加数据。此外，+可以和以上三种模式配合使用，表示同时允许读和写。例如：通过 r+返回的文件对象既可以读，也可以写。不过 w+和 r+之间的区别在于：w+打开文件时将删除原有文件数据，若打开的文件不存在，则会新建一个文本文件；r+打开文件时不删除原有文件数据，若打开的文件不存在，则产生异常。a+模式以读写方式打开文件，不删除原有文件数据，允许在任意位置读，但只能在文件末尾追加数据，若打开的文件不存在，则新建一个文本文件。

最后，b 模式也可附加在其他模式之后，用于声明处理文件的方式。通常而言，Python 中，open 函数默认打开的为文本文件（包含字符）。然而，当需要处理二进制文件时，比如图像或者声音，应提供 b 给 mode 参数，比如，rb 用于读取二进制文件。open 函数读写文件的模式见表 6.1。

表 6.1 open 函数读写文件的模式

Mode 的取值	权限			是否以二进制读写	是否删除原内容	文件不存在时，是否产生异常	文件指针的初始位置
	读	写	附加				
r	是					是	头
r+	是	是				是	头
rb+	是	是		是		是	头
w		是			是	否，新建文件	头
w+	是	是			是	否，新建文件	头
wb+	是	是		是	是	否，新建文件	头
a			是			否，新建文件	尾
a+	是		是			否，新建文件	尾
ab+	是		是	是		否，新建文件	尾

此外，参数 buffering 可控制文件读或写时是否需要缓冲。若取 0（或 false），则无缓冲，即直接将数据写入硬盘中的文件；若取 1（或 true），则有缓冲，即在内存读写，数据大小未超过内存空间时，数据不写入硬盘，除非使用 flush() 或 close() 方法；若取大于 1 的数，该数则为所取缓存区中的字节大小；若取负数，则表示使用默认缓存区的大小。如果不提供参数，则 buffering 的默认参数值为 1。

6.2.1 从文件读取数据

通过 r、r+、rb+、w+、wb+、a+ 和 ab+ 等模式打开文件后，可返回一个文本对象，在此基础上实现对文本文件的读取。文件对象的内置读取数据的方法 read()、readline()、readlines()，见表 6.2。

表 6.2 文件对象的内置读写方法

方法	作用
read()	读取文本数据，若不加任何参数，将所有内容作为一个字符串返回；若给定某个正整数 n，将返回 n 个字节的字符（若从当前光标位置到最后字符不足 n 个字节字符，则返回所有字符）

续表

方法	作　用
readline()	单独读取文本的一行字符
readlines()	以行为单位读取文本数据,保存至一个列表中
write()	写入文本数据
writelines()	逐个写入列表中所有的字符串

在 C 盘根目录下新建一个名为 test.txt 的文件,并在其中输入两行英文 hello Python! 和 how are you!,然后保存并关闭文件。在 r 模式下构建文本对象 f 之后,可以用其内置函数 read()、readline()和 readlines()等方法读取出 f 中的数据。利用 read()方法可读取文件中的指定长度的字符,若括号中无数字,则直接输出文件中所有的字符;若提供数字,则一次输出指定数量字节的字符。

```
>>> f = open('c:\\test.txt')
>>> f.read(3)
'hel'
>>> f.read(2)
'lo'
>>> f.read()
' Python!\nhow are you'
```

文本对象的内置方法 readline()可实现逐行输出字符,若括号中无数字,则直接输出一行;若括号中有数字,则输出这一行中对应数量的字符(如果该数字大于这一行的字符数,则输出这一行所有字符)。

```
>>> f = open('c:\\test.txt')
>>> f.readline()
'hello Python!\n'
>>> f.readline(3)
'how'
>>> f.readline()
' are you!'
```

文本对象的内置方法 f.readlines()可实现读取一个文件中的所有行,并将其作为一个列表返回。

```
>>> f = open('c:\\test.txt')
>>> f.readlines()
['hello Python!\n', 'how are you!']
```

值得注意的是,调用 readlines()方法将返回一个以文本每一行内容作为元素的列表,并存储在内存之中。当文本体积较小时,对于计算性能的影响较小;但当文本体积很大时,则需要占用较大,影响到计算机的正常运行。此时,有两种方法可以替代 readlines()以减少内存占用:

(1) 利用 xreadlines()方法代替 readlines(),该方法将返回一个 iter 迭代器,从而降低了对计算机内存的占用;

(2) 组合使用循环结构与 readline()方法,逐行读取文本内容。

此外,从 Python 2.3 开始,Python 中的文件对象开始支持迭代功能,以下三种方法是等效的。

方法 1:

```
f = open('c:\\test.txt')
for line in f.xreadlines():
    print line
f.close()
```

方法 2:

```
f = open('c:\\test.txt')
line = f.readline()
while line:
    print line
    line = f.readline()
f.close()
```

方法 3:

```
f = open('c:\\test.txt')
for line in f:
    print line
f.close()
```

最后,如果需要将迭代器转化为列表,则可考虑以下方法:

```
>>> f = open('c:\\test.txt','w')
>>> f.write('123\n')
>>> f.write('abc')
>>> f.close()
>>> f = open('c:\\test.txt')
>>> lines_1 = list(f)
>>> print lines_1
['123\n','abc']
>>> f.seek(0)
>>> lines_2 = list(f.xreadlines())
>>> print lines_2
['123\n','abc']
```

6.2.2 向文件写入数据

在 r+、rb+、w、w+、wb+、a+ 和 ab+ 等模式下打开文件后,可返回一个文本对象,在此基础上向文本文件写入数据。文件对象的内置写入数据的方法 write()、writelines(),见表 6.2。

```
>>> f = open('c:\\test.txt','w')
>>> f.write('123\n')
>>> f.write('abc')
>>> f.close()
```

打开 C 盘的 test.txt 文件可以发现其中有两行文本:123 和 abc。另外,需要注意的是,一旦在 w 模式下打开某个已经存在的文本文件,则该文件里的原有数据会被清空。在上一个例子生成的 test.txt 基础上,如果继续运行如下代码:

```
>>> f = open('c:\\test.txt','w+')
>>> f.write('567\n')
>>> f.write('def')
>>> f.close()
```

此时,打开 C 盘的 test.txt 文件可以发现其中有两行字符:567 和 def,之前的内容已被清除。

除了 write()方法外,writelines()可实现逐个写入给定列表中的所有字符串元素。

```
>>> f = open('c:\\test.txt','a')
>>> a_list = ['\n123','\nabc']
>>> f.writelines(a_list)
>>> f.close()
```

打开 test.txt 文件可以发现有四行文本:567、def、123 和 abc。

6.3 文件指针

建立文件对象 f 之后,可通过调用其内置方法 f.seek(offset[,where])移动指针的位置,进而实现文件数据的灵活读写。具体而言,参数 where 定义了指针位置的参照点,where 可以缺省,其默认值为 0,即文件头位置,若 where 取值为 1,则参照点为当前指针位置;取值为 2,则参照点为文件尾。offset 参数定义了指针相对于参照点 where 的具体位置,取整数值,其值为正。

值得注意的是,对指针位置重新定位时,指针可以往后移至任意位置,但不可移至文件头之前。此外,指针位置的计算都是以字节为单位。在不同模式下打开的文件对象,文件指针位置均为 0,但是要注意,它们的读和写起始位置并非与指针位置完全一致,详细内容请参见表 6.3。

表 6.3 各模式下文件对象的初始指针位置

模式	指针位置	读起始位置	写起始位置
r	0	文件头	无
r+	0	文件头	文件头
w	0	文件头	无
w+	0	文件头	文件头
a	0	无	文件尾
a+	0	文件头	文件尾

6.4 文件对话框

在创建文本对象时,可能要去特定文件夹下读取文本文件。Python 提供了多个模块用于实现通过文本对话框读取目标文本路径。

6.4.1 基于 win32ui 构建文件对话框

模块 win32ui 提供了 Windows 环境下的用户界面交互设计工具和方法,其中就包含 CreateFileDialog()方法用于创建文件对话框对象,以及保存或者打开目标文件。使用 CreateFileDialog()方法时,需向其提供至少一个参数,如果提供 1,则为文件打开模式,用于读取目标文件;如果提供 0,则为文件保存模式,用于保存目标文件。具体文本框对象的方法请参见表 6.4。

```
>>> import win32ui
>>> file_dlg = win32ui.CreateFileDialog(1)
>>> file_dlg.SetOFNInitialDir('G:\\test')
>>> file_dlg.DoModal()
>>> filepath = file_dlg.GetPathName()
>>> file_dlg.EndDialog(0)
>>> print filepath
G:/test/test1.txt
```

上述代码运行过程中,首先弹出文件对话框,如图 6.1 所示,文本对话框直接定位到 G 盘。如果继续选择其中的 test1.txt 并打开,则最后将打印输出"G:\\test1.txt"。当然,如果选择"示例 1.txt",则应对 filepath 进行转码,即使用 print filepath.decode('gbk')才会正确显示出包含中文的路径名称。

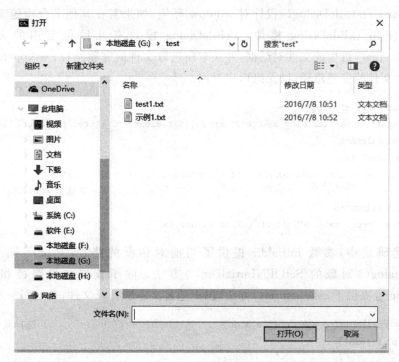

图 6.1 文件对话框

在以上代码块中,CreateFileDialog()创建了一个文本对话框对象 file_dlg,其中,参数 1 表示打开文件对话框并选择其中的文件,以获取其路径;SetOFNInitialDir()用于设置打开文件对话框的初始显示目录；DoModal()用于执行上述设置，弹出对话框。至此，文本对话框对象 file.dlg 已经获取了目标文件的信息，其中，GetPathName()用于获取文件的路径和名称。

表 6.4　CreateFileDialog()文本框对象的几种内置方法

方　　法	功　　能
GetPathName	获取路径名称
GetFileName	获取文件名称
GetFileExt	获取文件扩展名
GetFileTitle	获取文件标题
GetPathNames	从文件对话框中获取路径名称列表
GetReadOnlyPref	获取只读文件
SetOFNTitle	设置对话框命名
SetOFNInitialDir	设置对话的初始文件夹
DoModal	为对话创建一个模式窗口
EndDialog	关闭一个模式对话

6.4.2　基于 tkFileDialog 构建文件对话框

win32ui.CreatFileDialog()仅针对 window 环境，如果需在其他平台构建文件对话框，则可选择使用 tkFileDialog 模块。tkFileDialog 模块有几种很实用的方法，其中，askopenfilename()可生成文件对话框，并获取所选取文件的完整路径；askopenfilenames()可获取多个文件的完整路径，以元组形式返回。

```
>>> import tkFileDialog
>>> filepath = tkFileDialog.askopenfilename(initialdir = 'G:\\test')    #选取 test1.txt
>>> print filepath
G:/test/test1.txt
>>> filepaths = tkFileDialog.askopenfilenames(initialdir = 'G:\\test')
                                                        #选取 test1.txt 和实例 1.txt
>>> print filepaths
(u'G:/test/test1.txt', u'G:/test/\u793a\u4f8b1.txt')
```

上述代码块中，参数 initialdir 提供了当前对话框的路径，功能等同于 win32ui.CreatFileDialog()对象的 SetOFNInitialDir()方法。除了获取文件路径和名称之外，tkFileDialog 也提供了 askopenfile()方法，用于通过文本框打开文件，并返回一个文本对象。

```
>>> f = tkFileDialog.askopenfile(mode = 'r', initialdir = 'c/')         #选择其中的 test.txt
>>> print f.read()
123
abc
```

在上述代码块中，参数 mode 设定了文件打开的模式。表 6.5 为 tkFileDialog 的几种常用的方法简介。

表 6.5　tkFileDialog 几种典型方法

方　　法	功　　能
askopenfile(mode='r', ** options)	打开对话框,返回一个读文本对象;若需返回多个文本对象,使用 askopenfiles(mode='r', ** options),将以列表形式返回文件对象
askopenfilename(** options)	获取文件路径名称;若需获取多个文件路径名称,使用 askopenfilenames(** options),将以元组形式返回文件路径和名称
asksaveasfile(mode='w', ** options)	打开对话框,返回一个写文本对象
asksaveasfilename()	获取需保存文件的路径与名称
askdirectory()	选择一个文件夹

6.5　应用实例：文本文件操作

【例 6-1】 使用模块 random 中的 randint()方法生成 1~122 的随机数,以产生字符对应的 ASCII 码,然后将满足以下条件(大写字母、小写字母、数字和一些特殊符号如\n、\r、*、&、^、$)的字符逐一写入文本 test.txt 中,当光标位置达到 10001 时停止写入。

程序代码：

```
#eg6_1.py
import random
f = open('g:/test.txt','w')
while 1:
    i = random.randint(1,122)
    x = chr(i)
    if x.isupper() or x.islower() \
        or x.isdigit() or x in ['\n','\r','*','&','^','$']:
            f.write(x)
    if f.tell() > 10000:
        break
f.close()
```

运行该程序后会在 G 盘根目录下产生名为 test.txt 的文本文件。

当然,还有许多构建类似这种文本的方法,读者可以自己尝试编写。

以下的示例均在上述代码产生的文本文件基础上进行。

【例 6-2】 逐个字节输出 test.txt 文件前 100 个字节字符和后 100 个字节字符。

分析：可首先利用 read(100)直接读取前 100 个字节字符,然后利用 seek(-100,2)将文件指针定位到最后 100 个字节,再使用 read(100)读取最后 100 个字节字符。

程序代码：

```
#eg6_2.py
f = open('g:/test.txt','r')
a = f.read(100)
```

```
f.seek(-100,2)
b = f.read()
print a
print b
f.close()
```

【例 6-3】 逐行输出 test.txt 文件的所有字符。

分析：这里有多种方法实现，如用 readlines()生成一个列表，或者直接迭代文本对象。下面给出四种实现方法。

程序代码：（方法一）

```
#eg6_3_1.py
f = open('g:/test.txt','r')
a_list = f.readlines()
for x in a_list:
    print x
f.close()
```

程序代码：（方法二）

```
#eg6_3_2.py
f = open('g:/test.txt','r')
for x in f:
    print x
f.close()
```

程序代码：（方法三）

```
#eg6_3_3.py
f = open('g:/test.txt','r')
for x in f.xreadlines():
    print x
f.close()
```

程序代码：（方法四）

```
#eg6_3_4.py
f = open('g:/test.txt','r')
while 1:
    line = f.readline()
    if not line:
        break
    else:
        print line
f.close()
```

相比较而言，方法一先产生一个由各行字符构成的列表，然后再逐一打印出列表中的元素。相对于后三种方法，由于先产生了列表，该程序运行将占据更大的内存。方法二和方法三的差别在于：前者直接利用了文本对象的迭代功能，而后者则构建了一个列表迭代器，在读取到特定位置时，生产对应的列表元素。这是一种相对较为古老的方法，在具体使用中，建议直接使用文本对象的迭代功能。方法四结合使用了 while 语句和 readline()方法，逐行读取文本元素,然后实现打印输出。当读完最后一行后,line 为空时,跳出循环。

【例 6-4】 复制 test.txt 文件的文本数据,生成一个新的文本文件。

分析:以读模式打开需复制的文本,将文本中所有字符赋值给一个变量,然后以写模式新建一个文本,将所有字符写入该文本中;或者逐字节或逐行将需赋值文本字符写入新文本。

下面给出这两种实现方法。

程序代码:(方法一)

```
#eg6_4_1.py
f = open('g:/test.txt','r')
g = open('g:/test_1.txt','w')
a = f.read()
g.write(a)
f.close()
g.close()
```

程序代码:(方法二)

```
#eg6_4_2.py
f = open('g:/test.txt','r')
g = open('g:/test_1.txt','w')
for x in f:
    g.write(x)
f.close()
g.close()
```

【例 6-5】 统计 test.txt 文件中大写字母、小写字母和数字出现的频率。

分析:利用字符串对象的内置方法 isupper()、islower()和 isdigit()判断字符的类别;或者也可以直接判断是否处于大写字母、小写字母和数字对应的范围。

下面给出这两种实现方法。

程序代码:(方法一)

```
#eg6_5_1.py
#coding = gbk
f = open('g:/test.txt','r')
u,i,d = 0,0,0
while 1:
    a = f.read(1)
    if a.isupper():
        u += 1
    elif a.islower():
        i += 1
    elif a.isdigit():
        d += 1
    if not a:
        break
f.close()
print '大写字母有%d个,小写字母有%d个,数字有%d个'%(u,i,d)
```

程序代码：（方法二）

```
#eg6_5_2.py
#coding = gbk
f = open('g:/test.txt','r')
u,i,d = 0,0,0
while 1:
    a = f.read(1)
    if 'A'<= a <= 'Z':
        u += 1
    elif 'a'<= a <= 'z':
        i += 1
    elif '0'<= a <= '9':
        d += 1
    if not a:
        break
f.close()
print '大写字母有%d个,小写字母有%d个,数字有%d个'%(u,i,d)
```

【例 6-6】 将 test.txt 文件中所有小写字母转换为大写字母，然后保存至文件 test_copy.txt 中。

分析：先以 w 模式创建一个空表文本文件 test_copy.txt，以 r 模式打开文本文件 test.txt。创建一个字符串变量 temp 用于保存转化后的字符串。与例 6-5 类似，先判断字符是否属于小写字母，如果是，则使用字符串对象的 upper()方法转换为大写字母。

```
#eg6_6.py
#coding = gbk
f = open('g:/test.txt','r')
g = open('g:/test_copy.txt','w')
temp = ''                          #temp 用于保存新文件的字符串
while 1:
    a = f.read(1)
    if a.islower():                #如果是小写字母,先转化成大写字母,之后附加到 temp 之后
        b = a.upper()
        temp += b
    else:                          #如果不是小写字母,直接附加到 temp 之后
        temp += a
    if not a:
        break

g.write(temp)
f.close()
g.close()
```

6.6 本章小结

本章主要介绍了如何利用 Python 进行文本文件的操作，具体包括：
(1) 如何打开与关闭文本对象。
- 使用 open 函数可以创建新的文本文件或者打开已有文本文件；

- 使用文本对象的方法 close()可将缓存的文本数据存储到磁盘中,并关闭文本。

(2) 文本对象的几种模式。基本的模式包括 r、w、a,分别对应于读模式、写模式和附加模式。这三种模式可以与＋和 b 结合使用,从而实现附加的文本对象功能。

(3) 文本对象的常用方法与属性。

(4) 如何读取文本对象中的数据。可以分别使用 read()、readline()和 readlines()等方法读取文本数据:
- read()可实现读取指定字节的字符;
- readline()可实现逐行读取文本数据;
- readlines()以文本中的每行字符作为元素构建一个列表。

(5) 如何往文本对象写入数据。可以分别使用 write()和 writelines()方法写入文本数据。
- write()方法可实现写入目标字符串;
- writelines()可实现写入由字符串构成的列表。

(6) 如何构建文件对话框,获取文件路径。本章介绍了 win32ui 和 tkFileDialog 构建文件对话框。
- win32ui 可在 Windows 环境下实现通过文件对话框打开目标文件或构建新文件;
- tkFileDialog 可跨平台实现通过文件对话框打开目标文件或构建新文件,以及批量打开文件。

(7) 几种典型的文本操作应用。本章最后介绍了文本操作的几种典型应用,包括逐字节或逐行迭代读取文本中的字符,复制文本文件,统计目标文本中某些字母的出现频率,以及如何逐一读取与修改文本中的字符,并将对应修改后的字符串保存于另一文本。

习题 6

1. 编写程序生成九九乘法表,并将之写入到文本文件 ex6_1.txt 中。

2. 编写程序,提示用户输入字符串。将所输入的字符串,以及对应字符串的长度写入到 ex6_2.txt 中。

3. 通过文本对话框构建一个文本文件 ex6_3.txt,写入字符串"我喜欢编程"。

第7章 类与对象

本章学习目标
- 熟练掌握类的设计和使用
- 深入了解类和对象、面向过程和面向对象的方法
- 掌握类的属性、类的方法、构造函数和析构函数、可变对象和不可变对象
- 理解运算符的重载

本章先向读者介绍 Python 中的数据实际上都是对象;再从类的定义开始,详细介绍了类的属性、类的方法、构造函数和析构函数;接着结合第 5 章的知识,深入探讨了可变对象和不可变对象;然后介绍运算符的重载;最后比较面向过程和面向对象的方法。

7.1 认识 Python 中的对象和方法

在 Python 中,所有的数据(包括数字和字符串)实际都是对象,同一类型的对象都有相同的类型。可以使用 type()函数来获取关于对象的类型信息。

```
>>> n = 5
>>> type(n)
< type 'int'>
>>> s = "hi"
>>> type(s)
< type 'str'>
>>> t = True
>>> type(t)
< type 'bool'>
```

在上面命令行中,将 5 赋值给 n,n 的数据类型是 int;将"hi"赋值给 s,s 的数据类型是 str;将 True 赋值给 t,t 的数据类型是 bool。在 Python 中,一个对象的类型由类决定,类(class)和类型(type)是一样的意思。

在 Python 中,还可以在一个对象上执行操作。操作是用函数定义的,对象所用的函数称为方法。

```
>>> s = "hello"
>>> s1 = s.upper()
>>> s1
'HELLO'
```

一个对象调用方法的语法是 object.method()。如上面的命令行,将 hello 赋值给 s,s 的数据类型是 str,str 类型里有 upper()方法,upper()返回大写字母表示的新字符串,然后将返回值赋值给 s1。

7.2 类的定义

人们在认识客观世界时经常采用抽象方法来对客观世界的众多事物进行归纳、分类。我们用类来抽象、描述待求解问题所涉及的事物,具体包括两个方面的抽象:数据抽象和行为抽象。数据抽象描述某类对象共有的属性或状态;行为抽象描述某类对象共有的行为或功能特征。

在 Python 中,使用类来定义同一种类型的对象。类(class)是广义的数据类型,能够定义复杂数据的特性,包括静态特性(即数据抽象)和动态特性(即行为抽象,也就是对数据的操作方法)。一个 Python 类使用变量存储数据域,定义方法来完成动作。对象是类的一个实例,可以创建一个类的多个对象。创建类的一个实例的过程称为实例化。在术语中,对象和实例经常是可以互换的。对象就是实例,而实例就是对象。类和对象的关系相当于普通数据类型和它的变量之间的关系(如图 7.1 所述)。比如可以定义一个鸟类,那么你养的一只宠物鹦鹉就是这个鸟类的一个对象,动物园里的一只会表演的八哥也是这个鸟类的一个对象;可以定义一个股票类,那么某一只具体的股票就是这个股票类的一个对象。图 7.1 显示了一个名为 Stock 的股票类以及它的两个对象。

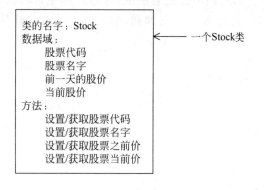

图 7.1 Stock 类以及它的两个对象

类和对象的关系:
- 类是对象的抽象,而对象是类的具体实例。
- 类是抽象的,而对象是具体的。

- 每一个对象都是某一个类的实例。
- 每一个类在某一时刻都有零个或更多的实例。
- 类是静态的,它们的存在、语义和关系在程序执行前就已经定义好了,对象是动态的,它们在程序执行时可以被创建和删除。
- 类是生成对象的模板。

Python 中使用 class 保留字来定义类,类名的首字母一般要大写。形如:

class <类名>:
    类属性
    <方法定义 1>:
        …
    <方法定义 n>:

其中,类属性是在类中方法之外定义的,类属性属于类,可通过类名访问(尽管也可通过对象访问,但不建议这样做,因为这样做会造成类属性值不一致)。一个类中有一个特殊的方法:__init__(注意 init 前后是两个下画线),这个方法被称为构造函数或初始化程序,它是在创建和初始化这个新对象时被调用的。如果用户未设计构造函数,Python 将提供一个默认的构造函数。每个方法其实都是一个函数定义,与普通函数略有差别。差别如下:

- 每个方法的第一个参数都是 self,self 代表将来要创建的对象本身。在访问类的实例属性时需要以 self 为前缀;
- 方法只能通过对象来调用,即向对象发消息请求对象执行某个方法。

【例 7-1】 定义鸟类,鸟类的共同属性是有羽毛,通过产卵生育后代,能够鸣叫,再定义一个类的方法移动(move())。假设养了一只鹦鹉,名叫 spring。它就是鸟类的一个对象,根据鸟类的定义来创建这个对象,并输出相关属性。

程序代码:

```
#eg7_1_1.py
#coding = GBK
#鸟类 Bird 的定义
class Bird:
    have_feather = True
    way_of_reproduction = 'egg'
    way_of_song = "叽叽喳喳"
    def move(self):
        print '飞飞飞飞'

#eg7_1_2.py
#coding = GBK
from eg7_1_1 import Bird
#主程序
spring = Bird()
print Bird.have_feather
print Bird.way_of_reproduction
print Bird.way_of_song
print
spring.move()
```

```
print "spring通过" + Bird.way_of_reproduction + "繁殖"
```

程序运行结果:

```
>>> ============================ RESTART ============================
True
egg
叽叽喳喳

飞飞飞飞
spring通过egg繁殖
```

我们将类的定义放在 eg7_1_1.py 中,在 eg7_1_2.py 中用到 eg7_1_1.py 中的 Bird 类。在鸟类 Bird 的定义中,用户并未设计构造函数,Python 将提供一个默认的构造函数。spring＝Bird() 将创建 spring 对象。定义了 3 个类属性：有羽毛(have_feather)、生殖方式(way_of_reproduction)、鸣叫方式(way_of_song),虽然可以通过对象访问(即"对象.属性名"spring.have_feather、spring.way_of_reproduction、spring.way_of_song),但不建议这样做。对类属性的引用通过"类名.属性名"的形式实现,所以直接通过类名访问(即 Bird.have_feather、Bird.way_of_reproduction、Bird.way_of_song)。move() 是鸟类 Bird 中定义的一个方法,只能通过对象来调用(即 spring.move())。

7.3 类的属性

7.3.1 类属性和实例属性

类的属性有两种：类属性和实例属性。类属性是在类中方法之外定义的,如在例 7-1 中定义的 have_feather、way_of_reproduction、way_of_song 均属于类属性；实例属性是在构造函数 __init__ 中定义的,定义时以 self 为前缀,只能通过对象名访问。

【例 7-2】 修改和增加类属性示例。

程序代码:

```
# eg7_2.py
# coding = GBK
from eg7_1_1 import Bird

# 主程序
Bird.way_of_song = "叽叽叽叽"      # 修改类属性
Bird.legs = 2                      # 增加类属性
print Bird.way_of_song
print Bird.legs
```

程序运行结果:

```
>>> ============================ RESTART ============================
叽叽叽叽
2
```

类属性的修改和增加都是直接通过"类名.属性名"访问。在例 7-2 中修改了鸟类 Bird 的 way_of_song 类属性,并且增加了 legs 类属性。

【例 7-3】 定义 Rectangle 类表示矩形。该类有两个属性 width 和 height,均在构造函数中创建,定义方法 getArea 和 getPerimeter 计算矩形的面积和周长。

程序代码:

```
#eg7_3.py
#coding = GBK
class Rectangle:
    def __init__(self,w,h):
        self.width = w
        self.height = h
    def getArea(self):
        return self.width * self.height
    def getPerimeter(self):
        return (self.width + self.height) * 2
#主程序
t1 = Rectangle(15,6)
print "矩形 t1 的宽:",t1.width,",高:",t1.height
print "矩形 t1 的面积:",t1.getArea()
print "矩形 t1 的周长:",t1.getPerimeter()

t1.width = 8                    #修改实例属性
print "矩形 t1 新的宽:",t1.width
```

程序运行结果:

```
>>> ========================= RESTART =============================
矩形 t1 的宽:15,高:6
矩形 t1 的面积:90
矩形 t1 的周长:42
矩形 t1 新的宽:8
```

在上述程序代码中,t1=Rectangle(15,6)表示通过构造函数创建宽为 15、高为 6 的矩形对象 t1,而后通过 print 语句打印出 t1 的宽和高;由于 width 和 height 均为实例属性,只能通过对象名 t1 访问,因此在该 print 语句中,宽和高的值通过 t1.width、t1.height 表示;然后调用 getArea 和 getPerimeter 方法计算出面积和周长;最后通过 t1.width=8 修改 t1 对象的实例属性。

7.3.2 公有属性和私有属性

属性以__(两个下画线)开头是私有属性,否则是公有属性。私有属性通过对象名._类名__私有成员名访问,不能在类外直接访问。

【例 7-4】 公有属性和私有属性示例。

程序代码:

```
#eg7_4.py
#coding = GBK
```

```
class Person:
    def __init__(self,n,y,w,h):
        self.name = n
        self.year = y
        self.__weight = w                    #定义私有属性以千克为单位的体重 weight
        self.__height = h                    #定义私有属性以米为单位的身高 height
    def old(self,y):
        return y - self.year
#主程序
pa = Person("Lily",2005,50,1.5)
print "姓名为",pa.name,",体重为",pa._Person__weight,"千克"
pa._Person__weight = 48                      #访问私有成员
print "现在的体重为",pa._Person__weight,"千克"   #访问私有成员
# print pa.__weight                          #错误,不能直接访问私有成员
myyear = 2015
myage = pa.old(myyear)
if myage > 0:
    print "到" + str(myyear) + "年" + str(myage) + "岁"
elif myage < 0:
    print str(myyear) + "年还没出生呢,出生于" + str(pa.year) + "年"
else:
    print str(myyear) + "年刚出生"
```

程序运行结果：

```
>>> ========================= RESTART =============================
姓名为 Lily ,体重为 50 千克
现在的体重为 48 千克
到 2015 年 10 岁
```

这里定义了一个 Person 类,就是现实世界中"人"的抽象。该类中定义了四个实例属性 name、year、weight、height。其中,name 和 year 属于公有属性,weight 和 height 属于私有属性;在该类中还定义了 old 方法,能计算出从出生到某年经过了多少年。在主程序中创建了一个叫 Lily、2005 年出生、体重 50 千克、身高 1.5 米的对象 pa,然后通过 print 语句打印出姓名和体重,公有属性 name 值通过 pa.name 获得,私有属性 weight 值通过 pa._Person__weight 获得,需要强调的是,私有属性 weight 值不能像公有属性一样直接通过 pa.__weight 访问,然后重新设置对象 pa 的私有属性 weight 值,然后打印出现在的体重;最后调用方法 old,由于 old 方法的返回值有正有负有零,通过 if 语句判断后打印出不同的信息。

7.4 构造函数

在 7.2 节中已经提到过一个类中有一个特殊的方法:__init__,这个方法被称为构造函数或初始化方法,用来为属性设置初值,在建立对象时自动执行。构造函数属于对象,每个对象都有自己的构造函数。如果用户未设计构造函数,Python 将提供一个默认的构造函数。在例 7-1 中就没有设计构造函数,由 Python 提供;在例 7-3 中设计了构造函数,用来为属性 width 和 height 设置初值;在例 7-4 中也设计了构造函数,用来为属性 name、year、weight 和 height 设置初值。

构造函数的作用:
- 在内存中为类创建一个对象;
- 调用类的初始化方法来初始化对象。

在对象被建立之后,self 被用来指向对象。图 7.2 表示例 7.3 中 Rectangle 类对象 t1 的创建与初始化过程。

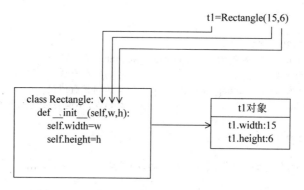

图 7.2　Rectangle 类对象 t1 的创建与初始化

当使用 t1＝Rectangle(15,6)创建 t1 对象时,Python 自动调用__init__方法,传递给该方法的实参是 t1、15、6,相当于函数调用__init__(t1,15,6),这样就为对象 t1 进行了初始化操作,变量 width 赋值 15,变量 height 赋值 6,width 和 height 均属于实例属性。也就是说,创建了一个 Rectangle 类的宽为 15、高为 6 的矩形对象 t1。

假设再使用 t2＝Rectangle(25,16)创建对象 t2,则跟创建 t1 对象一样,自动调用__init__方法,这时只不过传递给该方法的实参分别是 t2、25、16,则对对象 t2 进行初始化时,就为变量 width 赋值 25,变量 height 赋值 16,而这时为 width 和 height 所赋的值 25、16 是专属于新的对象 t2 的,跟前面创建的对象 t1 没有关系。图 7.3 表示 Rectangle 类的多个对象创建与初始化过程。

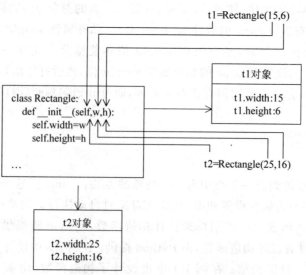

图 7.3　Rectangle 类的多个对象创建与初始化过程

从图 7.3 中可以看出,t1 和 t2 都是同一个类 Rectangle 的对象,都有实例属性 width 和 height,但数据值各不相同。Rectangle 是定义的矩形类,t1、t2 都是具体的某一个矩形。

7.5 类的方法

7.5.1 类的方法调用的过程

在 7.2 节中已经提到,类中定义的方法都必须以 self 作为第一个参数,这个参数表示当前是哪一个对象要执行类的方法,这个实参由 Python 隐含地传递给 self。图 7.4 表示例 7-4 中创建 Person 类对象以及对象的 old 方法调用的过程。

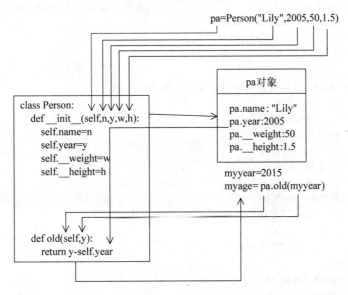

图 7.4 创建 Person 类对象 pa 以及对象的 old 方法调用的过程

7.5.2 类的方法分类

类的方法有三种:公有方法、私有方法和静态方法。每个对象都有自己的公有方法和私有方法,如例 7-4 中的 old 方法就属于公有方法。一旦创建了对象,公有方法就可以通过对象名调用,调用形式形如"对象名.公有方法(<实参>)",如例 7-4 中通过 pa.old(myyear) 调用 old 方法。私有方法只能在属于对象的方法中通过 self 调用,不能像公有方法一样通过对象名调用。在静态方法中只能访问属于类的成员,不能访问属于对象的成员,而静态方法也只能通过类名调用。

【例 7-5】 公有属性和私有属性示例。

程序代码:

```
#eg7_5.py
#coding = GBK
import datetime
```

```python
class Person:
    pre_name = ""
    def __init__(self,n,y,w,h):
        self.name = n
        self.year = y
        self.__weight = w              #定义私有属性以千克为单位的体重 weight
        self.__height = h              #定义私有属性以米为单位的身高 height
    def old(self,y):
        return y - self.year

    def __getBMI(self):                #定义私有方法 getBMI
        bmi = 1.0 * self.__weight/self.__height**2        #访问私有属性 weight 和 height
        return bmi
    def getGrade(self):                #定义公有方法 getGrade
        dd = datetime.datetime.now()
        now_age = self.old(dd.year)
        if now_age >= 18:
            bmi = self.__getBMI()      #调用私有方法 getBMI
            print "身体质量指数 BMI 为：",'%.2f'% bmi,
            if bmi < 18.5:
                print "过轻"
            elif bmi < 25.0:
                print "正常"
            elif bmi < 28.0:
                print "过重"
            elif bmi < 32.0:
                print "肥胖"
            else:
                print "非常肥胖"
        else:
            print "不到 18 岁不计算 BMI"
    @staticmethod
    def setpre_name(n):                #定义静态方法 setpre_name
        Person.pre_name = n            #访问类属性
    @staticmethod
    def getpre_name():                 #定义静态方法 getpre_name
        return Person.pre_name

#主程序
pb = Person("Rose",1995,60,1.65)
print "姓名：",pb.name
print "体重：",pb._Person__weight,"千克"        #访问私有成员
print "身高：",pb._Person__height,"米"          #访问私有成员
pb.getGrade()
Person.setpre_name("Flora")                     #调用静态方法
print Person.getpre_name()                      #调用静态方法
```

程序运行结果：

```
>>> ========================= RESTART =============================
姓名：Rose
```

体重：60 千克
身高：1.65 米
身体质量指数 BMI 为：22.04 正常
Flora

相比较例 7.4 中的 Person 类，增加了类属性 pre_name 表示曾用名，增加了私有方法 getBMI 计算 BMI（身体质量指数），增加了公有方法 getGrade 根据 BMI 的值判断人的肥胖程度。

BMI 指数（即身体质量指数，简称体质指数，英文为 Body Mass Index，简称 BMI），是用体重公斤数除以身高米数的平方得出的数字，是目前国际上常用的衡量人体胖瘦程度以及是否健康的一个标准。计算公式如下：

$$BMI 指数 = 体重(kg) \div 身高(m)^2$$

例如，一个人的身高为 1.75 米，体重为 68 千克，则他的 BMI=68/(1.75^2)=22.2（千克/米^2）。

成人(18 岁及以上)的 BMI 数值的含义如表 7.1 所示。

表 7.1 成人(18 岁及以上)的 BMI 数值的含义

BMI	解　　释
BMI<18.5	过轻
18.5≤BMI<25.0	正常
25.0≤BMI<28.0	过重
28.0≤BMI<32.0	肥胖
BMI≥32.0	非常肥胖

私有方法 getBMI 不能通过对象名调用，只能在 Person 方法中通过 self 调用，如以上程序，公有方法 getGrade 中通过 self 调用私有方法 getBMI。

在主程序中，创建了一个名叫 Rose，1995 年出生，体重 60 千克，身高 1.65 米的对象 pb，然后调用公有方法 getGrade 计算肥胖程度，最后通过类名 Person 调用静态方法 setpre_name 和 getpre_name。

7.6　析构函数

Python 中类的析构函数是__del__，用来释放对象占用的资源。如果用户未提供析构函数，Python 将提供一个默认的析构函数。析构函数在对象就要被垃圾回收之前调用，但发生调用的具体时间是不可知的，所以建议大家尽力避免使用__del__函数。

【例 7-6】　析构函数示例。

程序代码：

```
# eg7_6.py
# coding = GBK
class Pizza:
    def __init__(self,d):
        self.diameter = d
```

```
            print "直径为",self.diameter,"的 Pizza 烤好了!"
    def __del__(self):
            print "直径为",self.diameter,"的 Pizza 吃光了……"
```

```
#主程序
pp1 = Pizza(8)
pp2 = Pizza(10)
del pp1
del pp2
```

程序运行结果:

```
>>> ========================== RESTART ==========================
直径为 8 的 Pizza 烤好了!
直径为 10 的 Pizza 烤好了!
直径为 8 的 Pizza 吃光了……
直径为 10 的 Pizza 吃光了……
```

7.7 可变对象与不可变对象

在 7.1 节中我们已经提到过,Python 中所有数据都是对象,对象的变量通常都是指向对象的引用。调用函数时,实参的值就被传递给形参,这个值通常就是对象的引用值。当一个可变对象传给函数时,函数可能会改变这个对象的内容。当将一个不可变对象传递给函数时,对象不会被改变。在 Python 的内建标准类型中,列表和字典为可变类型;数字、字符串和元组为不可变类型。

```
>>> x = 10
>>> y = x
>>> type(x),id(x)
(<type 'int'>, 31162944L)
>>> type(y),id(y)
(<type 'int'>, 31162944L)
>>> y = 20
>>> type(y),id(y)
(<type 'int'>, 31162704L)
```

当执行程序的时候,Python 会自动为对象的 id 赋一个独特的整数。x 为整型变量,10 赋值给 x,则 x 指向一个对象(整数 10),而后将 x 赋值给 y,这样,x 和 y 都指向同一个对象(整数 10),然后 y 的赋值发生了变化,20 赋值给 y,Python 会为这个新数字 20 创建新对象,然后将这个新对象的引用赋值给 y,y 就指向了一个新对象(整数 20),如图 7.5 所示。

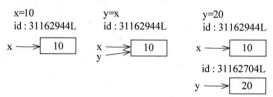

图 7.5 对象的引用

可以这样说,在给一个不可变类型(比如 int)的变量 a 赋新值的时候,实际上是在内存中新建了一个对象,并将 a 指向这个新的对象,然后将原对象的引用计数减 1。

【例 7-7】 可变对象和不可变对象示例 1。

程序代码：

```
#eg7_7.py
#coding = GBK
def increment(n,i):
    n += i
    print "inside increment,n is ",n

#主程序
x = 1
print "before increment,x is ",x
increment(x,2)
print "after increment,x is ",x
print
x = [1,2,3]
print "before increment,x is ",x
increment(x,[3,4,5])
print "after increment,x is ",x
```

程序运行结果：

```
>>> ========================= RESTART ==============================
before increment,x is 1
inside increment,n is 3
after increment,x is 1

before increment,x is [1, 2, 3]
inside increment,n is [1, 2, 3, 3, 4, 5]
after increment,x is [1, 2, 3, 3, 4, 5]
```

在主程序中,1 赋值给 x,在调用函数之前 x 的值为 1,调用函数 increment 时,1 传给形参 n,2 传递给形参 i,函数中参数 n 递增 2,但是不论函数里面如何改变,由于 x(数字)是不可变对象,调用完成以后 x 不会改变。而后将列表[1,2,3]赋值给 x,调用函数 increment 时,[1,2,3]传给形参 n,[3,4,5]传递给形参 i,将列表长度增加了,由于这时的 x(列表)是可变对象,调用完成以后 x 发生了变化。

【例 7-8】 可变对象和不可变对象示例 2。

程序代码：

```
#eg7_8.py
#coding = GBK
class point:
    def __init__(self,x,y):
        self.x = x
        self.y = y

    def increment(c,times):
```

```
        while times > 0:
            c.x += 5
            c.y += 5
            print "inside c.x,c.y:",c.x,c.y
            times -= 1

#主程序
myc = point(10,20)
times = 5
print "begin:myc.x:",myc.x,",myc.y:",myc.y
print "begin:times:",times
increment(myc,times)
print "after increment,myc.x:",myc.x,",myc.y:",myc.y
print "after increment,times is",times
```

程序运行结果：

```
>>> =========================== RESTART ===========================
begin:myc.x: 10 ,myc.y: 20
begin:times: 5
inside c.x,c.y: 15 25
inside c.x,c.y: 20 30
inside c.x,c.y: 25 35
inside c.x,c.y: 30 40
inside c.x,c.y: 35 45
after increment,myc.x: 35 ,myc.y: 45
after increment,times is 5
```

在上述程序代码中定义了 point 类，属性 x、y 表示一个点的坐标，increment 函数表示共经过 times 次，每次 x、y 的值均加 5。在主程序中，创建了一个 point 对象 myc，x、y 坐标分别为 10、20，定义了一个 int 对象 times，初始值为 5；在 increment 函数中，point 对象 c 的 x、y 属性均增加 5，c.x+=5 和 c.y+=5 分别创建新的 int 对象，并将它赋值给 c.x 和 c.y，myc 与 c 均指向同一个对象；当 increment 函数完成后，myc.x 和 myc.y 为 35、45，跟调用函数之前的值相比发生了改变，而 times-1 创建一个新的 int 对象，它被赋值给 times，在函数 increment 之外，times 的值还是 5。

将一个对象传递给函数，就是将这个对象的引用传递给函数，传递不可变对象和传递可变对象是不同的。像数字、字符串这样的不可变对象，函数外的对象的原始值并没有被改变。而像 point 类、列表这样的可变参数，如果对象的内容在函数内部被改变，则对象的原始值被改变。

7.8 get 和 set 方法

根据前面的介绍，我们已经了解通过给对象的实例属性赋值可以改变该对象的实例属性值，如在例 7-3 中，对于对象 t1，可以通过 t1.width=8 这样的赋值语句改变实例属性 width 的值，但是这样直接访问数据域可能会带来一些问题。如可能直接设置成不合法的值，就像上面提到的 t1.width=8 如果写成 t1.width=-8，那么这个宽度 width 就是不合法的,数据不仅直接被篡改,也会导致类难以维护并且易于出错的问题。

为了避免客户端直接修改数据的问题,我们提供 get 方法返回值,set 方法设置新值。通常 get 方法被称为获取器或访问器,set 方法被称为设置器或修改器。

【例 7-9】 改进例 7.3 中 Rectangle 类的定义,用 get 和 set 方法来获取值和设置值。

程序代码:

```
# eg7_9.py
# coding = GBK
class Rectangle:
    def __init__(self,w,h):
        self.width = w
        self.height = h
    def getArea(self):
        return self.width * self.height
    def getPerimeter(self):
        return (self.width + self.height) * 2
    def getwidth(self):
        return self.width
    def getheight(self):
        return self.height
    def setwidth(self,w):
        if w > 0:
            self.width = w
        else:
            print "宽度 width 有误"
    def setheight(self,h):
        if h > 0:
            self.height = h
        else:
            print "高度 height 有误"

# 主程序
t2 = Rectangle(25,16)
print "矩形 t2 的宽: ",t2.getwidth(),",高: ",t2.getheight()      # get 方法
print "矩形 t2 的面积: ",t2.getArea()
print "矩形 t2 的周长: ",t2.getPerimeter()

t2.setwidth(8)                                                  # set 方法
print "矩形 t2 新的宽: ",t2.getwidth()
t2.setwidth(-8)                                                 # set 方法
print "矩形 t2 新的宽: ",t2.getwidth()
```

程序运行结果:

```
>>> ========================== RESTART ============================
矩形 t2 的宽: 25 ,高: 16
矩形 t2 的面积: 400
矩形 t2 的周长: 82
矩形 t2 新的宽: 8
宽度 width 有误
矩形 t2 新的宽: 8
```

在上面代码 Rectangle 类中,通过 getwidth 和 getheight 方法获取对象的 width 和 height 属性值,通过 setwidth 和 setheight 方法设置对象的 width 和 height 属性值,如果设置的值不符合要求,则打印有误信息。在主程序中,创建了一个 width 为 25、height 为 16 的 Rectangle 类对象 t2,然后通过调用 getwidth 和 getheight 方法获得 width 和 height 的值,调用 getArea 和 getPerimeter 方法计算出面积和周长,随后通过 setwidth 方法将 width 设置成 8,并将新的 width 打印出来,最后还是通过 setwidth 方法将 width 设置成-8,由于数据不符合要求,所以打印出错误信息,width 还是原来的 8 没有改变。

【例 7-10】 实现图 7.1 的 Stock 类。

程序代码:

```
#eg7_10.py
#coding = GBK
class Stock:
    def __init__(self, number, name, p_Price, c_Price):
        self.number = number
        self.name = name
        self.__p_Price = p_Price
        self.__c_Price = c_Price
    def getNumber(self):
        return self.number
    def getName(self):
        return self.name
    def getPreviousPrice(self):
        return self.__p_Price
    def getCurrentPrice(self):
        return self.__c_Price
    def setNumber(self,number):
        if "000000"< number <= "999999":
            self.number = number
        else:
            print "股票代码有误!"
    def setName(self,name):
        self.name = name
    def setPreviousPrice(self, p_Price):
        if p_Price > 0:
            self.__p_Price = p_Price
        else:
            print "股价错误!"
    def setCurrentPrice(self, c_Price):
        if c_Price > 0:
            self.__c_Price = c_Price
        else:
            print "股价错误!"
#主程序
stock1 = Stock("601166", "兴业银行", 15.37, 15.77)
stock2 = Stock("600820", "隧道股份", 8.1, 8.17)
print "股票代码:",stock1.getNumber(),"股票价格:",stock1.getName()
print "前一天收盘价:",stock1.getPreviousPrice(),
```

```
print "当前股价:",stock1.getCurrentPrice()
stock1.setCurrentPrice(15.88)
print "一分钟后股价:",stock1.getCurrentPrice()
print "股票代码:",stock2.getNumber(),"股票价格:",stock2.getName()
print "前一天收盘价:",stock2.getPreviousPrice(),
print "当前股价:",stock2.getCurrentPrice()
stock2.setCurrentPrice(8.2)
print "一分钟后股价:",stock2.getCurrentPrice()
stock2.setCurrentPrice(-8.3)
print "一分钟后股价:",stock2.getCurrentPrice()
```

程序运行结果：

```
>>> ========================= RESTART =============================
股票代码：601166 股票价格：兴业银行
前一天收盘价：15.37 当前股价：15.77
一分钟后股价：15.88
股票代码：600820 股票价格：隧道股份
前一天收盘价：8.1 当前股价：8.17
一分钟后股价：8.2
股价错误！
一分钟后股价：8.2
```

7.9 运算符的重载

在 Python 中可通过运算符重载来实现对象之间的运算。那么什么是运算符的重载？怎么实现运算符的重载呢？

先来看看复数的运算。

```
>>> a = complex(3,2)
>>> b = complex(5,-6)
>>> a + b
(8-4j)
>>> a - b
(-2+8j)
>>> a * b
(27-8j)
>>> a/b
(0.04918032786885245+0.4590163934426229j)
```

在上述命令行中，a、b 均为复数，后面的 4 行命令表示的是复数的加、减、乘、除运算，通过＋、－、*、/运算符实现。

```
>>> help(complex)
Help on class complex in module __builtin__:

class complex(object)
 |  complex(real[, imag]) -> complex number
 |
```

```
| Create a complex number from a real part and an optional imaginary part.
| This is equivalent to (real + imag*1j) where imag defaults to 0.
|
| Methods defined here:
|
| __abs__(...)
| x.__abs__() <==> abs(x)
|
| __add__(...)
| x.__add__(y) <==> x+y
|
| __coerce__(...)
| x.__coerce__(y) <==> coerce(x, y)
|
| __div__(...)
| x.__div__(y) <==> x/y
...
```

由 complex 的帮助信息可以看出,复数的这些运算符都是在 complex 类中定义的方法,比如"+",在 complex 类中表示两个复数相加,只要是"+"运算就调用__add__方法。

再来看看字符串的运算。

```
>>> m = "abc"
>>> n = "def"
>>> m + n
'abcdef'
>>> m >= n
False
>>> m * 3
'abcabcabc'
```

在字符串的这些命令行中,m、n 均为字符串,后面的三行命令分别表示字符串的连接、字符串大小比较、字符串重复,通过+、>=、*运算符来实现。实际上字符串的这些运算符都是在 str 类中定义的方法。

```
>>> help(str)
Help on class str in module __builtin__:

class str(basestring)
| str(object='') -> string
|
| Return a nice string representation of the object.
| If the argument is a string, the return value is the same object.
|
| Method resolution order:
|     str
|     basestring
|     object
|
| Methods defined here:
```

```
 |  __add__(...)
 |      x.__add__(y) <==> x + y
 |
 |  __contains__(...)
 |      x.__contains__(y) <==> y in x
 |
 |  __eq__(...)
 |      x.__eq__(y) <==> x == y
 |
 |  __format__(...)
 |      S.__format__(format_spec) -> string
 |
 |      Return a formatted version of S as described by format_spec.
 |
 |  __ge__(...)
 |      x.__ge__(y) <==> x >= y
...
```

为什么字符串的"＋"运算能实现字符串的连接操作呢？从帮助信息中可以看出，还是因为通过__add__方法重载了运算符"＋"。

```
>>> m.__add__(n)
'abcdef'
>>> m.__ge__(n)
False
>>> m.__rmul__(3)
'abcabcabc'
```

从这三行命令中可以看出，__add__方法重载了运算符"＋"，__ge__方法重载了运算符"＞＝"，__rmul__方法重载了运算符"﹡"，即 m.__add__(n)与 m+n、m.__ge__(n)与 m>=n、m.__rmul__(3)与 m﹡3 是一致的。大家还可以自己找一找复数和字符串中其他对应的运算符和方法。

需要说明的是，类似于__add__的方法并不是私有方法，因为除了两个起始下画线还有两个结尾下画线，如同__init__并非私有，而是一个初始化对象的特殊方法一样。

为运算符定义方法被称为运算符的重载，每个运算符都对应着一个函数，因此重载运算符就是实现函数。表 7.2 表示常用的运算符与函数的对应关系。

表 7.2　常用的运算符与函数的对应关系

分　　类	运算符	方　　法	说　　明	示例(a、b均为对象)
算术运算符	＋	__add__(self,other)	加法	a+b
	－	__sub__(self,other)	减法	a－b
	﹡	__mul__(self,other)	乘法	a﹡b
	/	__div__(self,other)	除法	a/b
	％	__mod__(self,other)	求余	a％b

续表

分　类	运算符	方　　法	说　　明	示例(a、b 均为对象)
关系型运算符	<	__lt__(self,other)	小于	a<b
	<=	__le__(self,other)	小于等于	a<=b
	==	__eq__(self,other)	等于	a==b
	>	__gt__(self,other)	大于	a>b
	>=	__ge__(self,other)	大于等于	a>=b
	!=	__ne__(self,other)	不等于	a!=b
其他	[index]	__getitem__(self,index)	下标运算符	a[0]
	in	__contains__(self,value)	检查是否是成员	r in a
	len	__len__(self)	元素个数	len(a)
	str	__str__(self)	字符串表示	str(a),print a

注：比较运算符也可以通过方法 __cmp__(self,other)来实现：

- self<other,return −1
- self>other,return 1
- self==other,return 0

比较两个对象 a、b，如果 __lt__ 可用，则 a<b 就调用 a.__lt__(b)；如果不可用就调用 __cmp__ 方法来决定大小。

【例 7-11】 定义一个类 Rational 代表有理数，实现有理数的若干运算符的重载及其他有关的方法。

分析：有理数在形式上有分子和分母，如果 x 表示分子，y 表示分母，则一个有理数可以表示为 x/y，如 1/3、2/9、−13/3 都是有理数。有理数分母不能为 0，但分子可以为 0；整数 i 等价于有理数 i/1，如 3 就等价于 3/1。有理数中有很多等价的有理数，如 1/2=2/4=3/6…，为简单起见，我们用 1/2 表示所有等价于 1/2 的有理数，像这种分子和分母除了 1 以外没有任何公约数的有理数称为最简形式。Rational 类中的有理数均化为最简形式。另外，我们约定将符号位置于分子中，即分子可正可负可 0，分母大于 0。

程序代码：

```
#eg7_11.py
#coding = GBK
class Rational:
    def __init__(self, x, y):            #x 表示分子,y 表示分母
        if x!= 0:
            z = fdiv(abs(x),y)
            (self.x,self.y) = (x/z,y/z)
        else:
            (self.x,self.y) = (x,y)
    def __add__(self,other):
        m = self.x * other.y + other.x * self.y
        n = self.y * other.y
        return Rational(m,n)
    def __sub__(self,other):
        m = self.x * other.y - other.x * self.y
        n = self.y * other.y
        return Rational(m,n)
```

```python
    def __mul__(self,other):
        m = self.x * other.x
        n = self.y * other.y
        return Rational(m,n)
    def __div__(self,other):
        if other.x == 0:
            return "第2个有理数为0,不能用/"
        elif other.x < 0:
            t2 = -1
        else:
            t2 = 1
        if self.x < 0:
            t1 = -1
        else:
            t1 = 1
        m = abs(self.x) * other.y
        n = self.y * abs(other.x)
        return Rational(t1 * t2 * m,n)
    def __str__(self):
        if self.y == 1 or self.x == 0:
            return str(self.x)
        else:
            return str(self.x) + "/" + str(self.y)
    def __cmp__(self,other):
        aa = self.__sub__(other)
        if aa.x > 0:
            return 1
        elif aa.x < 0:
            return -1
        else:
            return 0
    def show_number(self):
        return 1.0 * self.x/self.y

#求两个正整数的最大公约数,同eg5_5.py
def fdiv(x,y):                              #函数定义
    if x < y:
        x,y = y,x
    r = x % y
    while r != 0:
        x = y
        y = r
        r = x % y
    return y
```

在Rational对象中,最后获得的有理数是以最简形式表示的,分子决定符号,分母大于0。两个对象可以进行+、-、*、/运算,是通过定义__add__、__sub__、__mul__、__div__方法重载运算符,这些方法都返回一个新的Rational对象(除了__div__方法中第二个有理数为0的时候)。__cmp__方法表示两个有理数进行比较,通过相减,根据得到的新有理数aa的分子值小于、大于还是等于0分别返回-1、1或0。这里并没有定义__lt__、__le__、__gt__、__ge__、

__ne__、__eq__等方法，比较大小均调用__cmp__方法来决定。__str__方法返回 str 对象，print r1 与 r1.__str__()等价。

show_number()是类中的方法，表示将有理数以小数的形式返回。fdiv()是求两个正整数的最大公约数的函数，在 Rational 类中要用到该函数，并非 Rational 类中的方法。

【例 7-12】 用实例验证 Rational 类。

```
# eg7_12.py
# coding = GBK
from eg7_11 import Rational

# +- */运算及打印结果
def suan(r1,r2):
    print "r1:",r1,"r2:",r2
    print r1," + ",r2," = ",r1 + r2
    print r1," - ",r2," = ",r1 - r2
    print r1," * ",r2," = ",r1 * r2
    print r1,"/",r2," = ",r1/r2

# 比较运算及打印结果
def compare(r1,r2):
    print r1,">",r2," = ",r1 > r2
    print r1," > = ",r2," = ",r1 > = r2
    print r1," == ",r2," = ",r1 == r2
    print r1,"<",r2," = ",r1 < r2
    print r1," < = ",r2," = ",r1 < = r2
    print r1,"!= ",r2," = ",r1!= r2

# 主程序
r1 = Rational( - 2,8)
r2 = Rational( - 2,16)
suan(r1,r2)
compare(r1,r2)
print
r1 = Rational(1,8)
r2 = Rational(0,16)
suan(r1,r2)
compare(r1,r2)
```

程序运行结果：

```
>>> ======================== RESTART ============================
r1: -1/4 r2: -1/8
-1/4 +  -1/8 =  -3/8
-1/4 -  -1/8 =  -1/8
-1/4 *  -1/8 = 1/32
-1/4 /  -1/8 = 2
-1/4 >  -1/8 = False
-1/4 >=  -1/8 = False
-1/4 ==  -1/8 = False
-1/4 <  -1/8 = True
```

```
-1/4 <=  -1/8 = True
-1/4 !=  -1/8 = True

r1: 1/8 r2: 0
1/8 + 0 = 1/8
1/8 - 0 = 1/8
1/8 * 0 = 0
1/8 / 0 = 第二个有理数为 0,不能用/
1/8 > 0 = True
1/8 >= 0 = True
1/8 == 0 = False
1/8 < 0 = False
1/8 <= 0 = False
1/8 != 0 = True
```

7.10 面向对象和面向过程

7.10.1 类的抽象与封装

类的抽象是指将类的实现和类的使用相分离。类的创建者描述类的功能,创建这个类并告知用户如何使用这个类。类的用户并不需要知道类是如何实现的。实现的细节被封装并对用户隐藏,这就称为类的封装。在例 7-3 中,类的创建者定义好 Rectangle 类后,类的使用者就可以创建 Rectangle 对象直接调用 getArea 和 getPerimeter 来计算面积和周长,而并不需要知道面积和周长是如何计算的。同样在例 7-4 中,类的创建者定义好 Person 类后,使用者就可以创建 Person 对象,调用其中的方法来计算 BMI。

7.10.2 面向过程编程

在软件开发中有许多不同层次的抽象。在第 5 章我们已经学习了函数,函数也属于高级别的抽象,它就像一个提供某种功能的黑箱,使用者只需要了解它的功能,并不需要知道函数内部是如何实现的。当设计复杂程序的时候,可采用自顶向下、逐步求精的方法来实现。即便如此,传统的程序设计都是面向过程的,按照数据与操作分离的观点,以过程为中心展开的,在这种程序设计中,强调的是对数据的操作过程。

【例 7-13】 假设张三有一笔贷款,年利率为 5.75%,贷款年限为 30 年,贷款金额为 35 万元,根据下面公式计算每月还贷数和总还款数。

$$月供 = \frac{贷款数 \times 月利率}{1 - \frac{1}{(1 + 月利率)^{年限 \times 12}}}$$

$$总还款数 = 月供 \times 年限 \times 12$$

在面向过程的程序设计中,我们利用函数来实现。

程序代码:

#eg7_13.py

```
# coding = GBK
def month_total_Payment(year_Rate,years,loanAmount):          # 函数定义
    month_Rate = year_Rate/1200.0
    month_Payment = loanAmount * month_Rate/(1 - 1.0/(1 + month_Rate) * * (years * 12))
    total_Payment = month_Payment * years * 12
    return (month_Payment,total_Payment)

# 主程序
borrower = "张三"
year_Rate = 5.75                          # 年利润为 5.75%,赋值 5.75 即可
years = 30
loanAmount = 350000
(x,y) = month_total_Payment(year_Rate,years,loanAmount)
print "贷款人：",borrower
print "年利率：",str(year_Rate) + "%"
print "贷款年限：",years
print "贷款金额：",loanAmount
print "每月还贷数：","%.2f" % x
print "总还款数：","%.2f" % y
```

程序运行结果：

```
>>> ========================== RESTART ==============================
贷款人：张三
年利率：5.75%
贷款年限：30
贷款金额：350000
每月还贷数：2042.50
总还款数：735301.80
```

在函数 month_total_Payment()中，year_Rate 表示年利率，years 表示贷款年限，loanAmount 表示贷款金额，从年利率可以求得月利率 month_Rate,再根据公式求每月还贷数和总还款数。需要注意的是，这里约定如果年利率为 4.5%,则输入或赋值的时候只需要输入 4.5 即可,则月利率=年利率/1200。在主程序中,实现了根据张三的贷款情况调用函数 month_total_Payment()计算出每月还贷数和总还款额。

在这里，这笔贷款与张三相关联，我们用一条语句 borrower="张三"说明这笔贷款的主贷人是张三，也就是说，一笔贷款与某个贷款人相关联，如果利用面向过程的方法，就是创建不同的变量来存储贷款人的信息，但这种方法并不理想，因为这些值并不是紧耦合的，最理想的方法是将这些值捆绑在对象中，存储于数据域。

7.10.3 面向对象编程

基于对象概念来分析问题和设计解题方法就是面向对象编程，它是将数据和方法一起合并到对象中。面向过程方法的重点在设计函数上，面向对象设计的重点在对象和对象的操作上。

【例 7-14】 利用面向对象的方法实现贷款与贷款人的紧耦合，并计算例 7-13 中的每月还贷数和总还款数。

程序代码：

```python
#eg7_14_1.py
#coding = GBK
class Loan_Payment:
    def __init__(self,year_Rate,years,Amount,borrower):
        self.__year_Rate = year_Rate
        self.__years = years
        self.__Amount = Amount
        self.__borrower = borrower
    def month_total_Payment(self):
        m_Rate = self.getyear_Rate()/1200.0
        m_Payment = self.getAmount() * m_Rate/(1 - 1.0/(1 + m_Rate) ** (self.getyears() * 12))
        total_Payment = m_Payment * self.getyears() * 12
        return (m_Payment,total_Payment)
    def getyear_Rate(self):
        return self.__year_Rate
    def getyears(self):
        return self.__years
    def getAmount(self):
        return self.__Amount
    def getborrower(self):
        return self.__borrower
    def setyear_Rate(self,year_Rate):
        self.__year_Rate = year_Rate
    def setyears(self,years):
        self.__years = years
    def setloanAmount(self,Amount):
        self.__Amount = Amount
    def setborrower(self,borrower):
        self.__borrower = borrower

#主程序
year_Rate = 5.75                          #年利润为5.75%,赋值5.75即可
years = 30
Amount = 350000
borrower = "张三"
Loan1 = Loan_Payment(year_Rate,years,Amount,borrower)
(x,y) = Loan1.month_total_Payment()
print "贷款人：",Loan1.getborrower()
print "年利率：",str(Loan1.getyear_Rate()) + "%"
print "贷款年限：",Loan1.getyears()
print "贷款金额：",Loan1.getAmount()
print "每月还贷数：","%.2f" % x
print "总还款数：","%.2f" % y
```

程序运行结果：

```
>>> ========================= RESTART =============================
贷款人：张三
年利率：5.75%
```

贷款年限: 30
贷款金额: 350000
每月还贷数: 2042.50
总还款数: 735301.80

但是,我们的程序通常是写成如下形式:

```python
# eg7_14_2.py
# coding = GBK
class Loan_Payment:
    def __init__(self,year_Rate,years,Amount,borrower):
        self.__year_Rate = year_Rate
        self.__years = years
        self.__Amount = Amount
        self.__borrower = borrower
    def month_total_Payment(self):
        m_Rate = self.getyear_Rate()/1200.0
        m_Payment = self.getAmount() * m_Rate/(1 - 1.0/(1 + m_Rate) * * (self.getyears() * 12))
        total_Payment = m_Payment * self.getyears() * 12
        return (m_Payment,total_Payment)
    def getyear_Rate(self):
        return self.__year_Rate
    def getyears(self):
        return self.__years
    def getAmount(self):
        return self.__Amount
    def getborrower(self):
        return self.__borrower
    def setyear_Rate(self,year_Rate):
        self.__year_Rate = year_Rate
    def setyears(self,years):
        self.__years = years
    def setloanAmount(self,Amount):
        self.__Amount = Amount
    def setborrower(self,borrower):
        self.__borrower = borrower

def main():
    year_Rate = 5.75                        # 年利润为 5.75%,赋值 5.75 即可
    years = 30
    Amount = 350000
    borrower = "张三"
    Loan1 = Loan_Payment(year_Rate,years,Amount,borrower)
    (x,y) = Loan1.month_total_Payment()
    print "贷款人: ",Loan1.getborrower()
    print "年利率: ",str(Loan1.getyear_Rate()) + "%"
    print "贷款年限: ",Loan1.getyears()
    print "贷款金额: ",Loan1.getAmount()
    print "每月还贷数: ","%.2f" % x
    print "总还款数: ","%.2f" % y
```

```
if __name__ == "__main__":
    main()
```

eg7_14_1.py 和 eg7_14_2.py 的运行结果是一致的。但是程序为什么通常写成如 eg7_14_2.py 的形式呢？Python 中 if __name__ = '__main__' 的作用是什么呢？是让你写的脚本模块既可以导入到别的模块中使用，另外该模块自己也可执行。

【例 7-15】 分析如下程序代码，比较运行结果，正确理解 if __name__ = '__main__' 的作用。

程序代码：

```
# eg7_15_1.py
# coding = GBK
from eg7_14_1 import Loan_Payment

def main():
    year_Rate = 5.75            # 年利润为 5.75%，赋值 5.75 即可
    years = 20
    Amount = 400000
    borrower = "李四"
    Loan1 = Loan_Payment(year_Rate,years,Amount,borrower)
    (x,y) = Loan1.month_total_Payment()
    print "贷款人：",Loan1.getborrower()
    print "年利率：",str(Loan1.getyear_Rate()) + "%"
    print "贷款年限：",Loan1.getyears()
    print "贷款金额：",Loan1.getAmount()
    print "每月还贷数：","," "%.2f" % x
    print "总还款数：","," "%.2f" % y

if __name__ == "__main__":
    main()
```

程序运行结果：

```
>>> ========================= RESTART =============================
贷款人：张三
年利率：5.75%
贷款年限：30
贷款金额：350000
每月还贷数：2042.50
总还款数：735301.80
贷款人：李四
年利率：5.75%
贷款年限：20
贷款金额：400000
每月还贷数：2808.33
总还款数：674000.17
```

```
# eg7_15_2.py
# coding = GBK
from eg7_14_2 import Loan_Payment
```

```
def main():
    year_Rate = 5.75                    #年利润为5.75%,赋值5.75即可
    years = 20
    Amount = 400000
    borrower = "李四"
    Loan1 = Loan_Payment(year_Rate,years,Amount,borrower)
    (x,y) = Loan1.month_total_Payment()
    print "贷款人：",Loan1.getborrower()
    print "年利率：",str(Loan1.getyear_Rate()) + "%"
    print "贷款年限：",Loan1.getyears()
    print "贷款金额：",Loan1.getAmount()
    print "每月还贷数：","%.2f" % x
    print "总还款数：","%.2f" % y

if __name__ == "__main__":
    main()
```

程序运行结果：

```
>>> =========================== RESTART ===========================
贷款人：李四
年利率：5.75%
贷款年限：20
贷款金额：400000
每月还贷数：2808.33
总还款数：674000.17
```

eg7_15_1.py 中从 eg7_14_1.py 中导入 Loan_Payment 来计算李四的贷款情况，结果把张三和李四的贷款情况都打印出来了；eg7_15_2.py 中从 eg7_14_2.py 中导入 Loan_Payment 计算李四的贷款情况，结果只把李四的贷款情况打印出来。也就是说，从 eg7_14_1.py 中导入 Loan_Payment 就会连主程序的代码一并执行；而从 eg7_14_2.py 中导入 Loan_Payment 没有显示张三的贷款情况，即 if __name__ == '__main__' 下面的函数没有执行。这样既可以让"模块"文件运行，也可以被其他模块引入，而且不会执行函数两次。

7.11 本章小结

本章主要介绍了类的定义、类的属性和方法、运算符的重载以及面向过程和面向对象的程序设计方法。类是客观世界中事物的抽象，是一种广义的数据类型，对象是类实例化后的变量。Python 中使用 class 保留字来定义类，类名的首字母一般要大写。类的属性有两种：类属性和实例属性；在类属性中，以__(两个下画线)开头的是私有属性。类的方法有三种：公有方法、私有方法和静态方法。类的构造函数是 __init__，析构函数是 __del__。数字、字符串、元组是不可变对象，列表、字典是可变对象。在类中为了避免在客户端直接修改数据，经常会提供 get 和 set 方法。在 Python 中通过运算符的重载来实现对象之间的运算，每个运算符都对应一个函数。类的抽象是指类的实现和类的使用相分离，类的用户并不知道类是如何实现的，实现细节对用户隐藏，这就被称为类的封装。面向过程的程序设计方法是按照数据与操作分离的观点，以过程为中心展开，强调的是对数据的操作过程，设计的重点在设

计函数上；面向对象程序设计的重点在对象和对象的操作上。

习题 7

1. 设计一个 Circle 类来表示圆，这个类包含圆的半径以及求面积和周长的函数。再使用这个类创建半径为 1~10 的圆，并计算出相应的面积和周长。运行结果如下：

```
>>> ========================== RESTART ==============================
半径为 1 的圆,面积: 3.14 周长: 6.28
半径为 2 的圆,面积: 12.57 周长: 12.57
半径为 3 的圆,面积: 28.27 周长: 18.85
半径为 4 的圆,面积: 50.27 周长: 25.13
半径为 5 的圆,面积: 78.54 周长: 31.42
半径为 6 的圆,面积: 113.10 周长: 37.70
半径为 7 的圆,面积: 153.94 周长: 43.98
半径为 8 的圆,面积: 201.06 周长: 50.27
半径为 9 的圆,面积: 254.47 周长: 56.55
半径为 10 的圆,面积: 314.16 周长: 62.83
```

2. 阅读下列程序，写出运行结果，并说明理由。

```
#test7_2.py
#coding = GBK
def fun(x,L = [9]):
    x = 3
    L.append(8)
    print "inside fun,x,L:",x,L

#主程序
x = 5
L = [4,1]
fun(x)
print "x,L:",x,L
fun(x,L)
print "x,L:",x,L
```

3. 设计一个 Account 类表示账户，自行设计该类中的属性和方法，并利用这个类创建一个账号为 998866，余额为 2000，年利率为 4.5% 的账户，然后从该账户中存入 150，取出 1500。打印出账号、余额、年利率、月利率、月息。

4. 设计一个 Timer 类，该类包括：表示小时、分、秒的三个数据域，三个数据域各自的 get 方法，设置新时间和显示时间的方法。用当前时间创建一个 Timer 类并显示出来。

5. 利用 Rational 类，计算表达式 $1+\dfrac{1}{3}+\dfrac{1}{5}+\dfrac{1}{7}+\cdots+\dfrac{1}{15}$ 的值。按如下形式输出结果。

程序运行结果：

```
>>> ========================== RESTART ==============================
1 = 1
```

```
1 + 1/3 = 4/3 = 1.33333333333
1 + 1/3 + 1/5 = 23/15 = 1.53333333333
1 + 1/3 + 1/5 + 1/7 = 176/105 = 1.67619047619
1 + 1/3 + 1/5 + 1/7 + 1/9 = 563/315 = 1.7873015873
1 + 1/3 + 1/5 + 1/7 + 1/9 + 1/11 = 6508/3465 = 1.87821067821
1 + 1/3 + 1/5 + 1/7 + 1/9 + 1/11 + 1/13 = 88069/45045 = 1.95513375513
1 + 1/3 + 1/5 + 1/7 + 1/9 + 1/11 + 1/13 + 1/15 = 91072/45045 = 2.0218004218
```

第8章 类的重用

本章学习目标
- 熟练掌握类的组合
- 熟练掌握类的继承

本章介绍面向对象中两种重要的重用技术：组合与继承。先向读者介绍类重用的必要性，然后介绍类的继承方法，最后介绍类的组合。

8.1 类的重用方法

代码重用是软件工程的重要目标之一。类的重用是面向对象的核心内容之一。类的重用技术通过创建新类来复用已有的代码，而不必从头开始编写，可以使用系统标准类库、开源项目中的类库、自定义类等已经调试好的类，从而降低工作量并减少错误的可能性。

类的设计中主要有两种重用方法：类的继承与类的组合。类的继承是指在现有类的基础上创建新类，在新类中添加代码，以扩展原有类的属性（数据成员）和方法（成员函数）。类的组合是指在新创建的类中包含有已有类的对象作为其属性。

8.2 类的继承

继承的出发点在于一些类存在相似点，这些相似点可以被提取出来构成一个基类，基类中的代码通过继承可以在其他类中重用。继承是在一个被作为父类（或称为基类）的基础上扩展新的属性和方法来实现的。父类定义了公共的属性和方法，继承父类的子类自动具备父类中的非私有属性和非私有方法，不需要重新定义父类中的非私有内容，并且可以增加新的属性和方法。

在 Python 语言中，object 类是所有类的最终父类，所有类最顶层的根都是 object 类。在程序中创建一个类时，除非明确指定父类，否则默认从 Python 的根类 object 继承。

有别于 Java 只支持单继承，Python 与 C++ 一样支持多继承。也就是说，Python 中的一个类可以有多个父类，同时从多个父类中继承所有特性。

8.2.1 父类与子类

在详细介绍继承之前，先给出父类与子类的定义。

父类是指被直接或间接继承的类。Python中类object是所有类的直接或间接父类。

在继承关系中,继承者是被继承者的子类。子类继承所有祖先的非私有属性和非私有方法,子类也可以增加新的属性和方法,子类也可以通过重定义来覆盖从父类继承而来的方法。

在如图8.1所示的继承关系中,类Product是一个父类,具备Computer、MobilePhone、TFCard等类的共同特征。Computer、MobilePhone、TFCard三个类都是类Product的子类,它们继承了Product的共同特征。Python支持多重继承,也就是一个子类可以有多个父类。在图8.1中,类SmartMobilePhone有两个父类,分别为Computer、MobilePhone,因此它同时具备Computer和MobilePhone的特征。

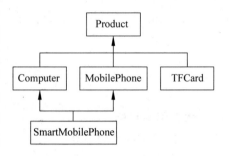

图8.1 子类与父类的继承关系

在继承关系中,子类和父类是一种"is a"的关系,这种关系可以作为判断继承关系的一个基准。

8.2.2 继承的语法

类的继承关系体现在类定义的语法中:

```
class ChildClassName(ParentClassName1[,ParentClassName2[,ParentClassName3, …]]):
    #类体或pass语句
```

子类ChildClassName从小括号中的父类派生,继承父类的非私有属性和非私有方法。如果小括号中没有内容,则表示从object类派生。如果只是给出一个定义,尚没有定义类体时,使用pass语句代替类体。

产品Product的属性包括:

(1) 产品编号(ID)。

(2) 名称(name)。

(3) 颜色(color)。

(4) 价格(price)。

(5) 重量(weight)。

计算机Computer除具有产品Product所具有的基本属性外,还有如下属性:

(1) 内存(memory)。

(2) 硬盘(disk)。

(3) 中央处理器(CPU)。

手机MobilePhone类除具有产品Product类所具有的基本属性外,还具有如下属性:

(1) 第几代手机(generation)。

(2) 网络制式(networkstandard)。

智能手机SmartMobilePhone类既具有手机MobilePhone类的特征,也具有计算机Computer类的特征,另外还具有如下特征:

(1) 前置摄像头像素(frontCamera)。

(2) 后置摄像头像素(rearCamera)。

(3) 是否支持 wifi 热点(wifiHotSupport)。

这几个类的关系如图 8.1 所示。

【例 8-1】 根据图 8.1 中的关系，创建 Product、Computer 和 MobilePhone 三个类，实现继承关系。

程序代码：

```python
#eg8_1.py
# -*- coding: gbk -*-
class Product(object):
    id = 0
    def __init__(self, name, color, price, weight):
        Product.id = Product.id + 1
        self.name = name
        self.color = color
        self.price = price
        self.weight = weight
        print 'A product has been created. The ID is ' + str(Product.id)

    def setPrice(self, price):
        self.price = price

    def getPrice(self):
        return self.price

class Computer(Product):
    def __init__(self, name, color, price, weight, memory, disk, processor):
        super(Computer,self).__init__(name, color, price, weight)
        self.memory = memory
        self.disk = disk
        self.processor = processor
        print 'A computer has been created. the name is ', name

class MobilePhone(Product):
    def __init__(self,name,color,price,weight,generation,networkstandard):
        super(MobilePhone,self).__init__(name,color,price,weight)
        self.generation = generation
        self.networkstandard = networkstandard
        print 'A MobilePhone has been created. the name is ', name

def main():
    c = Computer("联想笔记本电脑",'Black',5800,'2kg','4096K','128G','Intel')
    m = MobilePhone("Nokia",'Black',600,'0.3kg','4G','TD-SCDMA')
    print "产品名称："+ c.name +",产品价格："+ str(c.getPrice())
    print "产品名称："+ m.name +",产品价格："+ str(m.getPrice())

if __name__ == "__main__":
    main()
```

程序运行结果：

```
>>> ========================== RESTART ==========================
A product has been created. The ID is 1
A computer has been created. the name is 联想笔记本电脑
A product has been created. The ID is 2
A MobilePhone has been created. the name is Nokia
产品名称：联想笔记本电脑,产品价格：5800
产品名称：Nokia,产品价格：600
```

8.2.3 子类继承父类的属性

子类继承父类中的非私有属性，但不能继承父类的私有属性，也无法在子类中访问父类的私有属性。子类只能通过父类中的公有方法访问父类中的私有属性。

【例 8-2】 非私有属性的继承与私有属性的访问方式示例。

程序代码：

```python
#eg8_2.py
#coding = gbk
class Product(object):
    id = 0
    def __init__(self,name,color,price):
        Product.id = Product.id + 1
        self.name = name
        self.color = color
        self.__price = price

    def setPrice(self,price):
        self.__price = price

    def getPrice(self):
        return self.__price

class MobilePhone(Product):
    def __init__(self,name,color,price,networkstandard):
        super(MobilePhone,self).__init__(name,color,price)
        self.networkstandard = networkstandard

        #继承了父类中的公共属性,可以直接访问
        print 'A MobilePhone has been created. the name is', self.name

        #继承父类中的类变量,可以直接访问
        print '产品编号：' + str(self.__class__.id)

        #无法继承父类中的私有属性,不能在子类中直接访问
        # print 'The price is ' + str(self.__price)

        #可以通过父类中的公有方法访问私有属性
        print 'The price is ' + str(self.getPrice())
```

```
def main():
    m = MobilePhone("Nokia",'Black',600,'TD-SCDMA')
    print "产品名称: " + m.name + ",产品价格: " + str(m.getPrice())
    print MobilePhone.id                    #调用从父类中继承的类变量

if __name__ == "__main__":
    main()
```

程序运行结果：

```
>>> ========================== RESTART ==========================
A MobilePhone has been created. the name is Nokia
产品编号: 1
The price is 600
产品名称: Nokia,产品价格: 600
1
```

如果父类与子类同时定义了名称相同的属性名称，那么父类中的属性在子类中将被覆盖。

【例 8-3】 父类与子类中名称相同的属性名称访问示例。

程序代码：

```
#eg8_3.py
#coding = gbk
class Product(object):
    id = 0
    def __init__(self,name,price):
        Product.id = Product.id + 1
        self.name = name
        self.color = 'The color defined in the parent class.'
        self.__price = price

    def setPrice(self,price):
        self.__price = price

    def getPrice(self):
        return self.__price

class MobilePhone(Product):
    def __init__(self,name,price,networkstandard):
        super(MobilePhone,self).__init__(name,price)
        self.networkstandard = networkstandard
        #子类中的属性 color 覆盖父类中的同名的属性
        self.color = 'The color defined in the sub class.'

        #继承了父类中的公共属性,可以直接访问
        print 'A MobilePhone has been created. the name is', self.name

        #继承父类中的类变量,可以直接访问
        print '产品编号: ' + str(self.__class__.id)
```

```
            #无法继承父类中的私有属性,不能在子类中直接访问
            #print 'The price is ' + str(self.__price)

            #可以通过父类中的公有方法访问私有属性
            print 'The price is ' + str(self.getPrice())

def main():
    m = MobilePhone("Nokia",600,'TD - SCDMA')
    print "产品名称: " + m.name + ",产品价格: " + str(m.getPrice())
    print m.color                           #调用子类中的属性
    print MobilePhone.id                    #调用从父类中继承的类变量

if __name__ == "__main__":
    main()
```

其中,子类 MobilePhone 中的属性 color 覆盖了父类 Product 中的属性 color。
程序运行结果:

```
>>> ========================= RESTART =========================
A MobilePhone has been created. the name is Nokia
产品编号: 1
The price is 600
产品名称: Nokia,产品价格: 600
The color defined in the sub class.
1
```

8.2.4 子类继承父类的方法

子类继承父类中的非私有方法,不能继承私有方法。

【例 8-4】 非私有方法的继承示例。

程序代码:

```
#eg8_4.py
#coding = gbk
class Product(object):
    id = 0
    def __init__(self,name,price):
        Product.id = Product.id + 1
        self.name = name
        self.color = 'The color defined in the parent class.'
        self.__price = price

    def setPrice(self,price):
        self.__price = price

    def getPrice(self):
        return self.__price

    @staticmethod                #声明静态,去掉则编译报错;静态方法不能访问类变量和实例变量
```

```python
    def testStaticMethod():                    #使用了静态方法,则不能再使用self
        print "The static method is called."

    @classmethod                               #类方法
    def testClassMethod(cls):
        print("The class method is called.")


class MobilePhone(Product):
    def __init__(self,name,price,networkstandard):
        super(MobilePhone,self).__init__(name,price)
        self.networkstandard = networkstandard
        #子类中的属性color覆盖父类中的同名的属性
        self.color = 'The color defined in the sub class.'

        #继承了父类中的公共属性,可以直接访问
        print 'A MobilePhone has been created. the name is', self.name

        #无法继承父类中的私有属性,不能在子类中直接访问
        #print 'The price is ' + str(self.__price)

        #可以通过父类中的公有方法访问私有属性
        print 'The price is ' + str(self.getPrice())

        self.testStaticMethod()
        self.testClassMethod()

def main():
    m = MobilePhone("Nokia",600,'TD-SCDMA')
    print "产品名称:" + m.name + ",产品价格:" + str(m.getPrice())
    print m.color                              #调用子类中的属性
    MobilePhone.testStaticMethod()
    MobilePhone.testClassMethod()

if __name__ == "__main__":
    main()
```

程序运行结果:

```
>>> ========================= RESTART =========================
A MobilePhone has been created. the name is Nokia
The price is 600
The static method is called.
The class method is called.
产品名称:Nokia,产品价格:600
The color defined in the sub class.
The static method is called.
The class method is called.
```

当子类中定义了与父类中同名的方法时,子类中的方法将覆盖父类中的同名方法,也就是重写了父类中的同名方法。

【例 8-5】 子类覆盖父类中的同名方法示例。

程序代码：

```python
# eg8_5.py
# coding = gbk
class Product(object):
    id = 0
    def __init__(self, name, price):
        Product.id = Product.id + 1
        self.name = name
        self.color = 'The color defined in the parent class.'
        self.__price = price

    def setPrice(self, price):
        self.__price = price

    def getPrice(self):
        return self.__price

    def totalPrice(self, number):
        print 'The totalPrice method in the parent class is called.'

    @staticmethod                    # 声明静态,去掉则编译报错；静态方法不能访问类变量和实例变量
    def testStaticMethod():          # 使用了静态方法,则不能再使用 self
        print "The static method is called."

    @classmethod                     # 类方法
    def testClassMethod(cls):
        print("The class method is called.")

class MobilePhone(Product):
    def __init__(self, name, price, networkstandard):
        super(MobilePhone, self).__init__(name, price)
        self.networkstandard = networkstandard
        # 子类中的属性 color 覆盖父类中的同名的属性
        self.color = 'The color defined in the sub class.'

        # 继承了父类中的公共属性,可以直接访问
        print 'A MobilePhone has been created. the name is', self.name

        # 无法继承父类中的私有属性,不能在子类中直接访问
        # print 'The price is ' + str(self.__price)

        # 可以通过父类中的公有方法访问私有属性
        print 'The price is ' + str(self.getPrice())

        self.testStaticMethod()
        self.testClassMethod()

    def totalPrice(self, number):
```

```
        print 'The totalPrice method in the sub class is called.'

def main():
    m = MobilePhone("Nokia",600,'TD-SCDMA')
    print "产品名称:" + m.name + ",产品价格:" + str(m.getPrice())
    print m.color                           #调用子类中的属性
    MobilePhone.testStaticMethod()
    MobilePhone.testClassMethod()
    m.totalPrice(2)

if __name__ == "__main__":
    main()
```

程序运行结果:

```
>>> =========================== RESTART ===========================
A MobilePhone has been created. the name is Nokia
The price is 600
The static method is called.
The class method is called.
产品名称:Nokia,产品价格:600
The color defined in the sub class.
The static method is called.
The class method is called.
The totalPrice method in the sub class is called.
```

从运行结果的最后一行来看,调用子类对象的同名方法时,执行的是子类中的方法,而不是父类中的同名方法。

如果需要在子类中调用父类中同名的方法,可以采用如下格式:

super(子类类名,self).方法名称(参数)

如例 8-5 中子类 MobilePhone 的方法中需要调用父类 Product 中的 totalPrice 方法,需要采用如下格式:

super(MobilePhone,self).totalPrice(2)

8.2.5 继承关系下的构造方法

在 Python 的继承关系中,如果子类的构造方法没有覆盖父类的构造方法__init__(),则在创建子类对象时,默认执行父类的构造方法。

【例 8-6】 子类继承父类的默认构造方法示例。

程序代码:

```
#eg8_6.py
#coding=gbk
class Product(object):
    id = 0
    def __init__(self):
        Product.id = Product.id + 1
```

```
        print '执行 Product 类的构造方法'

class MobilePhone(Product):
    def test(self):
        print '执行 MobilePhone 类中的普通方法'

def main():
    m = MobilePhone()
    m.test()

if __name__ == "__main__":
    main()
```

程序运行结果：

```
>>> ============================ RESTART ============================
执行 Product 类的构造方法
执行 MobilePhone 类中的普通方法
```

父类 Product 有一个构造方法 __init__(self)，子类 MobilePhone 继承父类 Product 且没有重写构造方法，因此在创建 Product 对象时，调用父类的默认构造方法 __init__(self)。

当子类中的构造方法 __init__() 覆盖了父类中的构造方法时，创建子类对象时，执行子类中的构造方法，不会自动调用父类中的构造方法。

【例 8-7】 子类覆盖父类的构造方法示例。

程序代码：

```
# eg8_7.py
# coding = gbk
class Product(object):
    id = 0
    def __init__(self):
        Product.id = Product.id + 1
        print '执行 Product 类的构造方法'

class MobilePhone(Product):
    def __init__(self):
        print '执行 MobilePhone 类的构造方法'

    def test(self):
        print '执行 MobilePhone 类中的普通方法'

def main():
    m1 = MobilePhone()
    m1.test()

if __name__ == "__main__":
    main()
```

程序运行结果：

```
>>> ============================ RESTART ============================
```

执行 MobilePhone 类的构造方法
执行 MobilePhone 类中的普通方法

在例 8-7 中，创建 MobilePhone 的对象时，执行子类 MobilePhone 中的构造方法 __init__(self)，而父类 Product 中的构造方法不会得到执行。

子类的构造方法可以调用父类的构造方法。在 Java 语言中，如果子类的构造方法中没有明确调用父类的构造方法，编译器会自动插入对父类构造方法的调用，调用其无参的构造方法。在 Python 语言中，编译器不会自动插入对父类构造方法的调用。如果需要调用父类的构造方法，必须在子类的构造方法中明确写出调用语句。

【例 8-8】 子类的构造方法调用父类的构造方法示例。

程序代码：

```
# eg8_8.py
# coding = gbk
class Product(object):
    id = 0
    def __init__(self):
        Product.id = Product.id + 1
        print '执行 Product 类的构造方法'

class MobilePhone(Product):
    def __init__(self):
        super(MobilePhone,self).__init__()    # 调用父类构造方法
        print '执行 MobilePhone 类的构造方法'

    def test(self):
        print '执行 MobilePhone 类中的普通方法'

def main():
    m = MobilePhone()
    m.test()

if __name__ == "__main__":
    main()
```

程序运行结果：

```
>>> ========================= RESTART =============================
执行 Product 类的构造方法
执行 MobilePhone 类的构造方法
执行 MobilePhone 类中的普通方法
```

在例 8-8 中，子类 MobilePhone 的构造方法调用父类 Product 中的构造方法。
有两种方法调用父类的构造方法：
（1）父类名.__init__(self,其他参数)
（2）super(本子类名，self)__init__(其他参数)
注意，这里的其他参数是指构造方法定义时列出的除 self 以外的参数。

8.2.6 多重继承

在阐述多重继承的相关问题之前,需要先了解一下 Python 中的经典类与新式类的区别。Python 2.2 之前支持的类称为经典类。从 Python 2.2 开始引入了新式类。经典类在 Python 2.7 中依然得到支持,但是在 Python 3 以后的版本中只支持新式类。

在经典类中,如果没有为一个类指定父类,则该类默认没有父类。在新式类中,如果没有为一个类指定父类,则该类默认派生自 object 类。

【例 8-9】 经典类示例。

程序代码:

```
# eg8_9.py
# 经典类
class Product():
    pass
```

在例 8-9 中,没有为 Product 类指明基类,则类 Product 不会默认从 object 类派生。

【例 8-10】 新式类示例。

程序代码:

```
# eg8_10.py
# 新式类
class Product(object):
    pass
```

在例 8-10 中,为 Product 类指明了基类为 object 类。

在多重继承的情况下,经典类采用从左到右的深度优先搜索算法寻找相应的属性或方法。而在新式类中采用 C3 算法(类似于广度优先搜索算法)进行匹配。

为什么在新版本中要推出新式类呢?因为经典类中使用多重继承可能导致继承树中的方法查询绕过直接父类,执行更高层次父类中的方法。

【例 8-11】 经典类继承关系中的方法搜索示例。

程序代码:

```
# eg8_11.py
# -*- coding: gbk -*-
class Product():                         # 经典类
    def testClassicalClass(self):
        print '执行 Product 类中的 testClassicalClass()方法'

class Computer(Product):
    def testMethod(self):
        print '执行 Computer 类中的 testMethod()方法'

class MobilePhone(Product):
    def testClassicalClass(self):
        print '执行 MobilePhone 类中的 testClassicalClass()方法'
```

```python
class SmartMobilePhone(Computer, MobilePhone):
    def testMethod(self):
        print '执行 SmartMobilePhone 类中的 testMethod()方法'

def main():
    s = SmartMobilePhone()
    s.testClassicalClass()

if __name__ == "__main__":
    main()
```

程序运行结果：

```
>>> ============================ RESTART ============================
执行 Product 类中的 testClassicalClass()方法
```

在例 8-11 中，在上述代码的经典类继承关系中，主程序创建了一个 SmartMobilePhone 类的对象，然后该对象调用 testClassicalClass()方法。然而该类中没有直接定义的 testClassicalClass()方法。根据经典类多重继承关系中的从左到右深度优先搜索算法原则，首先到类 SmartMobilePhone 的第一个父类 Computer 中搜索 testClassicalClass()方法，但类 Computer 中没有直接定义的方法 testClassicalClass()，因此继续搜索类 Computer 的父类 Product。在 Product 类中找到了方法 testClassicalClass()的定义。因此执行类 Product 中的方法 testClassicalClass()。而 SmartMobilePhone 的直接父类 MobilePhone 中所定义的方法 testClassicalClass()被跳过了，不会得到执行。

人们通常希望能够执行继承链上最近的方法。因此新版本中引入了新式类。

【例 8-12】 新式类继承关系中的方法搜索示例。

程序代码：

```python
# eg8_12.py
# -*- coding: gbk -*-
class Product(object):                    #新式类
    def testClassicalClass(self):
        print '执行 Product 类中的 testClassicalClass()方法'

class Computer(Product):
    def testMethod(self):
        print '执行 Computer 类中的 testMethod()方法'

class MobilePhone(Product):
    def testClassicalClass(self):
        print '执行 MobilePhone 类中的 testClassicalClass()方法'

class SmartMobilePhone(Computer, MobilePhone):
    def testMethod(self):
        print '执行 SmartMobilePhone 类中的 testMethod()方法'

def main():
    s = SmartMobilePhone()
    s.testClassicalClass()
```

```
if __name__ == "__main__":
    main()
```

程序运行结果：

```
>>> ========================= RESTART =========================
执行 MobilePhone 类中的 testClassicalClass()方法
```

在例 8-12 中，SmartMobilePhone 的对象 s 调用 testClassicalClass()方法，但类 SmartMobilePhone 中没有直接定义的方法 testClassicalClass()，因此在类 SmartMobilePhone 的所有父类 Computer 中 MobilePhone 从左到右搜索 testClassicalClass()方法，结果在类 MobilePhone 中找到了该方法的定义，然后执行该方法。

8.3 类的组合

类的组合（composition）是类的另一种重用方式。如果程序中的类需要使用一个其他对象，就可以使用类的组合方式。组合关系可以用"has-a"关系来表达，就是一个主类中包含其他对象。

在继承关系中，父类的内部细节对于子类来说在一定程度上是可见的。所以通过继承的代码复用可以说是一种"白盒式代码复用"。在组合关系中，对象之间各自的内部细节是不可见的，所以通过组合的代码复用可以说是一种"黑盒式代码复用"。

8.3.1 组合的语法

在 Python 中，一个类可以包含其他类的对象作为属性，这就是类的组合。

【例 8-13】 类组合的语法示例。

程序代码：

```python
# eg8_13.py
# coding = gbk
class Display(object):
    pass

class Memory(object):
    pass

class Disk(object):
    pass

class Processor(object):
    pass

class Computer(object):
    def __init__(self):
        self.display = Display()
        self.memory = Memory()
```

```
            self.disk = Disk()
            self.processor = Processor()

    def main():
        c = Computer()

    if __name__ == "__main__":
        main()
```

类 Computer 中包含 Display、Memory、Disk、Processor 四个类的对象。这四个类的对象也可以不依赖于 Computer 类独立创建。

在组合关系下有两种方法可以实现对象属性初始化：第一种方法是通过组合类构造方法传递被组合对象所属类的构造方法中的参数；第二种方法是在主程序中创建被组合类的对象，然后将这些对象传递给组合类。

【例 8-14】 用两种方法实现对象属性初始化。

程序代码：（第一种方法）

```
#eg8_14_1.py
#coding = gbk
class Display(object):
    def __init__(self,size):
        self.size = size

class Memory(object):
    def __init__(self,size):
        self.size = size

class Computer(object):
    def __init__(self,displaySize,memorySize):
        self.display = Display(displaySize)
        self.memory = Memory(memorySize)

def main():
    c = Computer(23,2048)

if __name__ == "__main__":
    main()
```

程序代码：（第二种方法）

```
#eg8_14_2.py
#coding = gbk
class Display(object):
    def __init__(self,size):
        self.size = size

class Memory(object):
    def __init__(self,size):
        self.size = size
```

```python
class Computer(object):
    def __init__(self,display,memory):
        self.display = display
        self.memory = memory

def main():
    display = Display(23)
    memory = Memory(2048)
    c = Computer(display,memory)

if __name__ == "__main__":
    main()
```

在第一种方法中,在 Computer 类的构造方法中分别将显示器尺寸 displaySize 和内存大小 memorySize 传递给两个组合对象所属类的构造方法,在组合类 Computer 中创建被组合的对象。

在第二种方法中,组合类的构造方法参数由两个被组合类的对象组成。因此,在主程序中需要预先创建被组合对象,然后将这些对象作为参数传递给组合类的构造函数,最终赋值给组合类的对象属性。

8.3.2 继承与组合的结合

在实际项目开发过程中,仅使用继承或组合中的一种技术难以满足实际需求,通常会将两种技术结合使用。

【例 8-15】 内存、显示器和计算机均属于一种产品,其中计算机需要显示器和内存。请用 Python 语言简要实现这些类及它们之间的关系。

实现上述功能的一种方案如下:

```python
#eg8_15.py
#coding=gbk
class Product(object):
    pass

class Display(Product):
    def __init__(self,size):
        self.size = size

class Memory(Product):
    def __init__(self,size):
        self.size = size

class Computer(Product):
    def __init__(self,display,memory):
        self.display = display
        self.memory = memory

def main():
    display = Display(23)
```

```
            memory = Memory(2048)
            c = Computer(display,memory)

        if __name__ == "__main__":
            main()
```

上述程序综合利用了继承和组合方法。其中，Display、Memory 和 Product 三个类继承自 Product 类，Computer 类组合了 Display 和 Memory 类。

8.4 本章小结

本章介绍了类的两种重用技术：继承与组合，分别以概念和实例的形式深入探讨了类的继承与组合。

习题 8

1. 请简要描述继承的概念，并说明子类能够继承哪些属性与方法。
2. 请简要说明组合的概念，并描述组合与继承的区别。
3. 自行设计一个实例并编写程序实现类的继承与组合。

第9章 异常处理

本章学习目标
- 掌握异常处理机制
- 了解 Python 中的异常类
- 熟练掌握自定义异常的方法

本章先向读者介绍异常处理机制,再介绍异常处理的语法,最后介绍自定义异常的方法。

9.1 异常

Python 提供了异常和断言来处理程序在运行过程中出现的异常和错误。程序员可以利用该功能来捕捉 Python 程序的异常。异常是在程序执行过程中发生的影响程序正常执行的一个事件。异常是 Python 对象,当 Python 无法正常处理程序时就会抛出一个异常。一旦 Python 脚本发生异常,程序需要捕获并处理它,否则程序会终止执行。异常处理使程序能够处理完异常后继续它的正常执行,不至于使程序因异常导致退出或崩溃。

下面来看一个引例:

```
# yl9_1.py
# coding = gbk
price = float(raw_input("请输入价格:"))
print '价格为:%5.2f'   % price
```

程序运行结果:

```
>>> ============================== RESTART ==============================
请输入价格: x
Traceback (most recent call last):
  File "c:\test\yl9_1.py", line 3, in <module>
    price = float(raw_input("请输入价格:"))
ValueError: could not convert string to float: x
```

在上述程序中,用户输入了一个非数字,那么程序会报告 ValueError。这个冗长的错误信息被称为堆栈回溯或回溯。通过回溯信息,可以追溯到导致错误的函数调用,从而找到导致错误的语句信息。在错误回溯信息中,可以找到错误所在的行号。

如何处理这个异常,防止程序因为异常而中断?本节先给出一个实例,让读者体会异常处理的作用。

```
# yl9_2.py
# coding = gbk
while True:
    try:
        price = float(raw_input("请输入价格: "))
        print '价格为:%5.2f' % price
        break
    except ValueError:
        print '您输入的不是数字。'
```

程序运行结果:

```
>>> ================================ RESTART ================================
请输入价格: x
您输入的不是数字。
请输入价格: y
您输入的不是数字。
请输入价格: 12.989
价格为:12.99
```

上述程序运行时,当在提示符下输入非数字时,float()函数将产生一个 ValueError 异常。try 块中检测到 ValueError 异常后,终止 try 中后续代码的执行,转而执行异常处理代码,也就是执行 except ValueError 语句后面的代码。处理完异常后,继续从 while 语句的开始部分执行。只要输入的是非数字,float()函数都将产生 ValueError 异常,break 语句不会执行,循环一直继续,程序反复要求用户输入正确的数字。

直到用户输入正确的数字后,float()函数不会抛出 ValueError 异常,try 模块中的代码继续往下执行,直到执行 break 语句后,退出 while 循环。

9.2 Python 中的异常类

Python 程序出现异常时将抛出一个异常类的对象。如图 9.1 所示,Python 中所有异常类的根类是 BaseException 类,它们都是 BaseException 的直接或间接子类。大部分常规异常类的基类是 Exception 的子类。

不管程序是否正常退出,都将引发 SystemExit 异常。例如,在代码中的某个位置调用了 sys.exit()函数时,将触发 SystemExit 异常。利用这个异常,可以阻止程序退出或让用户确认是否真的需要退出程序。

KeyboardInterrupt 异常是因用户按下 Ctrl+C 组合键来终止命令行程序而触发。

表 9.1 列出了 Python 中内置的标准异常。自定义异常类继承自这些标准异常。

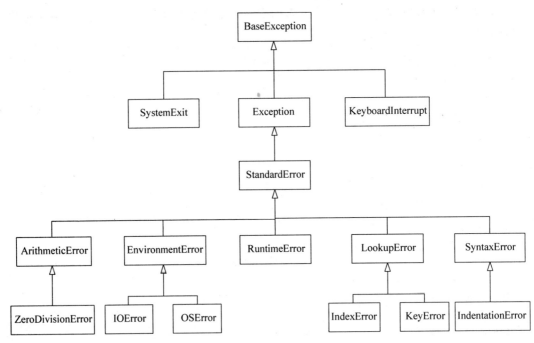

图 9.1　异常类的继承关系

表 9.1　Python 的内置标准异常类

异常名称	描述
BaseException	所有异常类的直接或间接基类
SystemExit	程序请求退出时抛出的异常
KeyboardInterrupt	用户中断执行（通常是按下 Ctrl＋C 组合键）时抛出
Exception	常规错误的直接或间接基类
StopIteration	迭代器没有更多的值
GeneratorExit	生成器发生异常，通知退出
StandardError	内建标准异常的基类
ArithmeticError	所有数值计算错误的基类
FloatingPointError	浮点运算错误
OverflowError	数值运算超出最大限制
ZeroDivisionError	除零导致的异常
AssertionError	断言语句失败
AttributeError	对象没有这个属性
EOFError	到达 EOF 标记
EnvironmentError	操作系统错误的基类
IOError	输入/输出失败
OSError	操作系统错误
WindowsError	操作系统调用失败
ImportError	导入模块/对象失败
LookupError	LookupError 异常是索引、值不存在引发的异常，是 IndexError、KeyError 的基类

续表

异 常 名 称	描　　述
IndexError	序列中没有此索引
KeyError	映射中没有这个键
MemoryError	内存溢出错误
NameError	未声明、未初始化对象
UnboundLocalError	访问未初始化的本地变量
ReferenceError	若引用试图访问已经作为垃圾回收了的对象
RuntimeError	一般的运行时错误
NotImplementedError	尚未实现的方法
SyntaxError	Python 语法错误
IndentationError	缩进错误
TabError	Tab 和空格混用
SystemError	一般的解释器系统错误
TypeError	对类型无效的操作
ValueError	传入无效的参数
UnicodeError	Unicode 相关的错误
UnicodeDecodeError	Unicode 解码时的错误
UnicodeEncodeError	Unicode 编码时的错误
UnicodeTranslateError	Unicode 转换时的错误
Warning	警告的基类
DeprecationWarning	被弃用的特征的警告
FutureWarning	关于构造将来语义会有改变的警告
OverflowWarning	自动提升为长整型的警告
PendingDeprecationWarning	特性将会被废弃的警告
RuntimeWarning	可疑的运行时行为的警告
SyntaxWarning	可疑的语法警告
UserWarning	用户代码生成警告

9.3　捕获与处理异常

　　try/except 语句用来检测 try 语句块中的异常，让 except 语句捕获异常信息并处理。如果不想在异常发生时结束程序，只需要在 try 里捕获它，并在 except 中处理捕获到的异常。

　　捕获与处理异常的语法如下：

```
try:
    <可能出现异常的语句块>
except <异常类名字 name1 >:
    <异常处理语句块 1>              ＃如果在 try 部分引发了 name1 异常,则执行这部分语句
except <异常类名字 name2 >,<数据>:
    <异常处理语句块 2>              ＃如果引发了 name2 异常,则获得附加的数据
    …
except:
```

```
            <异常处理语句块 n>        # 如果引发了异常,但与上述异常都不匹配,执行此语句块
        else:
            <else 语句块>            # 如果没有上述所列的异常发生,执行 else 语句块
        finally:
            <始终执行的语句块>
```

try 中的语句块先执行。如果 try 语句块中的某一语句执行时发生异常,Python 就跳到 except 部分,从上到下判断抛出的异常对象是否与 except 后面的异常类相匹配,并执行第一个匹配该异常的 except 后面的语句块,异常处理完毕。

如果异常发生了,但是没有找到匹配的异常类别,则执行不带任何匹配类型的 except 语句后面的语句块,异常处理完毕。

如果 try 语句块的某一语句里发生了异常,却没有匹配的 except 子句,也没有不带匹配类型的 except 部分,则异常将往上被递交到上一层的 try/catch 语句进行异常处理,或者直到将异常传递给程序的最上层,从而结束程序。

如果 try 语句块中的任何语句在执行时没有发生异常,Python 将执行 else 语句后的语句块。

执行完 except 后的异常处理语句或 else 后面的语句块后,程序一定会执行 finally 后面的语句块。这里的语句块主要用来进行收尾操作,无论是否出现异常都将被执行。

一个异常处理模块至少有一个 try 和一个 except 语句块,else 和 finally 语句块是可选的。

【例 9-1】某公司有一台打印、复印一体机,需要将购买成本分年均摊到隔年的费用中。请编写一个程序,根据用户输入的购买金额和预计使用年限计算每年的分摊费用。要求对输入异常进行适当的处理。

一种可能的实现程序如下:

```
#eg9_1.py
#coding = gbk
try:
    x,y = input('请输入设备成本和分摊年数,以逗号分隔: ')
    z = x * 1.0/y
    print '每年分摊金额为 %.2f'% z
except ZeroDivisionError:
    print "发生异常,分摊年数不能为 0."
except:
    print '输入有误'
else:
    print "没有错误或异常"
finally:
    print '不管是否有异常发生,始终执行 finally 部分的语句'
```

如果在终端以正确的格式输入,则 except 后面的模块均不会执行,else 后的模块会得到执行,finally 后面的模块语句会执行。程序运行结果如下:

```
>>> ============================ RESTART ============================
请输入设备成本和分摊年数,以逗号分隔: 15,3
每年分摊金额为 5.00
```

没有错误或异常
不管是否有异常发生,始终执行 finally 部分的语句

如果在终端输入的除数为 0,则会检测到 ZeroDivisionError 异常对象,在 except ZeroDivisionError 之后的模块会得到执行来处理该异常。异常处理完成后,执行 finally 后面的语句块。程序运行结果如下:

```
>>> ============================ RESTART ============================
请输入设备成本和分摊年数,以逗号分隔: 15,0
发生异常,分摊年数不能为 0.
不管是否有异常发生,始终执行 finally 部分的语句
```

如果在终端只输入被除数,没有输入除数,则 try 模块中将抛出 TypeError 异常。在程序的异常处理 except 中没有列出该类型异常的处理程序模块,但是 TypeError 是 except 的子类,因此不带异常类型的 except 模块能够拦截该异常进行处理。异常处理结束后,finally 后面的语句也会得到执行。程序运行结果如下:

```
>>> ============================ RESTART ============================
请输入设备成本和分摊年数,以逗号分隔: 15
输入有误
不管是否有异常发生,始终执行 finally 部分的语句
```

9.4 自定义异常类

异常处理流程一般包括三个步骤:将可能产生异常的代码段放在 try 代码块中;出现特定情况时抛出(raise)异常;在 except 部分捕获并处理异常。本章前面部分案例使用的标准模块中的异常都是由系统自动抛出的,隐藏了异常抛出的步骤。

然而,仅仅使用标准模块中的异常类通常不能满足系统开发的需要,有时候需要自定义一些异常类,系统无法识别自定义的异常类,只能在程序中显式地使用 raise 抛出异常。可以通过扩展图 9.1 中 BaseException 类或其子类来创建自定义异常类。

如下程序清单给出了一个自定义类 InvalidNumberError,该类继承自类 ArithmeticError。

```python
# except_example.py
class InvalidNumberError(ArithmeticError):
    def __init__(self,num):
        super(InvalidNumberError,self).__init__()
        self.num = num

    def getNum(self):
        return self.num
```

修改例 9-1,这里重新给出一个例子。

【例 9-2】 某公司有一台打印、复印一体机,需要将购买成本分年均摊到隔年的费用中。请编写一个程序,根据用户输入的购买金额和预计使用年限计算每年的分摊费用。处理对输入异常进行处理外,当计算得到每年的分摊费用大于 10 时,抛出 InvalidNumberError,

并进行处理。

一种使用自定义异常类的可能解决方案如下：

```
# eg9_2.py
# coding = gbk
from except_example import InvalidNumberError

try:
    x, y = input('请输入设备成本和分摊年数,以逗号分隔: ')
    z = x * 1.0/y
    if z > 10 :
        raise InvalidNumberError(z)
    print '每年分摊金额为%.2f' % z
except ZeroDivisionError:
    print "发生异常,分摊年数不能为0."
except InvalidNumberError as ex:
    print '每年分摊的金额为%.2f 大于 10 了,请重新分配.' % ex.getNum()
except:
    print '输入有误'
```

程序的一种运行结果如下：

```
>>> ============================ RESTART ============================
请输入设备成本和分摊年数,以逗号分隔: 150,8
每年分摊的金额为18.75 大于10 了,请重新分配.
```

因为 InvalidNumberError 是一个自定义类，因此需要使用 raise 来显式地抛出异常。自定义异常的其他使用方法与标准模块中的异常类使用方法相同。

9.5 with 语句

Python 编译器对隐藏细节做了大量的工作，使得程序员只需要关心如何解决业务问题。with 语句是其中一个隐藏低层次抽象的方法。它在 Python 2.6 中开始引入，目的是简化类似于 try-except-finally 这样的代码。try-except-finally 通常用于保证资源的唯一分配，并在任务结束时释放资源，如线程资源、文件、数据库连接等。在这些场合下使用 with 语句将使代码更加简洁。

with 语句的语法如下：

```
with context - expression [as var]:
    with 语句块
```

有一 testwith.txt 文本文件的内容如图 9.2 所示。

为了读取、打印该文件中的所有内容，并确保程序在出现异常时也能正确关闭文件对象，使用 try-finally 的程序如 eg9_3_1.py 所示。

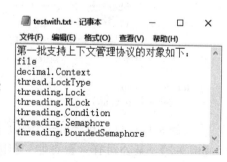

图 9.2　testwith.txt 文本文件的内容

```
#eg9_3_1.py
#coding = gbk
try:
    f = open('testwith.txt','r')
    for line in f:
        print line,
finally:
    f.close()
```

在程序 eg9_3_1.py 中,使用 try-finally 语句来确保当 try 语句块中出现异常时,f.close() 语句能够得到执行。如果采用 with 语句,程序结构将得到进一步的简化。使用 with 语句实现上述功能的一种方案如 eg9_3_2.py 所示。

```
#eg9_3_2.py
#coding = gbk
with open('testwith.txt','r') as f:
    for line in f:
        print line,
```

在程序 eg9_3_2.py 中,由于使用了 with 语句,不需要 try-finally 语句来确保文件对象的关闭。无论该程序是否出现异常,文件对象都将由系统自动关闭。

并不是所有的对象都支持 with 语句这一新的特性。只有支持上下文管理协议的对象才能使用 with 语句。第一批支持该协议的对象有 file、decimal.Context、thread.LockType、threading.Lock、threading.RLock、threading.Condition、threading.Semaphore、threading.BoundedSemaphore。

9.6 断言

断言从 Python 1.5 版本开始引入,是申明表达式为真的判定。如果表达式为假,则抛出异常。断言语句可以理解为 raise-if-not 语句,用来测试表示式,如果返回值为假,则触发异常。如果断言成功,则程序不采取任何措施,否则触发 AssertionError 异常。断言的语法格式如下:

assert expression [, arguments]

以下两个例子演示了 assert 语句后面表达式分别为真与假时的运行结果。

```
>>> assert 2 == 1 + 1
>>> assert 2 == 1 * 1

Traceback (most recent call last):
    File "<pyshell#3>", line 1, in <module>
        assert 2 == 1 * 1
AssertionError
```

和其他异常一样,AssertionError 也可以通过 try-except 来捕获。如果没有捕获,该异常将终止程序的运行。程序 eg9_4.py 演示了利用 try-except 捕获 AssertionError 异常的方法。

```
#eg9_4.py
#coding = gbk
try:
    assert 2 == 1 * 1,'表达式 2 == 1 * 1 中运算符号错误'
except AssertionError, arg:
    print '%s, %s' % (arg.__class__.__name__,arg)
```

程序运行结果为：

```
>>> ============================== RESTART ==============================
AssertionError, 表达式 2 == 1 * 1 中运算符号错误
```

9.7 本章小结

本章讲述了 Python 异常处理机制、内置异常类的结构、异常处理的语法结构、异常的检测与处理方法、自定义异常类的定义与使用方法。

习题 9

1. 简要描述 Python 的异常处理机制。
2. 在 Python 异常处理模块中，try、except、else、finally 分别有什么作用？
3. 如果 try 语句块中有 return 语句，此 try 后的 finally 语句块中的代码能否得到执行？如果被执行，是在 return 语句之前还是之后？

第10章 图形用户界面程序设计

本章学习目标
- 了解 Python 图形用户界面(GUI)的基本知识
- 熟练掌握 wxPython 的基本应用以及布局与事件处理
- 了解掌握 wxFormBuilder 的基本使用

本章先向读者介绍 Python 的多个图形用户界面(GUI)平台选择,再着重介绍如何安装并使用 wxPython 平台编写 GUI 程序,最后介绍使用 wxFormBuilder 设计软件来快速构建 GUI 界面。

10.1 图形用户界面平台的选择

编写 Python 图形用户界面程序有个幸福的烦恼,就是可选择的平台较多,所以通常第一件事是决定使用哪个 GUI 平台。表 10.1 列举出了 Python 几个主要的 GUI 平台(只列出跨平台的选项)。

表 10.1 Python 主要 GUI 平台(工具包)

工具包	基于的平台	优点	缺点
Tkinter	Tk 平台	简单,Windows 下有默认安装包	文档少,功能少,老旧
wxPython	wxWidgets 平台	有 Demo,在 Windows 与 Linux 下都很快	相对 PyQt 而言外观不够美观
PyGTK	GTK+平台	适合 Linux 平台	Windows 下速度较慢
PyQt	Qt 平台	美观,组件丰富,有 Demo	Windows 下速度较慢,有授权问题

更多的信息可以在 https://wiki.Python.org/moin/GuiProgramming 上找到。

但是,可以选择的选项太多,也是一个难题,到底应该选哪个呢? 这里选择 wxPython,原因是使用它的人很多,网上的例子也丰富,在各平台下速度都很快,对应的 IDE 软件也很多,最重要的是,wxPython 有一个非常优秀的 Demo(样例程序),可以直接在它的官网上下载,使得学习它非常轻松。同时 Python 之父 Guido van Rossum 也很喜欢 wxPython。

另一个不错的选择是 PyQt。网上推荐它的人很多,能做出非常漂亮的界面,但它的授权是 GPL v3 形式的,在用于商业用途时,需要支付一定的费用。

10.2　wxPython 的安装

下载 wxPython 很简单,只要访问官网 http://wxPython.org/download.php 下载即可。选择相应的版本,如 wxPython3.0-win32-py27 即表示 Windows 的 32 位版本,适用于 Python 2.7。需要注意的是,即使你的操作系统是 64 位的,我们仍然推荐使用 32 位的 Python 和相应的安装包,因为 Python 有一定数量的安装包只提供 32 位版本,特别是在 Windows 下,所以为了同时使用它们,还是使用 32 位版本为好,可以省去很多自己编译的麻烦。

对于 Mac OS X 的下载来说也是一样,若是你可以确保软件的使用者都是 OS X 10.5 以上的用户,就可以下载 cocoa 版本,如 wxPython3.0-osx-cocoa-py2.7,否则还是选择 carbon 版本。

这里强烈建议下载 wxPython 的 Demo 程序(样例程序,演示发布版),其中包含了 wxPython 文档和详细的演示程序,对于想要自学的人来说,这是非常有益的。

之后的安装就很简单了,通常只要选择默认设置,一直单击"下一步"按钮,最后单击完成按钮就可以了。

10.3　Hello World 的窗口程序

我们还是从最简单的 Hello World 开始。

```
import wx

app = wx.App()
win = wx.Frame(None, title = "Hello", size = (250, 100))
win.Show()
label = wx.StaticText(win, label = "Hello World!", pos = (80, 20))

app.MainLoop()
```

程序很简单,引入 wx 包,创建一个 wx 的应用,建立一个 250×100 大小的窗口,显示窗口,在其中(80,20)的位置添加一个显示"Hello World!"的静态文本,开始应用循环。然后运行程序,如图 10.1 所示。

图 10.1　一个显示 Hello World! 的窗口

wx 提供了很多组件,比如上例的窗口组件 Frame、静态文本组件 StaticText,其他还有一些,如面板组件 Panel、对话框组件 Dialog、按钮组件 wxButton、输入文本框组件 wxTextCtrl、复杂的如树形组件 wxTreeCtrl、属性设置组件 wxPropertyGrid 等等。这些组件需要逐个学习使用,可以下载 wxPython 的 Demo 示例,其中会有大部分组件的文档和示例,如图 10.2 所示。

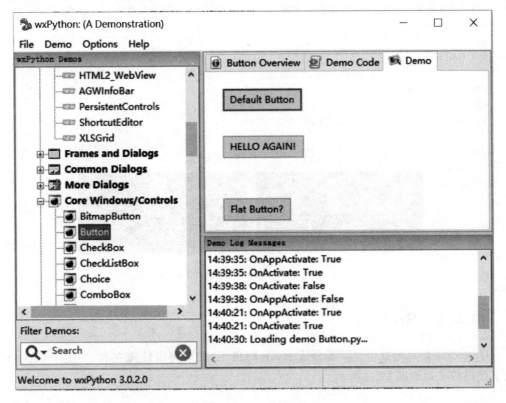

图 10.2　wxPython Demo

10.4　布局与事件

要决定每个组件的位置是一件很难的事,如果用户希望放大整个窗口或者放入新的组件,就不得不调整窗口大小,所有组件都可能需要重新决定位置。

一个好的解决方案是使用布局,这也是大多数 GUI 程序使用的策略。在 wxPython 中,这个布局工具称为"尺寸器"(Sizer),这里介绍最常用的两个:BoxSizer 和 GridSizer。

10.4.1　BoxSizer

BoxSizer 的效果有点像堆箱子,HORIZONTAL 表示从左往右依次排列,VERTICAL 表示从上往下依次排列,各个组件会自动靠紧。以下代码的结果如图 10.3 左图所示。

```
import wx

app = wx.App()
win = wx.Frame(None, title = "VERTICAL", size = (250, 150))

l1 = wx.StaticText(win, label = "Hello1")
l2 = wx.StaticText(win, label = "Hello2")
l3 = wx.StaticText(win, label = "Hello3")
```

```
box = wx.BoxSizer(wx.VERTICAL)    # or wx.HORIZONTAL by default,如图 10.3 右图所示
box.Add(l1)
box.Add(l2)
box.Add(l3)

win.SetSizer(box)
win.Show()
app.MainLoop()
```

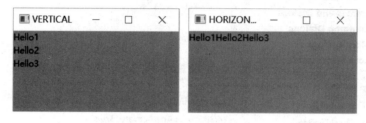

图 10.3　BoxSizer 布局

10.4.2　GridSizer

GridSizer 则是把整个界面等分成 $m\times n$ 的格子,然后将组件先左右、后上下依次填上。以下代码的结果如图 10.4 所示。

```
import wx

app = wx.App()
win = wx.Frame(None, title = "Grid", size = (250, 150))

l1 = wx.StaticText(win, label = "Hello1")
l2 = wx.StaticText(win, label = "Hello2")
l3 = wx.StaticText(win, label = "Hello3")
l4 = wx.StaticText(win, label = "Hello4")
grid = wx.GridSizer(2, 2, 0, 0)    # split to 2 * 2
grid.Add(l1)
grid.Add(l2)
grid.Add(l3)
grid.Add(l4, flag = wx.ALIGN_CENTER)

win.SetSizer(grid)
win.Show()
app.MainLoop()
```

可以注意到,这里 Hello4 被放在了第 4 个格子的中间,因为使用了 ALIGN_CENTER 这个设置。

其实,有了这两个布局,基本上就可以通过嵌套解决大部分布局问题了。更多的设置如 ALIGN_BOTTOM 等可以查看文档,或者在 wxFormBuilder 软件中快速设置。

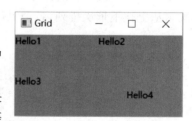

图 10.4　GirdSizer 布局

10.4.3 事件处理

在 GUI 程序中，把用户执行的动作（比如单击按钮）叫做事件（event）。对于事件，只要绑定一个对应的操作函数即可。下面的例子中我们绑定一个 clickme 函数在按钮上，当单击按钮的时候，添加一个 World 字符串在上方的静态文本组件中。以下代码的运行结果如图 10.5 所示。

```python
import wx

def clickme(event):
    ss = l1.GetLabel()
    l1.SetLabel("%s%s" % (ss, " World"))

app = wx.App()
win = wx.Frame(None, title = "Click", size = (250, 150))
l1 = wx.StaticText(win, label = "Hello")
b1 = wx.Button(win, label = " + World")
b1.Bind(wx.EVT_BUTTON, clickme)    # bind clickme function
box = wx.BoxSizer(wx.VERTICAL)
box.Add(l1)
box.Add(b1)

win.SetSizer(box)
win.Show()
app.MainLoop()
```

至此，读者基本就可以开始编写自己的 GUI 小程序了，若有不太会用的组件可查看 wxPython 的帮助文档和 Demo。

如果需要的组件很多，或者程序的逻辑较复杂，像这样手动写代码就显得有些麻烦了。下面推荐使用 wxFormBuilder 这个软件来快速设计界面。

图 10.5 按钮事件处理

10.5 使用 wxFormBuilder 设计界面

设计界面最好的方式当然是可以直接用鼠标拖动添加组件、拖曳大小等方式来设计，这样所见即所得，给设计人员以直观的感受。

Python 的 GUI 设计工具也有不少，https://wiki.Python.org/moin/GuiProgramming 页面的最下面有很多 GUI 设计工具和与其对应的 GUI 工具包。

不过既然我们之前已经选择了 wxPython，可以选择的软件就不多了，这里推荐使用 wxFormBuilder。

wxFormBuilder 的下载地址为 https://sourceforge.net/projects/wxformbuilder/，在下载并安装好以后，就可以开始设计了。

比如在图 10.6 中，先添加了一个 Frame，在其中添加一个垂直的 BoxSizer（这步很关键，新手往往不知道，导致不能添加任何组件），之后又嵌套一个水平的 BoxSizer，添加文本输入框和两个按钮，最后在第一个垂直 BoxSizer 上添加一个多行的文本输入框（在属性中设置 wxTE_MULTLINE），调整各组件属性，如 wxEXPAND 和 wxSHAPED 来调整界面。这样相对复杂的界面不多久就设计出来了。

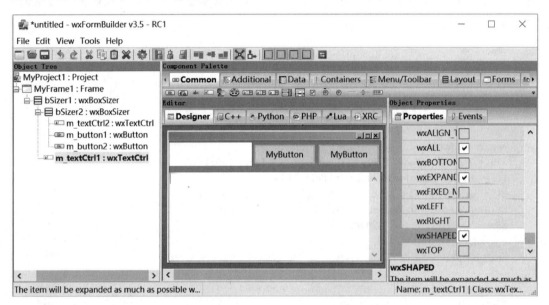

图 10.6　使用 wxFormBuilder 设计界面

使用工具的好处是：即使不熟悉 wx 编程，也可以通过单击按钮或属性看到相应的效果，所以学习成本很低。

此时，对应的 Python 语言的代码就已经自动生成了（也可生成其他语言的代码）：

```python
# -*- coding: utf-8 -*-

###########################################################################
# Python code generated with wxFormBuilder (version Jun 17 2015)
# http://www.wxformbuilder.org/
##
# PLEASE DO "NOT" EDIT THIS FILE!
###########################################################################

import wx
import wx.xrc

###########################################################################
# Class MyFrame1
###########################################################################

class MyFrame1 (wx.Frame):
```

```python
    def __init__(self, parent):
        wx.Frame.__init__(self, parent, id = wx.ID_ANY, title = wx.EmptyString, \
                        pos = wx.DefaultPosition, size = wx.Size(500, 250), \
                        style = wx.DEFAULT_FRAME_STYLE | wx.TAB_TRAVERSAL)

        self.SetSizeHintsSz(wx.DefaultSize, wx.DefaultSize)

        bSizer1 = wx.BoxSizer(wx.VERTICAL)

        bSizer2 = wx.BoxSizer(wx.HORIZONTAL)

        self.m_textCtrl2 = wx.TextCtrl(self, wx.ID_ANY, wx.EmptyString, \
                                wx.DefaultPosition, wx.DefaultSize, 0)
        bSizer2.Add(self.m_textCtrl2, 0, \
                wx.ALIGN_CENTER |wx.ALL | wx.EXPAND | wx.SHAPED, 0)

        self.m_button1 = wx.Button(self, wx.ID_ANY, u"MyButton", \
                                wx.DefaultPosition, wx.DefaultSize, 0)
        bSizer2.Add(self.m_button1, 0, wx.ALIGN_CENTER | wx.ALL, 5)

        self.m_button2 = wx.Button(self, wx.ID_ANY, u"MyButton", \
                                wx.DefaultPosition, wx.DefaultSize, 0)
        bSizer2.Add(self.m_button2, 0, wx.ALIGN_CENTER | wx.ALL, 5)

        bSizer1.Add(bSizer2, 1, wx.EXPAND | wx.SHAPED, 0)

        self.m_textCtrl1 = wx.TextCtrl(self, wx.ID_ANY, wx.EmptyString, \
                                wx.DefaultPosition, wx.DefaultSize, \
                                wx.TE_MULTILINE)
        bSizer1.Add(self.m_textCtrl1, 0, wx.ALL | wx.SHAPED | wx.EXPAND, 0)

        self.SetSizer(bSizer1)
        self.Layout()

        self.Centre(wx.BOTH)

    def __del__(self):
        pass
```

可以看到，wxFormBuilder 使用了类的方式来编写界面。这样整个窗口被组装在了一起，就一个类，对之后的编程更有帮助。

最后只要添加如下的 4 行代码就可以运行了。运行结果如图 10.7 所示。

```python
app = wx.App()
win = MyFrame1(None)
win.Show()
app.MainLoop()
```

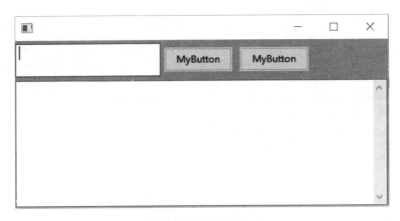

图 10.7　界面运行

10.6　应用实例：条形码图片识别

我们来编写一个复杂且有意义的应用。

10.6.1　应用需求

你有一个朋友是个做淘宝生意的,知道你会一点编程。有一天他突然给你打来了电话,说他们那儿每天会有很多快递单子的图片,他每晚有个很痛苦的工作,就是把图片一张张打开,摘录其中条形码的编号,保存在 Excel 中,并把图片的名称改为条形码编号.jpg 保存,如图 10.8 所示。

图 10.8　快递单条形码识别

偏偏你的朋友最近生意越来越好,所以这件本来还算轻松的活就变得越来越痛苦了(每天可能有几百张图片)。他想到了你会编程,就问你有没有快速的方法让计算机来自动识别条形码并修改文件名。

图片的格式都是 jpg 的,但因为有不同的快递公司,所以快递单的样子千奇百怪。拍照片的人也不同,所以可能拍出的照片不一定工整,唯一可以确定的是,每张照片都有条形码,且清晰度对人来说都可以看清。

10.6.2 条形码识别程序

一看便知,难点在条形码识别,如果要自己编写,感觉都够一篇毕业设计了。但仔细想了想,现在随便一个手机都能扫码,所以开源的扫码程序肯定一大堆。

于是搜到了一个叫 zbar 的软件(http://zbar.sourceforge.net/,读者当然也可以选择别的),运行它很简单,下载(如在 Windows)安装后,就可以打开命令行,在软件安装目录的 bin 下输入"zbarimg -h":

```
C:\work\Python\barcodes\ZBar\bin>zbarimg -h
usage: zbarimg [options] <image>...

scan and decode bar codes from one or more image files

options:
    -h, --help          display this help text
    --version           display version information and exit
    -q, --quiet         minimal output, only print decoded symbol data
    -v, --verbose       increase debug output level
    --verbose=N         set specific debug output level
    -d, --display       enable display of following images to the screen
    -D, --nodisplay     disable display of following images (default)
    --xml, --noxml      enable/disable XML output format
    --raw               output decoded symbol data without symbology prefix
    -S<CONFIG>[=<VALUE>], --set <CONFIG>[=<VALUE>]
                        set decoder/scanner <CONFIG> to <VALUE> (or 1)
```

这就说明安装成功。用手机照了一本书的 ISBN 条形码(如图 10.9 所示),成功识别,快递单试下来也问题不大(偶尔有不能识别的,属于少数。二维码也能识别)。代码如下:

```
C:\work\Python\barcodes\ZBar\bin>zbarimg isbn.jpg
EAN-13:9780521865715
scanned 1 barcode symbols from 1 images
```

关键问题解决了,下面就可以编写界面,用 Python 来调用 zbar 解决问题了。

图 10.9 识别 ISBN 号

10.6.3 界面设计

前期工作准备完毕后,就是正式的软件设计编码了。构思了一下,大概有以下要求:
(1) 有一个"打开"按钮,可以选择需要识别的图片,一个导出数据的"导出"按钮。
(2) 数据展示窗口,可以以表格的形式呈现。
(3) 一个多行文本框,用于输出一些调试数据,如:错误反馈、无法识别等信息。
具体设计:
最外边是 Frame 窗口。添加一个垂直的 BoxSizer,加入一个 ToolBar 工具条和一个 1

行 2 列的 GridSizer。在 ToolBar 工具条中，添加两个 Tool 按钮，选择合适的图标（source 选 Load From Art Provider，id 选 wxART_FILE_OPEN 和 wxART_FILE_SAVE）。在界面的左下部添加一个 DataViewListCtrl 用于显示数据，右下部添加一个 TextCtrl 用于输出调试信息。设计软件界面如图 10.10 所示。软件运行结果如图 10.11 所示。

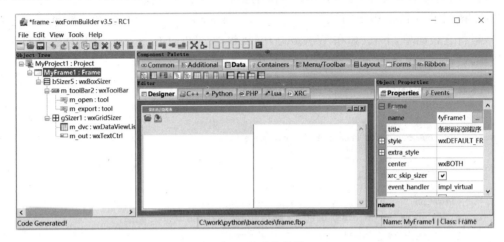

图 10.10 设计软件界面

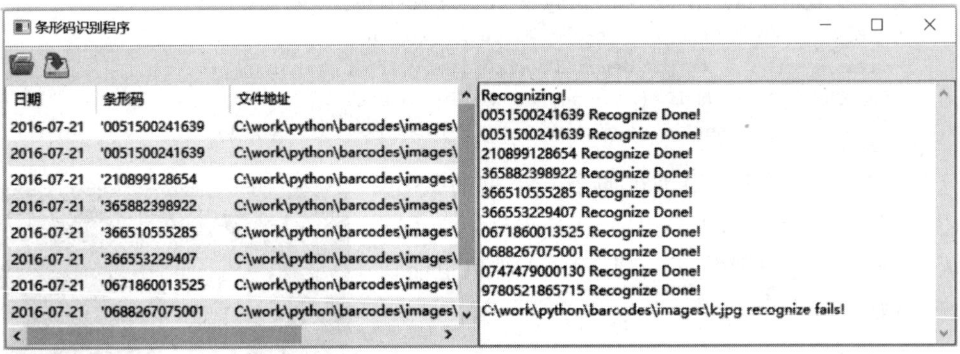

图 10.11 软件运行

10.6.4 完整代码

下面给出全部代码，注意事项包括：
- zbar 软件就安装在当前目录下，可以输入 Zbar\bin\zbarimg.exe 运行。
- 用 FileDialog 打开文件时会改变当前目录，所以在一开始就要保存 zbar 命令的绝对路径。
- 由于条形码有以 0 开头的数字，用 Excel 打开时会自动省略，所以在数字前加了一个 '符号）。

```
1   # -*- coding: utf-8 -*-
2   import wx
3   import wx.xrc
```

```python
4   import wx.dataview
5   import os
6   import csv
7   from datetime import datetime

8   class MyFrame1 (wx.Frame):

9       def __init__(self, parent):
10          wx.Frame.__init__(self, parent, id = wx.ID_ANY, title = u"条形码识别程序",
                    pos = wx.DefaultPosition, size = wx.Size(866, 302),
                    style = wx.DEFAULT_FRAME_STYLE | wx.TAB_TRAVERSAL)
11          self.SetSizeHintsSz(wx.DefaultSize, wx.DefaultSize)
12          bSizer5 = wx.BoxSizer(wx.VERTICAL)
13          self.m_toolBar2 = wx.ToolBar(self, wx.ID_ANY, wx.DefaultPosition,
                    wx.DefaultSize, wx.TB_HORIZONTAL)
14          self.m_open = self.m_toolBar2.AddLabelTool(wx.ID_ANY, u"打开",
                    wx.ArtProvider.GetBitmap(wx.ART_FILE_OPEN, wx.ART_TOOLBAR),
                    wx.NullBitmap, wx.ITEM_NORMAL, wx.EmptyString, wx.EmptyString, None)
15          self.m_export = self.m_toolBar2.AddLabelTool(wx.ID_ANY, u"导出",
                    wx.ArtProvider.GetBitmap(wx.ART_FILE_SAVE, wx.ART_TOOLBAR),
                    wx.NullBitmap, wx.ITEM_NORMAL, wx.EmptyString, wx.EmptyString, None)
16          self.m_toolBar2.Realize()
17          bSizer5.Add(self.m_toolBar2, 0, wx.EXPAND, 5)
18          gSizer1 = wx.GridSizer(1, 2, 0, 0)
19          self.m_dvc = wx.dataview.DataViewListCtrl(self, wx.ID_ANY,
                    wx.DefaultPosition, wx.DefaultSize, wx.dataview.DV_MULTIPLE |
                    wx.dataview.DV_ROW_LINES)
20          gSizer1.Add(self.m_dvc, 0, wx.EXPAND, 5)
21          self.m_out = wx.TextCtrl(self, wx.ID_ANY, wx.EmptyString,
                    wx.DefaultPosition, wx.DefaultSize, wx.TE_MULTILINE)
22          gSizer1.Add(self.m_out, 0, wx.EXPAND, 5)
23          bSizer5.Add(gSizer1, 1, wx.EXPAND, 5)
24          self.SetSizer(bSizer5)
25          self.Layout()
26          self.Centre(wx.BOTH)

27          # Connect Events
28          self.Bind(wx.EVT_TOOL, self.openimgs, id = self.m_open.GetId())
29          self.Bind(wx.EVT_TOOL, self.export2csv, id = self.m_export.GetId())
30          # Mycode
31          self.m_dvc.AppendTextColumn(u'日期')
32          self.m_dvc.AppendTextColumn(u'条形码', width = 120)
33          self.m_dvc.AppendTextColumn(u'文件地址', width = 400)

34      def __del__(self):
35          pass

36      # Virtual event handlers, overide them in your derived class
37      def openimgs(self, event):
38          dlg = wx.FileDialog(
                self, message = "Choose some images",
```

```python
                    defaultDir = os.getcwd(),
                    defaultFile = "",
                    wildcard = wildcard,
                    style = wx.OPEN | wx.MULTIPLE | wx.CHANGE_DIR
                )
39              if dlg.ShowModal() == wx.ID_OK:
40                  self.m_out.WriteText('Recognizing!\n')
41                  paths = dlg.GetPaths()
42                  for path in paths:
43                      tmp = os.popen('%s --raw %s' % (cmd, path)).readlines()
44                      barNum = ''
45                      i = 0
46                      while barNum == '' and i < len(tmp):
47                          barNum = tmp[i].strip()
48                          i += 1
49                      if barNum == '':
50                          self.m_out.WriteText('%s recognize fails!\n' % path)
51                          continue
52                      newname = '%s\\%s%s' % (os.path.dirname(
                                    path), barNum, os.path.splitext(path)[-1:][0])

53                      try:
54                          os.rename(path, newname)
55                          item = [datetime.now().strftime(
                                        '%Y-%m-%d'), "'%s" % barNum, newname]
56                          self.m_dvc.AppendItem(item)
57                          csvdata.append(item)
58                          self.m_out.WriteText('%s Recognize Done!\n' % barNum)
59                      except Exception, e:
60                          self.m_out.WriteText('%s rename fails!\n' % path)
61                          self.m_out.WriteText(str(e))
62              dlg.Destroy()

63      def export2csv(self, event):
64          dlg = wx.FileDialog(
                self, message = "Save file as ...", defaultDir = os.getcwd(),
                defaultFile = "", wildcard = wildcard2, style = wx.SAVE
            )
65          dlg.SetFilterIndex(2)
66          if dlg.ShowModal() == wx.ID_OK:
67              self.m_out.WriteText('Exporting!\n')
68              path = dlg.GetPath()
69              try:
70                  with open(path, 'ab') as csvfile:
71                      writer = csv.writer(
                                csvfile, dialect = 'excel', quoting = csv.QUOTE_ALL)
72                      for row in csvdata:
73                          writer.writerow(row)
74                  self.m_out.WriteText('%s Export Done!\n' % path)
75              except Exception, e:
76                  self.m_out.WriteText(str(e))
```

```
77        dlg.Destroy()

78 wildcard = "Pictures (*.jpg,*.png)|*.jpg;*.png|All files (*.*)|*.*"
79 wildcard2 = "CSV files (*.csv)|*.csv"
80 cmd = os.path.realpath('Zbar/bin/zbarimg.exe')

81 csvdata = []

82 app = wx.App()
83 win = MyFrame1(None)
84 win.Show()
85 app.MainLoop()
```

注意：以上代码由于某些行过长，所以在代码的前端加上了数字表示行号。

10.7 本章小结

Python 有很多 GUI 平台可用，本章主要介绍了 wxPython，其性能优良，可跨平台操作，是一个不错的图形用户界面选择。在 wxPython 中，介绍了两种最常用的尺寸器来布局界面：BoxSizer 和 GridSizer。事件处理是 GUI 编程的关键，wxPython 使用 Bind 方法绑定事件函数。最后介绍如何使用 wxFormBuilder 快速布局工具来帮助你快速掌握 wxPython。

习题 10

1. 设计编写一个窗口程序，只有一个按钮，用户单击按钮的时候在后台输出 hello world。

2. 请编写一个窗口程序，第一第二行都是一个文本框，用于用户输入账号和密码，第三行是一个"提交"按钮。要求：密码框输入的时候不显示明文（设置 wxTE_PASSWORD 属性），当用户单击"提交"按钮的时候检测账号和密码是否都是 admin，如果正确，则在后台输出"登录成功"，否则输出"登录失败"。

3. 使用 wx.html2 或其他网页控件设计编写一个基本浏览器。功能包括后退、前进、刷新、网址输入框、网页显示。

4. 使用 StyledTextCtrl 控件编写一个 Python 编辑器，功能包括打开、保存，Python 代码颜色渲染（wxPython Demo 里的 advanced Ceneric Widgets 里的 RulerCtrl 中有）。

5. 设计编写一个简单计算器程序，包括 0~9 的数字按键，＋、－、*、/的运算符，＝等号与 C 清空按键，一个结果显示屏。

第11章 程序打包发布

本章学习目标
- 了解 Python 程序打包发布的基本知识
- 了解 setuptools 打包与发布工具
- 掌握使用 py2exe 打包 Python 程序成 exe 可执行文件

本章向读者介绍 Python 程序的打包与发布，其中，setuptools 用于打包与发布，py2exe 用于把 Python 程序打包成一个可以在 Windows 下直接运行的 exe 文件。

11.1 setuptools 程序打包发布工具

11.1.1 程序为什么要打包

当辛苦编写了一个程序以后，开发者就需要考虑如何将程序给用户使用。显然直接将一大堆 .py 源码文件发给用户不是一个好主意，这往往需要用户安装与配置各种环境。所以经过程序员多年的实践，设计了一套打包发布的流程，可以达到以下目的：

- 环境封装，使软件安装运行方便。
- 版本控制。
- 发布在指定的网站上供人查找。

这几条也是一个打包工具的主要功能，而 PyPI 则是大部分开源 Python 包的官方发布地。

11.1.2 推荐使用 setuptools 打包发布

Python 编程一直有一些幸福的烦恼，那就是选择太多。打包发布下载工具就有 distutils、easy_install、setuptools、pip 等等。好在它们的优缺点已经很清楚了，而且其实它们自己之间的关系也是父亲与儿子、前浪与后浪的关系。

https://packaging.Python.org/current/ 有这样一段描述（截至 2016 年 7 月）：

如果你已经对 Python 的打包与安装比较熟悉，只是想知道哪些工具是现在推荐使用的，可参考以下内容。

1. 安装工具推荐

使用 pip 来从 PyPI 上下载 Python 包(可能还要安装 wheel)。

使用 virtualenv 或 venv 来隔离环境(不因这次安装影响其他软件的环境)。

……

2. 打包工具推荐

使用 setuptools 来定义工程和创建发布。

使用 bdist_wheel 这个 setuptools 扩展来创建 wheels。

使用 twine 来更新 PyPI 上的发布。

可能看着有些复杂,为了简单起见,我们只要记住现在 Python 世界推荐使用 pip 来下载,用 setuptools 来打包发布。事实上,相信读者已经对 pip 有所了解,现在最新的 Python 安装包已经自动安装了这个包,当你要安装新的包的时候,推荐使用 pip 下载安装(特别是 Linux 和 Mac 系统下),比如我要安装 Python 里最流行的建网站框架 Django 时,只要在命令行输入 pip install Django==1.9.8 即可(当前最新版本为 1.9.8),或者 Flask 框架 pip install Flask。

这些能够直接 pip 下载的包基本上都是使用 setuptools 打包发布到 PyPI 上的。

11.1.3 setuptools 使用步骤

1. setuptools 的安装

最新下载的 Python 安装包里已经默认安装了 setuptools,如果你不是很确定,可以在 Python 交互式命令行下输入 import setuptools 看看是否报错。

如果真的没有安装,则可以在 https://pypi.Python.org/pypi/setuptools 上下载源码安装,或者最简单的方式:下载 ez_setup.py(https://bootstrap.pypa.io/ez_setup.py),然后用 Python 运行这段代码。

2. setuptools 的打包

在程序目录下,新建一个 setup.py 文件,如:

```python
from setuptools import setup, find_packages
setup(
    name = "HelloWorld",
    version = "0.1",
    packages = find_packages(),
    scripts = ['say_hello.py'],
    # Project uses reStructuredText, so ensure that the docutils get
    # installed or upgraded on the target machine
    install_requires = ['docutils>=0.3'],
    package_data = {
        # If any package contains *.txt or *.rst files, include them:
        '': ['*.txt', '*.rst'],
```

```
            # And include any *.msg files found in the 'hello' package, too:
        'hello': ['*.msq'],
    },
    # metadata for upload to PyPI
    author = "Me",
    author_email = "me@example.com",
    description = "This is an Example Package",
    license = "PSF",
    keywords = "hello world example examples",
    url = "http://example.com/HelloWorld/",    # project home page, if any
    # could also include long_description, download_url, classifiers, etc.
)
```

该文件是对你的软件(包)的描述,如软件的名称:Helloworld,版本号:0.1,运行文件(入口文件):say_hello.py,依赖包(运行你的软件需要提前安装的包):docutils 版本大于等于 0.3,包含的其他一些文件和一些描述,如作者、作者邮箱、软件描述、许可证等等。

创建好 setup.py 后就可以运行下面的命令打包:

```
python setup.py sdist
```

打包后,就会有一个压缩包在当前目录下的 dist 目录中。此压缩包就是打包后的结果,可以发送给别人使用。

3. 软件发布

如果希望软件被众人使用,就要发布到 PyPI 上。在设置 .pypirc 配置文件之后,传递给 setup.py 的 upload 命令将把包传输至 PyPI。通常,在这样做的同时还会构建一个源发布:

```
python setup.py sdist upload
```

如果使用的是自己的发布服务器,而且 .pypirc 文件中的授权部分也包含了这个新位置,那么只要在上传时引用它的名称即可:

```
python setup.py sdist upload -r mydist
```

更多的详情请阅读 https://setuptools.readthedocs.io/en/latest/setuptools.html,这里有 setuptools 的详细资料。

11.2 py2exe 打包

然而大部分用户编写的软件其实很少需要发布到 PyPI 上供众人下载,通常情况下软件使用者都是 Windows 用户,没有编程基础,让他们安装 Python 都是一件麻烦的事。所以打包成一个 exe 可执行文件,直接在 Windows 下运行才是"正途"。

11.2.1 py2exe 的安装

py2exe 的下载可在 sourceforge 上 https://sourceforge.net/projects/py2exe/files/py2exe/,用户可以下载最新的版本,如 py2exe-0.6.9.win32-py2.7.exe。

通过默认方式安装完成后，可以在 Python 的交互式命令行下输入 import py2exe。如果没有报错，就说明安装成功。

11.2.2　py2exe 的简易打包

将 Python 源程序打包成 exe 可执行文件的具体示例如下：
（1）编写一个最简单的程序 helloworld.py：

```
print 'Hello world!'
```

（2）新建一个 setup.py 文件：

```
from setuptools import setup
import py2exe
setup(
    console = ['helloworld.py']
)
```

可以发现这里 py2exe 使用了 setuptools 的打包功能。
（3）在命令行当前目录下运行 py2exe 打包命令：

```
python setup.py py2exe
```

在一堆提示后，就打包完成了。

工具自动生成了两个文件夹：build 和 dist。其中，dist 文件夹中就有我们的目标文件：helloworld.exe，如图 11.1 所示。

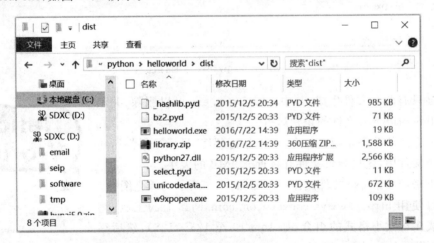

图 11.1　py2exe 简易打包

现在来测试一下：

```
C:\work\Python\helloworld> cd dist
```

```
C:\work\Python\helloworld\dist> helloworld.exe
Hello world!
```

此时即使计算机中没有安装 Python，程序也能正常运行！

11.2.3 py2exe 的高级打包技巧

虽然以上打包过程已经达到了预期目的,但仍然存在一些缺陷:打包后生成的文件过多。一个源码只有一行 print helloworld 的程序,现在却有 8 个文件。若希望最终只有一个 exe 文件,且拥有一个漂亮的图标,可以通过以下方式实现。

(1) 修改之前的 setup.py 文件:

```
from setuptools import setup
import py2exe
options = {"py2exe": {"compressed": 1, "optimize": 2, "bundle_files": 1}}
setup(console = [{"script": "helloworld.py"}], options = options, zipfile = None)
```

(2) 再次运行 py2exe 打包命令:

```
python setup.py py2exe
```

让我们看一下 dist 目录,如图 11.2 所示。

图 11.2 py2exe 压缩打包

最终只有两个文件生成,其中 w9xpopen.exe 可以删除,并不影响 helloworld.exe 文件的正常运行。

以上方法的原理是把整个 Python 运行环境、目标源码都压缩在了一个文件中,这也导致文件有将近 3.9MB 的大小。

接下来继续给 exe 文件制作一个如图 11.3 所示的漂亮图标。

可以使用 http://www.converticon.com/网站上的工具,将图标改成多种大小格式的组合(如 16×16 至 128×128),然后用 gimp 或者 photoshop 将这些 ico 的组合从大到小排列(converticon 默认是从小到大的,所以要反过来),如图 11.4 所示。

将修改后的 helloworld.ico 放在软件目录下,修改 setup.py:

图 11.3 制作一个图标:helloworld.ico

```
from setuptools import setup
import py2exe
options = {"py2exe": {"compressed": 1, "optimize": 2, "bundle_files": 1}}
setup(console = [{"script": "helloworld.py", "icon_resources": [
    (1, "helloworld.ico")]}], options = options, zipfile = None)
```

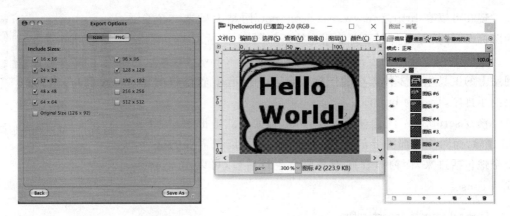

图 11.4　converticon 网站制作不同大小的图标，并用 Gimp 软件将它们从大到小排列

最终效果如图 11.5 所示。

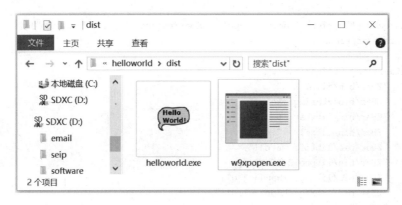

图 11.5　包含图标的 helloworld 程序

11.3　应用实例

在第 10 章最后我们编写了一个很酷的条形码识别程序，并且是图形界面程序，如图 11.6 所示。

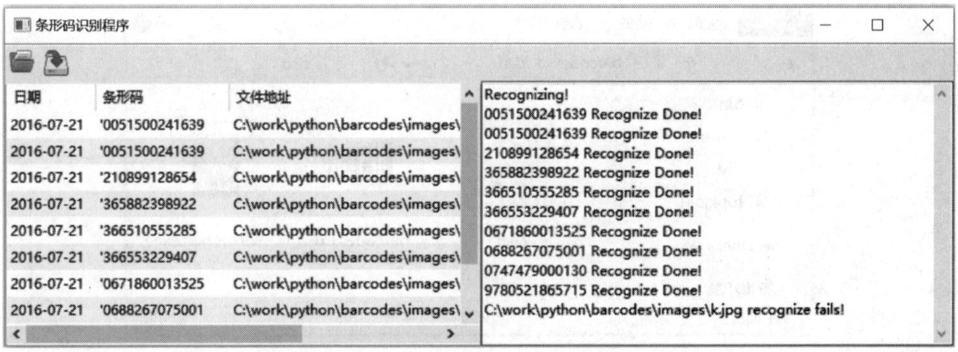

图 11.6　条形码识别程序

现在可以在 http://www.easyicon.net/ 网站上挑选一个合适的图标（最好挑可免费用于商业用途的），如图 11.7 所示。

按照上一节介绍的方法，使用 http://www.converticon.com/ 网站上的工具生成多种大小的图标组合，并用 Gimp 软件将图层从大到小排序，导出为 bar.ico。

修改 setup.py：注意对于 wxPython 需要显式地把 MSVCP90.dll 剔除，而对于外部需要的文件，如 Zbar，则可以把需要的文件一个个地包括进来，而窗口程序不需要命令行后台，可以用 windows 代替 console：

图 11.7　挑选的条形码识别程序图标

```
from setuptools import setup
import py2exe
options = {"py2exe": {"dll_excludes": [
    "MSVCP90.dll"], "compressed": 1, "optimize": 2, "bundle_files": 1}}
setup(
    windows = [{"script": "barcodes.py", "icon_resources": [(1, "bar.ico")]}],
    options = options,
    zipfile = None,
    data_files = [("ZBar/bin", [
        "ZBar/bin/zlib1.dll",
        "ZBar/bin/zbarimg.exe",
        "ZBar/bin/libzbar-0.dll",
        "ZBar/bin/libxml2-2.dll",
        "ZBar/bin/libtiff-3.dll",
        "ZBar/bin/libpng12-0.dll",
        "ZBar/bin/libMagickWand-2.dll",
        "ZBar/bin/libMagickCore-2.dll",
        "ZBar/bin/libjpeg-7.dll",
    ]), ],
)
```

同样运行 setup 打包命令：

python setup.py py2exe

最终结果如图 11.8 所示。

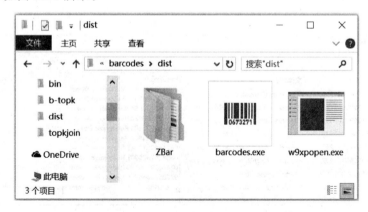

图 11.8　带有图标的条形码识别程序打包发布

11.4 本章小结

本章主要介绍了以下内容：
- Setuptools——官方推荐的打包与发布工具。
- py2exe——一个将 Python 软件打包成 exe 的工具。
- 一个完整的例子——将第 10 章的软件打包。

习题 11

1. 将之前编写的命令行程序都打包成 exe 可执行程序。
2. 将之前编写的窗口程序都打包成 exe 可执行程序。
3. 找一些漂亮的图标来装饰程序。

第 12 章 数据库应用开发

本章学习目标
- 了解 Python 数据库应用接口
- 熟练掌握常用的结构化查询语言
- 熟练掌握 sqlite3 模块中的常用方法
- 熟练掌握应用 sqlite3 开发数据库系统的一般流程

本章首先向大家简要介绍 Python 数据库应用程序接口；然后详细介绍常用的结构化查询语言（Structured Query Language，SQL），为后面的数据库应用开发做准备；接下来，介绍了一个与 Python 集成度非常高的数据库——SQLite，包括它的数据类型，以及 Python 中的模块 sqlite3；最后，本章在 sqlite3 的基础上，开发了一个学生成绩管理数据库系统。

12.1 Python Database API 简介

目前，Python 支持与多种市场上应用广泛的数据库之间的连接。由于不同数据库服务器和数据库通信的网络协议之间存在着差异，在 Python 的早期版本中不同数据库都开发了自己的 Python 模块。这些数据库接口模块提供了不同的方法与属性设置，因此以不同方式工作。显然，这不便于编写能够在多种数据库服务器中运行的 Python 程序。于是，Python Database API 库（以下统一简称为 DB-API）应运而生。在 DB-API 中，即便所有数据库连接模块的底层网络协议不同，它们也会有着一个共同的接口。

DB-API 的下载地址为 http://wiki.Python.org/moin/DatabaseProgramming，目前最新版本是 2.0，支持关系型数据库包括 IBM DB2、Firebird（和 Interbase）、Informix、Ingres、MySQL、Oracle、PostgreSQL、SAP DB（也称为 MaxDB）、Microsoft SQL Server 和 Sybase 等。此外，DB-API 支持 Teradata 和 IBM Netezza 数据仓库数据库系统，以及支持 asql、GadFly、SQLite 和 ThinkSQL 等应用程序内嵌数据库系统。

以下本节将简要介绍 DB-API 中适用于大部分数据库的基本概念与方法。

12.1.1 全局变量

任意数据库模块使用 DB-API 连接数据库系统时，需定义以下三个关于模块的全局变量。
- apilevel：应用程序接口层级，字符串常量，可选值为'1.0'或'2.0'，用于声明所使用的

DB-API 的版本。若未给出这个变量的值,则 API 将默认该数据库使用 DB-API 1.0。由于目前 DB-API 的最新版本为 2.0,apilevel 的取值只可能是'1.0'或'2.0'。当然,如果未来推出新的 DB-API 版本,可选取值范围也会发生相应变化。

- threadsafety:线程安全等级,整数常量,可选值为 0、1、2、3,用于声明模块的线程安全等级。0 表示线程完全不共享模块;1 表示线程共享模块,但不共享连接;2 表示线程共享模块与连接;3 表示线程共享模块、连接和指针。如果在编程中不使用多线程,则没必要关心这个变量。
- parastyle:参数风格,字符串常量,可选值为'qmark'、'numeric'、'named'、'format'和'pyformat',用于声明在执行多次类似查询时,参数如何被整合到 SQL 语句中。'qmark'表示使用问号;'numeric'表示使用:1 或:2 风格的列;'named'表示命名风格;'format'表示标准的字符串格式化;'pyformat'表示 Python 扩展格式化代码。

其实,以上数据库模块的全局参数并不会在具体的 Python 数据库编程中涉及,数据库接口结构对这些参数的处理方法,将会在相应数据库接口文档中解释。

12.1.2 连接与游标

在对数据库进行操作之前,需首先构建 Python 程序与数据库之间的连接。DB-API 对连接对象进行了标准化。具体而言,它包含以下几个内置方法。

- .close():关闭当前连接。引用该方法之后,连接对象将不再可用。如果继续使用该连接对象的相关方法,则将触发异常 Error。当然,这也就意味着所有该连接对象的游标的使用也将触发异常。值得注意的是,如果未在关闭一个连接之前提交事务,则连接将触发一个隐含的回滚。
- .commit():提交当前所有挂起事务。如果目标数据库支持自动提交,则应首先关闭该功能。当然,接口也应提供支持撤销提交操作的方法。对于不支持事务的数据库模块,该方法没有任何作用。
- .rollback():回滚挂起事务。如果数据库不支持事务处理,则该方法无效;如果数据库支持事务处理,则该方法会使得数据库回滚到任何挂起事务的开始,即撤销所有挂起事务。
- .cursor():返回一个使用该连接的新游标对象。如果数据库未提供直接的游标概念,则数据库模块需通过其他方式模拟游标。游标对象有着诸多方法,SQL 查询就是通过游标来执行的。具体游标对象内置方法参见表 12.1。

表 12.1 游标对象内置方法和属性

方法或属性名称	描述
.callpro(procname [,params])	通过给定名称和参数调用已存储数据库程序
.close()	关闭当前游标
.execute(operation [,params])	基于 SQL 执行数据库操作(查询或命令)
.executemany(operation [,params])	基于 SQL(经由多个参数)执行多个数据库操作
.fetchone()	获取查询结果集合的下一行,返回一个序列;若无数据,则返回 None

续表

方法或属性名称	描述
.fetchmany([size=cursor.arraysize])	获取查询结果集合的若干行,返回一个由序列构成的序列,默认行数为 arraysize
.fetchall()	获取查询结果集合的所有行,返回一个由序列构成的序列
.nextset()	将游标跳至下一个可用的结果集,注意有些数据库并不支持多个结果集,所以在这些数据库中不可用
.setinputsize(sizes)	在 execute 之前预先定义操作的内存区域
.setoutputsize(size [,column])	为获取的大容量数据设定一个列缓存区
.arraysize	..fetchmany()的结果集返回行数,默认值为 1
.description	只读属性,由 7 个序列构成的序列,包括 name、type_code、display_size、internal_size、precision、scale、null_ok
.rowcount	只读属性,execute()结果集合中的行数;若没有 execute()或接口最后一次操作的行数不能确定时,返回-1

12.2 结构化查询语言

本章的后面两节将介绍 Python 中实现 SQLite 数据库编程的 sqlite3 模块,以及通过 sqlite3 开发一个学生管理数据库系统。SQLite 是关系型数据库,支持结构化查询语言 (Structured Query Language,SQL)操纵数据库。因此,本节将重点介绍一些基础的 SQL, 为后面的数据库应用开发做准备。

SQL 是一种数据库查询和程序设计语言,用于存取数据以及查询、更新和管理关系数据库系统。此外,SQL 也是数据库脚本文件的扩展名。结构化查询语言具有以下特点:

- 是一种高级的非过程化编程语言,允许用户在高层数据结构上工作。
- 它不要求用户指定对数据的存放方法,也不需要用户了解具体的数据存放方式。所以,具有完全不同底层结构的不同数据库系统,可以使用相同的结构化查询语言作为数据输入与管理的接口。
- 结构化查询语言语句可以嵌套,这使它具有极大的灵活性和强大的功能。

SQL 由 6 个部分组成:数据查询语言(Data Query Language,DQL)、数据操作语言 (Data Manipulation Language,DML)、事务处理语言(TPL)、数据控制语言(DCL)、数据定义语言(DDL)和指针控制语言(CCL)。以下将简要介绍 DDL、DML 和 DQL 的基本语法, 具体案例将在后两节内容中涉及。

12.2.1 数据定义语言

数据库模式包含该数据库中所有实体的描述定义,DDL 就是用于描述数据库中要存储的现实世界实体的语言。具体包括在数据库中创建、删除和更改数据表和视图。

1. 创建数据表

一般命令模式为:

```
CREATE [TEMPORARY] TABLE [IF NOT EXISTS] < table_name > [(create_definition,…)] [< select_
statement >]
```

其中：

（1）TEMPORARY 表示新建表为临时表，此表将在当前会话结束后自动消失。临时表主要被应用于存储过程中，对于一些目前尚不支持存储过程的数据库，该关键字一般不用。

（2）如果声明了 IF NOT EXISTS，则只有被创建的表尚不存在时才会执行 CREATE TABLE 操作。用该选项可避免发生表已经存在无法再新建的错误。

（3）table_name 是指要待创建表的表名，该表名必须符合标识符规则。通常做法是在表名中仅使用字母、数字及下画线。

（4）create_definition 是 CREATE TABLE 的关键所在，具体定义了表中各列的属性。列属性的定义如表 12.2 所示。

表 12.2 列属性的定义

名 称	描 述
col_name	表中列的名字。必须符合标识符规则，而且在表中要唯一
type	列的数据类型。有的数据类型需要指明长度 n，并用括号括起
NOT NULL or NULL	指定该列是否允许为空。如果既不指定 NULL 也不指定 NOT NULL，列被认为指定了 NULL
DEFAULT default_value	为列指定默认值。如果没有为列指定默认值，MySQL 自动地分配一个。如果列可以取 NULL 作为值，默认值是 NULL。如果列被声明为 NOT NULL，默认值取决于列类型
AUTO_INCREMENT	设置该列有自增属性，只有整型列才能设置此属性。每个表只能有一个 AUTO_INCREMENT 列，并且它必须被索引
UNIQUE	在 UNIQUE 索引中，所有的值必不相同。如果在添加新行时使用的关键字与原有行的关键字相同，则会出错
KEY	通常是 INDEX 同义词，如果关键字属性 PRIMARY KEY 在列定义中已给定，则 PRIMARY KEY 也可以只指定为 KEY
PRIMARY KEY	一个表只有一个 PRIMARY KEY，被定义的列值必不相同

此外，在建立数据表时，也可以加入与其他表之间的外键约束，即建立该表与其他表之间的"关系"。

2．修改数据表

SQLite 对 ALTER TABLE 命令支持的非常有限，仅仅包括重命名数据表和添加新列。

（1）重命名表名：

```
ALTER TABLE < old_table_name > RENAME TO < new_table_name >
```

（2）新增列：

```
ALTER TABLE < table_name > ADD COLUMN < col_name type >
```

3. 删除数据表

一般命令模式为：

`DROP [TEMPORARY] [IF EXISTS] TABLE <table_name_1> [, <table_name_2>] ... [RESTRICT | CASCADE]`

在 SQLite 中如果某个表被删除了，那么与之相关的索引和触发器也会被随之删除。在很多其他的关系型数据库中是不可以这样的，如果必须要删除相关对象，只能在删除表语句中加入 WITH CASCADE 从句。

4. 创建数据视图

一般命令模式为：

`CREATE [IF NOT EXISTS] [TEMP] VIEW <view_name> [(<column_list>)] AS <select_statement> [WHERE <conditional_statement>] [WITH [CASCADED | LOCAL] CHECK OPTION]`

5. 修改数据视图

一般命令模式为：

`ALTER VIEW <view_name> [(column_list)] AS <select_statement> [WITH [CASCADED | LOCAL] CHECK OPTION]`

6. 删除视图

一般命令模式为：

`DROP VIEW <view_name> [, <view_name>] ... [RESTRICT | CASCADE]`

7. 清空数据表

一般命令模式为：

`TRUNCATE TABLE <table_name> [DROP/REUSE STORAGE]`

清空数据表操作会将数据表中所有的数据清除，但数据表结构并不发生变化。

12.2.2 数据操作语言

用户通过 DML 实现对数据库的基础操作，具体包括动词 INSERT、UPDATE 和 DELETE。它们分别用于插入、更新和删除表中的记录。

1. INSERT

一般命令模式为：

`INSERT [INTO] <table_name> [<column_list>] VALUES (<values_list>)`

在该语句中，INSERT 子句指出执行插入操作的数据表名，也可通过子句指出表中要插入的列。VALUES 子句指出在表的列中要插入的数据值。table_name 是要插入行的表名。INTO 关键字是任选的。column_list 是要作为表的行插入的列表的值列表。如果必须为列提供一个默认值,则可以使用 DEFAULT 关键字,而不是列值。

2. UPDATE

一般命令模式为:

UPDATE < table_name > SET < column_name = new_value > [WHERE < update_condition >]

在该语句中,table_name 指需更新数据的数据表,column_name 指需要更新的列名,new_value 指更新的值,WHERE 界定了更新条件。

3. DELETE

一般命令模式为:

DELETE FROM < table_name > [WHERE < delete_condition >]

在该语句中,table_name 指需删除数据的数据表,WHERE 界定了删除条件。

12.2.3 数据查询语言

数据查询语句的一般命令模式为:

SELECT < * |column_name_list > [INTO < new_table_name >] FROM < table_name > [WHERE search_condition] [GROUP BY group_by_expression] [HAVING search_condition] [ORDER BY order_expression [ASC | DESC]]

以上语句中,column_name_list 为需要查询的列名,如果为 *,则表示返回数据表 table_name 中的所有列;INTO new_table_name 为可选声明,如声明,则表示把查询结果保存到新建数据表 new_table_name 中;FROM table_name 指查询的数据源表;WHERE search_conditon 对数据表中的记录进行筛选;[GROUP BY group_by_expression]对满足搜索条件返回的记录分组;[HAVING search_condition]进一步应用搜索条件;[ORDER BY order_expression [ASC | DESC]]对返回结果进行排序,默认排序为升序(ASC)。

12.3 SQLite

本节将介绍如何基于 sqlite3 模块在 Python 环境下开发 SQLite 数据库应用。选择 SQLite 数据库的原因在于 SQLite 已内嵌于 Python 中,无须再安装相应的数据库软件即可进行数据库操作。其他数据库引擎的使用则较为烦琐,它们都作为服务器程序运行,即使安装也需有管理员权限。所以,为了尽量专注于 Python DB-API 编程实践,这里选择数据库 SQLite,因为它并不需要作为独立的服务器运行。

SQLite 是 RichardHipp 建立的公有领域项目,其设计目标是嵌入式的,而且目前已应用于大量嵌入式产品。SQLite 属于轻型数据库,它遵守 ACID(原子性 A、一致性 C、隔离性 I 和持久性 D)原则,这也就意味着它支持事务(Transaction)处理。SQLite 占用资源率非常低，在嵌入式设备中，可能只需要占用其几百 KB 的内存。因此，它在移动设备中应用非常广泛。同时，它能够在大部分主流的操作系统环境下运行，同时能够跟多种流行程序语言结合使用，比如 Python、C#、PHP 和 Java 等，还有 ODBC 接口。最后，与其他两款开源的世界著名数据库管理系统（Mysql 和 PostgreSQL）相比，SQLite 的处理速度更快。

以下内容首先介绍 SQLite 的构建基础——数据类型，然后再演示如何利用 Python 标准库中 sqlite3 模块实现 SQLite 数据库编程。

12.3.1　SQLite 数据类型

大部分数据库引擎都使用静态的和刚性的类型，因此数据类型由它们的被存放的特定列决定。SQLite 采用更为一般的动态类型系统，具体而言，值的数据类型与值本身相关，而与它的存放列无关。值得注意的是，SQLite 的动态类型系统和其他数据库的静态类型系统是相互兼容的，但同时，SQLite 中的动态类型允许它可以做到一些传统静态类型数据库不可能完成的事。

1．存储类和数据类型

任何存储在 SQLite 数据库中或者由这个数据库引擎操作的值都属于以下存储类之一：
- NULL，值是 NULL。
- INTEGER，值是有符号整型，根据值的大小以 1、2、3、4、6 或 8 字节存放。
- REAL，值是浮点型，以 8 字节 IEEE 浮点数存放。
- TEXT，值是文本字符串，使用数据库编码（UTF-8、UTF-16BE 或者 UTF-16LE）存放。
- BLOB，值是一个数据块，完全按照输入存放。

由上可知，与数据类型相比，存储类更一般化。例如，对于 INTEGER 存储类，它具有 6 种不同长度的不同整型数据类型，这在磁盘上造成了差异。但是，一旦 INTEGER 值从磁盘读取到内存中处理，它们都将被转换成最一般的数据类型（8 字节有符号整型）。

对于 SQLite V3 数据库，除使用整型的主键外，其他列可用于存储任何一个存储列的值。SQL 语句中的所有值，不管它们是嵌入在 SQL 文本中还是作为参数绑定到一个预编译的 SQL 语句，其存储类型都是未定的。在下列情况中，数据库引擎会在执行查询过程中在数值存储类型（INTEGER 和 REAL）和文本存储类（TEXT）之间转换值：

- 布尔类型。SQLite 并没有单独的布尔存储类型，它使用 INTEGER 作为存储类型，0 为 false，1 为 true。
- Date 和 Time Datatype。SQLite 也没有为存储日期和时间设定一个存储类，但内置的 SQLite 日期和时间函数能够将日期和时间以 TEXT、REAL 或 INTEGER 形式存储。如：TEXT，以 ISO8601 字符串（"YYYY-MM-DD HH:MM:SS.SSS"）存储；REAL，以从格林威治时间 11 月 24 日，4174 B.C 中午以来的天数存储；INTEGER，以从 1970-01-01 00:00:00 UTC 以来的秒数存储。

数据库程序可任意选择这几类存储日期和时间，并且能够通过使用 SQLite 内置的日期和时间函数实现在这些格式之间的自由转换。

2. Affinity 类型

为了最大化 SQLite 和其他数据库间的兼容性，SQLite 支持列类型 affinity。列类型 affinity 是指存储在列中数据的推荐类型，当然这个类型是推荐的，而不是必需的。任何列能存储任意类型的数据。只是对于一些列，如果给予选择的话，相比于其他的一些类型，将会优先选择某些存储类型，这个列优先选择的存储类型被称为它的 affinity。

任意 SQLite V3 数据库中的列都被赋予为下面 affinity 类型中的一种：TEXT、NUMERIC、INTEGER、REAL 和 NONE。具有 TEXT affinity 的列可以用 NULL、TEXT 或者 BLOB 类型存储数据。如果数值数据被插入到具有 TEXT affinity 的列，在被存储前被转换为文本形式。具有 NUMERIC affinity 的列可以用表 12.3 中的所有五种存储类来存储数据。当文本数据被存放到 NUMERIC affinity 的列中，这个文本的存储类将根据优先级顺序被转换为 INTEGER 或 REAL。对于 TEXT 和 REAL 存储类之间的转换，如果数据的前 15 位被保留，SQLite 就认为这个转换是无损的、可反转的。如果 TEXT 到 INTEGER 或 REAL 的转换会造成损失，那么数据将使用 TEXT 类存储。声明数据类型及其 affinity 存储类型的详细对应关系请参见表 12.3。

表 12.3　列数据类型及其对应的 **affinity** 存储类型

列数据类型	affinity 存储类型
INT	INTEGER
INTEGER	INTEGER
TINYINT	INTEGER
SMALLINT	INTEGER
MEDIUMINT	INTEGER
BIGINT	INTEGER
UNSIGNED BIGINT	INTEGER
INT2	INTEGER
INT8	INTEGER
CHARACTER(20)	TEXT
VARCHAR(255)	TEXT
VARYING CHARACTER(255)	TEXT
NCHAR(55)	TEXT
NATIVE CHARACTER(70)	TEXT
NVARCHAR(100)	TEXT
TEXT	TEXT
CLOB	TEXT
BLOB	NONE
无类型声明	NONE
REAL	REAL
DOUBLE	REAL
DOUBLE PRECISION	REAL
FLOAT	REAL

续表

列数据类型	affinity 存储类型
NUMERIC	
DECIMAL(10,5)	
BOOLEAN	NUMERIC
DATE	
DATETIME	

某些字符串可能类似浮点数据,有小数点或指数符号,但是只要这个数据可以使用整型存放,NUMERIC affinity 就会将它转换到整型。比如,字符串'6.0e3'存放到一个具有 NUMERIC affinity 的列中,被存为 6000,而不是浮点型值 6000.0。具有 INTEGER affinity 的列和具有 NUMERIC affinity 的列表现相同,它们之间的差别仅处于转换描述上。具有 REAL affinity 的列和具有 NUMERIC affinity 的列一样,除了它将整型数据转换成浮点型形式。具有 affinity NONE 的列不会优先选择一个存储列,也不会强制将数据从一个存储类转换到另外一个类。

3. 列 affinity 存储类型的决定规则

列的声明数据类型决定了列 affinity 存储类,主要遵循以下优先规则:

(1) 声明类型包含'INT'字符串,那么这个列被赋予为与 INTEGER 近似。

(2) 声明类型包含'CHAR'、'CLOB'或者'TEXT'中的任意一个,那么这个列属于 TEXT affinity。注意类型 VARCHAR 包含了'CHAR'字符串,那么也就被赋予了 TEXT affinity。

(3) 声明类型中包含了字符串'BLOB'或没有为其声明类型,这个列被赋予 affinity NONE。

(4) 其他的情况,列被赋予 NUMERIC affinity。

例如,一个列的声明类型为'CHARINT'的列同时会匹配规则 1 和规则 2,但是第一个规则占有优先级,所以这个列的近似将是 INTEGER。

12.3.2 sqlite3 模块

从 2.5 版本开始,Python 的标准库已包含一个 PySQLite 模块,用于实现 SQLite 相关操作。因此使用较新版本 Python 的用户无须再单独安装 PySQLite 和 SQLite 就可实现数据库编程。在具体编程中,可以将 SQLite 作为名为 sqlite3 的模块导入,然后使用 DB-API 中相关的工具与方法进行 Python 数据库编程。

```
>>> import sqlite3
```

1. 创建(打开)数据库

sqlite3 模块遵循 DB-API 的一般方法,因此应构建起 Python 程序与 SQLite 之间的连接。可通过创建连接对象实现该功能:

```
>>> import sqlite3
>>> conn = sqlite3.connect('test.db')
```

以上语句构建了一个名称为 conn 的连接对象,通过它可实现 Python 程序与 SQLite 数据库 test.db 之间的连接。如果 test.db 数据库文件已经存在,则会打开该数据库,建立起它与程序之间的连接;如果 test.db 数据库文件不存在,则在程序根目录下新建该数据库文件,并建立起连接。

2. 创建游标

一旦构建了连接对象,就可以使用 DB-API 的标准方法:利用 cursor() 新建一个游标对象;利用 execute() 执行 SQL 语句;利用 commit() 执行事务提交;利用 rollback() 实现事务回滚;利用 close() 实现数据库系统关闭。为了进一步的 SQL 操作,需进一步构建一个游标对象:

```
>>> cur = conn.cursor()
```

关于游标对象的内置方法与属性,请参考表 12.1。下面将通过构建一个简单的书籍数据管理系统来演示如何实现 Python 数据库编程。

3. 创建表

至此,我们已经有了 test.db 数据库的连接和游标。在此基础上,应首先构建两个数据表:genre 和 book。

```
>>> cur.execute('''CREATE TABLE genre (
                    g_id integer PRIMARY KEY,
                    g_name varchar(10) NOT NULL)
                ''')
>>> cur.execute('''CREATE TABLE book (
                    b_id integer PRIMARY KEY,
                    b_name varchar(10) NOT NULL,
                    b_price float NOT NULL,
                    b_date text NULL,
                    b_genre REFERENCES genre(g_id) ON UPDATE CASCADE ON DELETE CASCADE)
                ''')
```

数据表 genre 包含两个列 g_id 和 g_name,其中 g_id 是种类编号,整型,主键;g_name 是种类名称,字符型,不为空。数据表 book 包含五个列,其中,对 b_genre 应用了外键约束 UPDATE CASCADE 和 DELETE CASCADE,即如果 genre 中的 g_id 如果被更新或者删除,则 b_genre 也会进行相应的更新或删除。

如果需要在已构建的表中增加列,则可通过运行以下类似语句实现:

```
>>> cur.execute('''ALTER TABLE genre ADD COLUMN g_comm text NULL''')
```

以上语句实现了向表 genre 插入新列 g_comm。

4. 插入数据

构建好表的结构之后,就可以向表中插入数据:

```
>>> cur.execute('''insert into genre values(1,'History','to know the history of human wolrd')''')
```

```
>>> cur.execute('''insert into genre values(2,'Social science','to better understand the society
')''')
>>> cur.execute("insert into genre values(?,?,?)",(3,'Fiction','to better understand humanity
'))
```

以上语句实现了通过 execute 向数据表 genre 中插入三行数据(1,'History','to know the history of human wolrd')、(2,'Social science','to better understand the society')和(3,'Fiction','to better understand humanity')。对于第 3 行语句,使用了(?,?,?)格式,而非标准的 Python 字符串格式(%s,%s,%s),这是因为,字符串格式化会将所有的待转值转化成目标字符串中的字符,而不会保留"。如果列类型是 TEXT affinity,则会出错。

```
>>> book_list = [(11,'The Invisible Man','$20.0','2014-05-06',3),
                 (21,'Flowers for Algernon','$40.5','2015-04-07',3),
                 (31,'A Short History of the United States','$55.6','2013-07-01',1)]
>>> cur.executemany("insert into book values(?,?,?,?,?)",book_list)
>>> cur.execute("insert into book values(:b_id,:b_name,:b_price,:b_date,:b_genre)",
{'b_id':41,'b_name':'Socialintelligence','b_price':'$39.0','b_date':'2011-05-03','b_genre'
:2})
```

以上语句通过 executemany 一次性将 book_list 中的元素插入数据表 book 中,并通过字典形式赋值插入一条记录。此外,以下插入操作将失败:

```
>>> cur.execute("insert into book values(?,?,?,?,?)",(41,'A Short History of the Unitd States',
'$55.6','2013-07-01',3))
IntegrityError   Traceback (most recent call last)
<iPython-input-23-c2e79574a3fa> in <module>()
----> 1 cur.execute("insert into book values(?,?,?,?,?)",(41,'A Short History of the Unitd
States','$55.6','2013-07-01',3))

IntegrityError: PRIMARY KEY must be unique
```

原因在于数据库实施了参照完整性,主键值不能重复出现在数据表中。

5. 更新数据

在具体数据库应用中,更新操作是维护数据库系统的重要方法之一。如果要将编号为 31 的书籍的价格修改为 $45,则可通过运行以下语句实现:

```
>>> cur.execute("UPDATE book SET b_price = '$45' WHERE b_id == 31")
```

6. 查询数据

运行以下语句,将查询得到种类编号为 3 的所有书籍的编号、名称、价格和种类名称。

```
>>> cur.execute('''SELECT book.b_id,book.b_name,book.b_price,genre.g_name
            FROM book join genre
            ON book.b_genre = genre.g_id
            WHERE genre.g_id = 3''')
```

当然,数据查询操作内容十分丰富,其中涉及表与表之间的连接、选择表达式的书写、查询列的选择等,具体请参照 DQL 规范。

7. 删除数据

运行以下语句,可删除 b_genre 值为 3 的行:

>>> cur.execute("DELETE FROM book WHERE b_genre = 3")

运行以下语句,可删除表中所有记录:

>>> cur.execute("DELETE FROM book")

以上功能也可通过 cur.execute("TRUNCATE TABLE book")实现。

通过以上数据库操作示例,我们已经初步了解到基于 Python 实现 SQLite 数据库编程的一般方法与流程。当然,也要注意在操作过程中执行挂起事务的提交,即及时执行 conn.commite();否则,可能会出现数据丢失的情形。

12.4 应用实例:学生管理数据库系统

本节将通过一个学生管理数据库系统的开发过程来展示如何系统地基于 Python 实现 SQLite 数据库编程。以下内容首先提出数据库系统的基本结构,然后介绍如何通过 SQLite 逐步达到这些要求并进行常规操作。

12.4.1 数据表结构

该学生管理数据库系统包括四张表:专业表、学生表、课程表和成绩表,实现对学生信息、专业信息、课程信息和成绩的综合管理。

1. 专业表

专业表包括专业编号和专业名称两个列,具体设置见表 12.4。

表 12.4 专业表的结构

列　　名	类　　型	可否为空	列值可否重复	默　认　值	是否为主键
专业编号	varchar(7)	不可为空	否	无	是
专业名称	varchar(7)	不可为空		无	否

2. 学生表

学生表包括学号、姓名、性别、生日、专业编号、奖学金、党员、照片和备注等列,具体设置见表 12.5。其中,学生表中的专业编号以专业表中的专业编号作为外键,实施参照完整性。

3. 课程表

课程表包括课程号、课程名称、先修课程代码、学时和学分等列,具体设置见表 12.6。

表 12.5 学生表的结构

列 名	类 型	可否为空	列值可否重复	默 认 值	是否为主键
学号	varchar(7)	不可为空	否	无	是
姓名	varchar(7)	不可为空		无	
性别	tinyint	不可为空		无	
生日	text	不可为空		无	
专业编号	varchar(7)	不可为空		无	
奖学金	numeric			无	
党员	tinyint			无	
照片	blob			无	
备注	Text			无	

表 12.6 课程表的结构

列 名	类 型	可否为空	列值可否重复	默认值	是否为主键
课程号	varchar(7)	不可为空	否	无	是
课程名称	varchar(7)	不可为空		无	
先修课程代码	varchar(7)	可为空		无	
学时	smallint	不可为空		无	
学分	samllint	不可为空		无	

4. 成绩表

成绩表包含三列:学号、课程号和成绩,具体见表 12.7。其中,学号和课程号共同构建为主键。同时,该表中的学号以学生表的学号作为外键,课程号以课程表中的课程号作为外键,实施参照完整性。

表 12.7 成绩表的结构

列 名	类 型	可否为空	列值可否重复	默 认 值	是否为主键
学号	varchar(7)	不可为空		无	是
课程号	varchar(7)	不可为空		无	是
成绩	smallint			无	

12.4.2 学生管理数据库系统实现

1. 数据准备

为了规范数据输入,分别用 4 个 txt 文档存储 4 张表原始数据。文档中的数据组织形式为:列 1 值,列 2 值,⋯以专业表为例,在对应的 txt 文档中,数据组织形式如下:

01,国际经济与贸易
02,工商管理
⋯
16,第二学位班

因此，在构建好相应的数据表结构之后，可方便地编写函数统一将 txt 文档中的数据导入到对应的数据表中。

2. 关键函数

为了提高数据库系统构建过程中代码的效率，应将可能重复执行的代码包装成函数。本系统开发中构建了以下函数：

- 数据表创建及数据导入函数——create_table。
- 数据表结构查询函数——table_struct。
- 数据表记录查询函数——table_quer。

3. 数据库系统构建代码实现

```python
#coding=utf-8 #因为后面会有中文字符，所以.py文档应该以utf-8编码，以防出现乱码
import sqlite3
conn = sqlite3.connect('Shift_MIS.db')
cur = conn.cursor()
cur.execute("PRAGMA foreign_keys = ON")

#构建数据表创建及文本数据导入函数
def create_table(conn,cur,tab_name,col_prop_list,txt_path):
    col_name_props = ','.join(col_prop_list)
    cur.execute('CREATE TABLE IF NOT EXISTS %s(%s)'%(tab_name,col_name_props))
    f = open(txt_path,'r')
    for x in f:
        x = x.decode('gbk').rstrip().split(',')
        a = [ "'%s'"%x[i]  for i in range(len(x))]
        x = ','.join(a)
        cur.execute('INSERT INTO %s values(%s)'%(tab_name,x))
    f.close()
    print u'         %s 创建成功'%tab_name
    print u'         %s 导入成功'%txt_path
    conn.commit()

#构建数据表结构查询函数
def table_struct(cur,tab_name):
    cur.execute("PRAGMA table_info(%s)"%tab_name)
    t_struct = cur.fetchall()
    for item in t_struct:
        for x in item:
            if type(x)!= unicode:
                x = str(x)
            print x+'\t',
        print

#构建数据表内容查询函数
def table_quer(cur,tab_name,col_names='*',num_line=None):
    cur.execute('select %s from %s'%(col_names,tab_name))
    Li = cur.fetchall()
```

```python
        for line in Li[:num_line]:
            for item in line:
                if type(item) != unicode:
                    s = str(item)
                else:
                    s = item
                print s + '\t',
            print

#主程序
if __name__ == '__main__':
    #(1)创建专业表
    tab_name_1 = u'专业表'
    col_prop_list_1 = [u'专业编号 varchar(7) primary key',u'专业名称 varchar(7)']
    txt_path_1 = u'专业表.txt'
    create_table(conn,cur,tab_name_1,col_prop_list_1,txt_path_1)


    #(2)创建学生表
    tab_name_2 = u'学生表'
    col_prop_list_2 = [ u'学号 varchar(7) primary key',
                        u'姓名 varchar(7)',
                        u'性别 tinyint',
                        u'生日 text NULL',
                        u'专业编号 varchar(7) REFERENCES 专业表(专业编号) ON UPDATE CASCADE ON DELETE CASCADE',
                        u'奖学金 numeric NULL',
                        u'党员 tinyint NULL',
                        u'照片 blob NULL',
                        u'备注 text NULL']
    txt_path_2 = u'学生表.txt'
    create_table(conn,cur,tab_name_2,col_prop_list_2,txt_path_2)

    # (3) 创建课程表
    tab_name_3 = u'课程表'
    col_prop_list_3 = [u'课程号 varchar(7) primary key',u'课程名称 varchar(7) NULL',u'先修课程代码 varchar(7) NULL',u'学时 smallint',u'学分 smallint']
    txt_path_3 = u'课程表.txt'
    create_table(conn,cur,tab_name_3,col_prop_list_3,txt_path_3)

    #(4)创建成绩表
    tab_name_4 = u'成绩表'
    col_prop_list_4 = [u'学号 varchar(7) REFERENCES 学生表(学号) ON UPDATE CASCADE ON DELETE CASCADE',
                       u'课程号 varchar(7) REFERENCES 课程表(课程号) ON UPDATE CASCADE ON DELETE CASCADE',
                       u'成绩 smallint NULL',
                       u'PRIMARY KEY (学号,课程号)']
    txt_path_4 = u'成绩表.txt'
    create_table(conn,cur,tab_name_4,col_prop_list_4,txt_path_4)
```

以上程序运行结果：

专业表创建成功
  专业表.txt 导入成功
学生表创建成功
  学生表.txt 导入成功
课程表创建成功
  课程表.txt 导入成功
成绩表创建成功
  成绩表.txt 导入成功

且将在.py 文档的根目录下生成数据库文件 Shift_MIS.db。

4．数据库操作

首先，查询数据库中所有的数据表：

```
>>> for x in cur.execute("select name from sqlite_master where type = 'table' order by name").fetchall():
    print x[0]
专业表
学生表
成绩表
课程表
```

以下将查询所构建数据库中的数据表结构及前 10 行内容。

1）专业表

数据结构查询：

```
>>> table_struct(cur,tab_name_1)
0    专业编号    varchar(7)    0N    one1
1    专业名称    varchar(7)    0N    one0
```

前 10 行数据查询：

```
>>> table_quer(cur,tab_name_1,col_names = ' * ',num_line = 10)
01    国际经济与贸易
02    工商管理
03    市场营销
04    电子商务
05    金融学
06    经济学
07    财务管理
08    商法
09    国际经济法
10    英语
```

2）学生表

数据结构查询：

```
>>> table_struct(cur,tab_name_2)
0    学号       varchar(7)    0    None1
```

1	姓名	varchar(7)	0	None	0
2	性别	tinyint	0	None	0
3	生日	text	0	None	0
4	专业编号	varchar(7)	0	None	0
5	奖学金	numeric	0	None	0
6	党员	tinyint	0	None	0
7	照片	blob	0	None	0
8	备注	text	0	None	0

前10行数据查询(包括学号、姓名、专业和奖学金):

```
>>> col_list = u'学号,姓名,专业编号,奖学金'
>>> table_quer(cur,tab_name_2,col_names = col_list,num_line = 10)
0305362    何佳       05
0307341    周步新     07    ￥100.00
0401042    张文倩     01    ￥901.25
0402201    陈雯琼     02    ￥700.00
0404954    熊容       04    ￥801.25
0405342    冯亮       05
0405545    王颖       05
0405845    赵艺敏     05
0406211    朱祺舟     06
0408323    黄丽倩     08
```

3) 课程表

数据结构查询:

```
>>> table_struct(cur,tab_name_3)
0   课程号          varchar(7)    0    None    1
1   课程名称        varchar(7)    0    None    0
2   先修课程代码    varchar(7)    0    None    0
3   学时            smallint      0    None    0
4   学分            smallint      0    None    0
```

前10行数据查询:

```
>>> table_quer(cur,tab_name_3,num_line = 10)
01   大学英语(泛读)          108    4
02   大学英语(精读)    01    108    4
03   电子商务          09    36     2
04   高等数学                54     3
05   管理信息系统      09    36     2
06   国际金融          17    54     4
07   宏观经济学              54     4
08   会计学            15    108    4
09   计算机应用基础          108    4
10   经济法                  54     3
```

4) 成绩表

数据结构查询:

```
>>> table_struct(cur,tab_name_4)
```

```
0    学号     varchar(7)   0   None1
1    课程号    varchar(7)   0   None1
2    成绩     smallint     0   None0
```

前 10 行数据查询:

```
>>> table_quer(cur,tab_name_4,num_line = 10)
0305362    09   65
0305362    13   98
0305362    17   56
0307341    03   78
0307341    09   78
0307341    15   70
0307341    18   78
0401042    03   88
0401042    04   72
0401042    07   92
```

5) 综合查询

数据库创建成功之后,用户可以根据自己的需求,通过编写 SQL 语句,进行相应的查询操作。例如,以下查询语句的执行将返回国际贸易法课程成绩低于 60 分的学生的学号、姓名、课程名称和成绩,并按学号的升序排列。

```
>>> cur.execute('''SELECT 学生表.学号,学生表.姓名,课程表.课程名称,成绩表.成绩
           FROM 学生表 JOIN 成绩表 JOIN 课程表
           ON 学生表.学号 = 成绩表.学号 AND 课程表.课程号 = 成绩表.课程号
           WHERE 成绩表.成绩 < 60 and 课程表.课程名称 = '国际贸易法'
           ORDER BY 学生表.学号 ASC''')
>>> for line in cur.fetchall():
        for x in line:
            if type(x)!= unicode:
                x = str(x)
            print x + '\t',
        print
9701040    关雨钦     国际贸易法    53
9702016    李晓晓     国际贸易法    51
9702020    潘姝洁     国际贸易法    55
9703001    薛金家佳    国际贸易法    54
9704002    张家惠     国际贸易法    55
9704008    叶思远     国际贸易法    50
9704018    鲁希佳     国际贸易法    54
9707005    王珀      国际贸易法    53
9707023    侯莹      国际贸易法    54
9709012    张弛      国际贸易法    54
9709013    钱益德     国际贸易法    56
```

12.5 本章小结

本章介绍了如何通过 Python 进行数据库应用开发。

首先,12.1 节简要介绍了 Python 数据库应用程序接口 DB-API,具体包括 DB-API 的

三个关键字(apilevel、threadsafety 和 paramstyle),以及 DB-API 中连接对象的方法与属性(参见表 12.1)。此外,12.1 节也详细介绍了游标对象的方法与属性(参见表 12.2)。

然后,12.2 节介绍了常用的结构化查询语言(Structured Query Language,SQL),具体包括 DDL、DML 和 DQL,以为后面的数据库应用开发做准备。

接下来,第 3 小节介绍了一个与 Python 集成度非常高的数据库——SQLite,重点介绍了它的列数据类型,以及 Python 中的模块 sqlite3。

最后,在 sqlite3 的基础上,12.4 节以一个学生成绩管理数据库系统的开发为例,展示了如何利用 sqlite3 构建数据库系统。

习题 12

请结合本章知识,在本章学生管理数据库系统的基础上进行如下操作:
(1) 在学生表中新增一行数据(注意专业编码的参照完整性)。
(2) 更新学号为 0307341 的电子商务(课程号为 03)的成绩,将其修改为 80。
(3) 删除学号为 0502313 的学生表记录。
(4) 查询电子商务(课程号为 03)课程成绩为优秀的学生名单,返回学号、姓名、专业和分数。

第13章 网络数据获取

本章学习目标
- 了解网页的组织形式
- 了解 HTML 和 XML 文档结构和标签含义
- 掌握 urllib 和 BeautifulSoup4 模块

随着在世界范围内的普及,互联网产生了越来越多的数据。互联网记录了近年来人类社会各方面的发展,蕴藏着大量对生产实践过程有用的信息。然而,数据量的增大也带来了信息过载问题。通常而言,单凭人力难以完成人们所需数据的检索与获取。所幸依赖于计算机科技的飞速发展,人们可以利用计算机代替或者协助人力完成这项浩繁的任务。本章内容正是为获取网络数据做准备。当然,本章内容限于互联网网页数据的获取。首先,介绍了互联网网页的两种流行格式:HTML 和 XML;然后,介绍了如何通过 urllib 获取网页数据;最后,介绍了如何利用 BeautifulSoup4 解析网页文档。

13.1 网页数据的组织形式

网页作为一个整体的获取并不复杂,困难之处在于如何从网页数据中提取出用户所需要的数据。这就非常有必要了解网页是如何组织的。在浏览器中,用户可以看见网页的最终呈现形式,很清楚地知道自己需要哪些数据。通常而言,计算机程序获取的是以文本形式存在的网页源代码,必须由用户"告知"它提取网页源代码中的哪部分数据。本节将简要介绍两种典型的网页组织方式(HTML 和 XML),为网络数据的提取做好基础工作。

13.1.1 HTML

HTML,即超文本标记语言(Hyper Text Markup Language),是一种规范、一种标准,它通过标记符号来标记要显示网页的各个部分。HTML 是网页的本质,它使用标记标签来描述网页,通过与如脚本语言、公共网关接口、组件等 Web 技术的结合,可设计出功能强大的网页。值得注意的是,HTML 并不是一种编程语言,而是一种标记语言,是 Web 编程的基础。

HTML 文档的编写并不很复杂,但其功能却异常强大,不同格式的数据文件可以便捷地嵌入到 HTML 文档之中。HTML 有以下几个主要特点:

- 简易性。HTML 版本的升级采用超集方式，从而更加灵活方便。
- 可扩展性。HTML 被广泛应用的同时，也促使越来越多的组织或个人为 HTML 开发新功能，增加新的标识符。HTML 采取子类元素的方式，为其扩展带来了保障。
- 平台无关性。近几十年来，Windows 操作系统一直是市场主流，但 MAC OS、Linux、UNIX 等其他操作系统使用者也为数众多。HTML 是一项互联网通用标准，它的使用并不依赖于特定的操作平台。
- 通用性。HTML 是一项简单、通用的全置标记互联网语言。网页制作者可基于 HTML 建立文本、图片、音频和视频相结合的复杂页面。这些页面可以被他人浏览，无论他们使用的是什么类型的操作平台或浏览器。

HTML 文档包含 HTML 标签(TAG)和文本，通过它们来描述网页。Web 浏览器的作用是将 HTML 源文档转化成网页形式，并显示出它们。浏览器本身并不会显示出 HTML 标签，而是使用它们来解释页面的内容。

1. HTML 元素

HTML 标签用<>来标记，比如< title >表示接下来的内容是网页标题。HTML 标签通常是成对出现的，比如< b >和</b >。标签对中的第一个标签是开始标签(也称为开放标签)，第二个标签是结束标签(也称为闭合标签)。

开始标签和结束标签及它们中间包含的内容构成一个元素。某些 HTML 元素具有空内容。空元素在开始标签中进行关闭(以开始标签的结束而结束)。大多数 HTML 元素可拥有属性。大多数元素之中可以嵌套其他元素。例如，html 元素< html >…</html >中间可以嵌套主体元素< body >…</body >，而主体元素< body >…</body >之间又可以嵌套段落元素< p >…</p >元素。对于 HTML 文档，嵌套是它最基本的组织结构之一。对于 HTML 元素，有以下几个需要注意的问题：

- 结束标签。对于目前 HTML 4.01 版本而言，即使忘记使用结束标签，大多数浏览器也会正确地显示相应 HTML 内容。然而，并不建议这种做法。在未来的 HTML 版本中将逐步严格要求使用结束标签。
- 空元素。没有内容的 HTML 元素即为空元素。它并不需要通过类似于< Tag >…</Tag >的方式开始和关闭标签，而通过<… />标签直接开始和结束标签。换行标签(< br >)就是一种空元素。正确的关闭空元素的方法是在开始标签直接添加斜杠，比如< br />。目前，HTML、XHTML 和 XML 都接受这种方式。也就是说，即使< br >在所有浏览器中都是有效的，但使用< br />其实是更有效的保障。
- 标签大小写。目前，HTML 标签对大小写不敏感：< BR >等同于< br >。许多网站都使用大写的 HTML 标签。值得注意的是，万维网联盟(W3C)在 HTML 4 中推荐使用小写，而在未来(X)HTML 版本中强制使用小写。

从以上可以看出，在当前的互联网环境下，HTML 文档并不是严格组织的，也许会出现一些标签的缺失和不规范。因此，这就需要使用工具去补全 HTML 文档的结构。表 13.1 列举了一些最常用的 HTML 元素。

表 13.1 一些常见 HTML 元素

元 素	描 述
\<a\>	超链接
\<body\>	文档主体
\<br /\>	换行，空元素
\<div\>	与 CSS 一同使用，可用于对大的内容块设置样式属性。另一个常见的用途是文档布局
\<form\>	表单，一个包含表单元素的区域。它允许用户在表单中输入信息的元素
\<h1\>	一级标题
\<html\>	html 标签，通常位于 html 文件头尾
\<iframe\>	内联架构，通过 URL 指向另一个页面
\<ol\>	有序列表
\<p\>	段落
\<span\>	内联元素，可用作文本容器。与 CSS 一起使用，可为部分文本设置样式属性
\<table\>	表格
\<title\>	文档标题，不出现在网页内容中
\<ul\>	无序列表

2．HTML 属性

HTML 标签可以拥有属性，属性提供了关于 HTML 元素的更多信息。属性在 HTML 元素的开始标签中定义，总是以名称/值对的形式出现，比如：name="value"。属性有以下注意事项：

- 大小写。属性和属性值不区分字母大小写。不过，万维网联盟在其 HTML 4 推荐标准中推荐小写的属性/属性值，新版本的(X)HTML 要求使用小写属性。
- 值应包含在引号内。属性值应该始终被包括在引号内，双引号和单引号均可。当属性值本身就含有双引号，那么必须使用单引号，例如：goal = 'setup "the rules"'。

表 13.2 为 HTML 的一些全局属性及其描述。

表 13.2 一些常见 HTML 全局属性

属 性	描 述
accesskey	规定激活元素的快捷键
class	规定元素的一个或多个类名(引用样式表中的类)
contenteditable	规定元素内容是否可编辑
contextmenu	规定元素的上下文菜单。上下文菜单在用户单击元素时显示
data-*	用于存储页面或应用程序的私有定制数据
dir	规定元素中内容的文本方向
draggable	规定元素是否可拖动
dropzone	规定在拖动被拖动数据时是否进行复制、移动或链接
hidden	规定元素不相关或不再相关
id	规定元素的唯一 id
lang	规定元素内容的语言
spellcheck	规定是否对元素进行拼写和语法检查
style	规定元素的行内 CSS 样式

续表

属性	描　述
tabindex	规定元素的 Tab 键次序
title	规定有关元素的额外信息
translate	规定是否翻译元素内容

13.1.2　XML

XML，即可扩展标记语言(Extensible Markup Language)，是一种用于标记电子文件使其具有结构性的标记语言。1998年2月，W3C正式批准了可扩展标记语言的标准定义，XML可对文档和数据进行结构化处理，从而能够在企业内外部进行数据交换，实现动态内容的生成。XML可帮助人们更准确地搜索，更方便地传送软件组件，更好地描述一些事物。

XML是各种应用程序之间进行数据传输的最常用的工具。其设计宗旨是传输数据，而非用于显示数据。此外，它并没有预定义的标签，用户需根据其实际需求自行定义标签。XML文档不会对标签或数据内容本身做任何变换，它只是被设计用来结构化、存储及传输信息。用户需要通过编写程序或软件，才能传送、接收和显示XML文档。

HTML和XML都是标准通用标记语言的子集，前者旨在显示数据内容，而后者旨在传输和存储数据内容。此外，与HTML相比，XML的标记需成对出现，且区分大小写字母。最后，存在错误的HTML文档是可能编译的，而存在语法错误的XML文档则应避免继续编译。

目前，XML在互联网应用所起的作用已经不亚于一直作为互联网基石的HTML。XML是各种应用程序之间进行数据传输的最常用的工具，并且在信息存储和描述领域变得越来越流行，它已经无所不在。XML具有以下用途[①]：

- 实现HTML布局与数据的分离。XML文件可独立地存储独立的数据，因此用户可专注于HTML的布局和显示，而无须因数据的变更而修改HTML文档。
- 简化数据共享。作为一种通用标记语言，XML可以在不同的计算机系统、不同的操作系统、不同的应用程序之间交换数据，从而使数据的共享更加简单。
- 简化数据传输。XML使不兼容系统之间的数据传输更加轻松。
- 简化平台变更。由于XML在数据共享与传输方面的功能，平台的变更更自由。
- 创建新的Internet语言。如XHML、WAP、WAML、RSS等都是通过XML创建的。

在论述XML的特点和用途之后，下面把重点转移到其本身——结构和语法。

1. XML结构和语法

XML文档形成了一种树形结构，它从根元素开始，然后扩展到叶元素。XML文档必须包含根元素，该元素是所有其他元素的父元素。形象地看，XML文档中的元素可以构成一棵文档树。这棵树从根部开始，一直扩展到树的最顶端，所有元素均可拥有子元素。父、子以及同胞等术语用于描述元素之间的关系。父元素拥有子元素，相同层级上的子元素成

---

① http://www.w3school.com.cn/xml/xml_usedfor.asp

为同胞(兄弟或姐妹),所有元素均可拥有文本内容和属性。

以下语句是一个用于表示书店数据的 XML 语句:

```
<bookstore>
<book>
<book cate = "SCIENTIFIC FICTION">
    <title lang = "en">The Memory of Whiteness: A Scientific Romance</title>
    <author>Kim Stanley Robinson</author>
    <year>2014</year>
    <price>50.00</price>
</book>
<book cate = "SOCIALOGY">
    <title lang = "en">Sociology: Study Guide</title>
    <author>Carol A. Mosher</author>
    <year>1991</year>
    <price>129.00</price>
</book>
</bookstore>
```

可以看出,<bookstore>是父元素,它拥有<book cate>、<title>、<author>、<year>、<price>等子元素;而<book>则拥有<title>、<author>、<year>、<price>等子元素;<title>、<author>、<year>、<price>互为同胞元素。

XML 的语法非常简单清晰,一份合法的 XML 文档具有以下特点[①]:

- 元素必须有关闭标签,而 HTML 在某些情况下可以省略关闭标签。
- 标签区分字母大小写,而 HTML 不区分字母大小写。
- 必须正确地嵌套。
- 文档必须有根元素。即必须有一个元素是其他所有元素的父元素。
- 属性值须添加引号。和 HTML 一样,XML 也可用"名称/值"对表示属性,其中属性值需用单引号或双引号括起来。
- 实体引用。在 XML 中,有 5 个预定义的实体引用:<对应<、>对应>、&对应 &、'对应'、"对应"。
- 与 HTML 不同,XML 文本内容中的空格会被保留。
- XML 以 LF 存储换行。

2. XML 元素和属性

与 HTML 一样,XML 也由元素构成,元素也可以拥有属性。元素包括从开始标签直到结束标签的所有部分。元素包括标签、修饰标签的属性和文本构成。与 HTML 不同的是,XML 的元素标签都是用户自定义的,而非预定义的。因此,XML 中的标签可以有任意多个,且可表达一定的实际含义。这也是 XML 可作为数据传输和存储文档的关键所在。最后,XML 元素是可扩展的,因此这也使得它可以携带尽可能多的元素。即使在一些编辑完成的 XML 文档元素中插入新的内容也并不会影响到其他应用程序对原有文档数据的提

---

① http://www.w3school.com.cn/xml/xml_syntax.asp

取,这也是 XML 的关键优势之一。

XML 的元素大部分都是用户自定义的,其命名需要遵循一定的规范[①]:
- 可以包含字母、数字及其他字符。
- 不能以数字或标点符号作为开头。
- 不能以字符"xml"(或 XML、Xml)作为开头。
- 不能包含空格。

XML 并没有保留字,因此在遵循以上规则的前提下,可使用任意字符作为元素名称。然而,由于 XML 是用于数据传输的,元素的命名最好可标识相对应的实际含义,元素的命名也应尽量简短。此外,由于 XML 中数据的提取是在其他软件中进行的,因此命名元素时需考虑到对应软件的处理习惯,以免造成一些不必要的麻烦。

类似于 HTML,XML 元素也可以在开始标签中包含属性,以提供关于元素的附加信息。元素的属性通常提供不属于数据组成部分的信息,但它们对如何处理元素中的数据却很重要。很多时候,属性说明了元素的处理方式。从形式上来看,属性值必须被引号包围,当然单引号和双引号均可使用。

从原则上说,任何元素的开始标签都可以包含属性。然而,从 XML 的数据传输与数据存储的功能出发,如果属性本身看起来像一种说明其父元素的数据,则尽量选择用元素来描述数据,而使用属性提供与数据无关的信息。当然,也有例外情况。有时候可能要向元素分配 ID 索引,这些 ID 索引可用于标识 XML 元素,它的作用方式与 HTML 中 ID 属性是一样的。因此,元数据(即有关数据的数据)应当存储为属性,而数据本身应当存储为元素。

13.2 利用 urllib 处理 HTTP 协议

如何获取网页数据呢? 说简单点,其实就是根据 URL 来获取网页信息。在浏览器中,呈现给用户的可能是排版良好、图文并茂的一个网页,其实这是浏览器解释的结果。其实,它是一段结合有 JS 和 CSS 的 HTML 代码。形象地说,如果把网页比作一个人,那么 HTML 便是骨架,JS 是肌肉,CSS 则是衣服。

本节将继续讲解如何使用 Python 标准库中的 urllib 获取网页的 HTML 源代码,以及如何使用 BeautifulSoup4 提取各种元素。

互联网中最基本的传输单元是网页。WWW 的工作基于 B/S 计算模型,由网络浏览器和网络服务器构成,两者之间采取超文本传送协议(HTTP)通信。HTTP 协议构建于 TCP/IP 协议之上,是网络浏览器和网络服务器之间的应用层协议,是一种通用的、无状态的、面向对象的协议。一般而言,HTTP 协议的工作过程包含以下四个步骤:

(1) 建立连接(connect)。浏览器与服务器建立连接,打开一个称为 socket(套接字)的虚拟文件,该文件的建立标志着连接已成功。

(2) 浏览器请求(request)。浏览器通过 socket 向网络服务器提交请求。HTTP 请求一般是 GET 或 POST 命令,后者用于 FORM 参数的传递。GET 命令的格式为:GET 路

---

① http://www.w3school.com.cn/xml/xml_elements.asp

径/文件名 HTTP/1.0。文件名指出所访问的文件,HTTP/1.0 指出浏览器使用的 HTTP 版本。

（3）服务器应答(response)。浏览器提交请求后,通过 HTTP 协议传送给服务器。接到请求后,网络服务器进行事务处理,处理结果又由 HTTP 协议传回给浏览器,从而在浏览器上显示出所请求的页面。

（4）关闭连接(close)。应答结束后,浏览器与服务器之间的连接必须断开,以释放服务器资源,保证其他浏览器能够与该服务器建立连接。

假设浏览器与 www.myschool.com:8080/index.html 建立了连接,就会发送 GET 命令：GET /index.html HTTP/1.0。主机名为 www.myschool.com 的服务器从它的文档空间根目录下搜索文件 index.html。如果找到该文件,则服务器把该文件内容传送给相应的浏览器。

urllib 提供了一系列用于操作 URL、且进一步获取 URL 所定位的数据文档的高层接口。其中,该模块的 urlopen()方法类似于 Python 内置方法 open(),但接受的是 url 作为其参数。此外,urllib 仅支持只读方式打开 url,并且没有类似 seek()的方法定义指针。

urllib.urlopen(url[,data[,proixes,[,context]]])用于打开一个由 url 标记的网络对象,以进行读取。第一个参数 url 即为 URL,第二至四个参数可以不传递。第二个参数 data 可用于传递某个 POST 请求（通常请求类型为 GET）,该参数值最好通过使用 urlencode()方法获取。第三个参数 proxies,urlopen()函数对于代理的使用非常透明,并不要求身份验证。在 UNIX 或者 Windows 环境下,进行 Python 编译之前,需为 URL 设置 http_proxy 和 ftp_proxy 环境变量,以定位到目标代理服务器。proxies 参数应该设定为一个主机后缀的逗号分割列表,可选择在 URL 后附加":port"。在 Windows 环境下,如果未设置代理环境变量,则代理设置参数采用注册表中的 Internet 设置；Mac OS X 环境下,则代理设置采用 OS X 系统配置框架。当然,也可以设置为不使用代理。以下是一些使用 HTTP 代理的几种情况及其例子：

- 使用 http://www.someproxy.com:3128 作为 http 代理。

```
>>> proxies = {'http': 'http://www.someproxy.com:3128'} #使用
>>> filehandle = urllib.urlopen(some_url, proxies = proxies)
```

- 不使用 http 代理。

```
>>> filehandle = urllib.urlopen(some_url, proxies = {})
```

- 使用系统环境中的代理设置。

```
>>> filehandle = urllib.urlopen(some_url, proxies = None)
>>> filehandle = urllib.urlopen(some_url)
```

最后,如果 urlopen()打开的是一个 HTTPS 连接,则可传递给 context 参数一个 ssl.SSLContext 实例用于设置 SSL。

urlopen()返回的网络对象有三种方法：info()用于获取网络对象的信息,包括 URL 的元数据；geturl()返回网络对象的真实 URL(有些 HTTP 服务器可能会将客户端引向另一个 URL)；getcode()返回 HTTP 的状态信息(如果被传递的 url 参数不是 URL,则返回

None)。此外,urlopen()返回的对象为类文本对象,因此也可以使用 read()、readline()、readlines()等方法读取 HTML 文档数据。

以下是分别使用 GET 和 POST 方法返回网络对象的示例:
- GET 方法。

```
>>> import urllib
>>> params = urllib.urlencode({'spam':1, 'eggs':2, 'bacon':0})
>>> f = urllib.urlopen("http://www.musi-cal.com/cgi-bin/query?%s" % params)
>>> print f.read()
```

- POST 方法。

```
>>> import urllib
>>> params = urllib.urlencode({'spam': 1, 'eggs': 2, 'bacon': 0})
>>> f = urllib.urlopen("http://www.musi-cal.com/cgi-bin/query", params)
>>> print f.read()
```

此外,urllib 还有许多其他使用方法。
- urllib.urlretrieve(url[,filename[,reporthook[,data]]])

用于将一个网络对象复制到本地文件夹(或缓存)。不过,如果 url 参数指向本地文件或者一个当前对象的有效缓存备份,则这个对象不会被复制。该方法返回一个元组(filename,headers),其中,filename 是指本地文件名,header 则保存了网络对象的 info()方法的返回值。

```
>>> filename = urllib.urlretrieve('http://cuiqingcai.com/947.html',filename = r'C:/1.html')
>>> type(filename)
tuple
>>> filename[0]
'c:/1.html'
>>> filename[1]
<httplib.HTTPMessage instance at 0x0000000004082688>
>>> print filename[1]
Server: nginx/1.4.6 (Ubuntu)
Date: Sat, 16 Jul 2016 13:39:18 GMT
Content-Type: text/html; charset = UTF-8
Connection: close
X-Powered-By: PHP/5.5.9-1ubuntu4.14
Vary: Accept-Encoding, Cookie
Cache-Control: max-age = 3, must-revalidate
WP-Super-Cache: Served supercache file from PHP
```

- urllib.cleanup()

用于清除之前引用 urlretrieve()方法产生的缓存。
- urllib.quote(string[,safe])

用%xx 替代字符串中的一些特殊字符。

```
>>> urllib.quote('http://www.cnblogs.com/sysu-blackbear/p/3629420.html')
'http%3A//www.cnblogs.com/sysu-blackbear/p/3629420.html'
```

- urllib.quote_plus(string[,safe])

和 urllib.quote(string[,safe])类似,不过字符串中的空格使用+替代。

```
>>> urllib.quote_plus('http://www.cnblogs.com/sysu-blackbear/p/3629 420.html')
'http%3A//www.cnblogs.com/sysu-blackbear/p/3629+420.html'
```

- urllib.unquote(string)

是 urllib.quote()的逆操作。

```
>>> urllib.unquote('http%3A//www.cnblogs.com/sysu-blackbear/p/3629420.html')
'http://www.cnblogs.com/sysu-blackbear/p/3629420.html'
```

- urllib.unquote_plus(string)

是 urllib.unquote_plus()的逆操作。

```
>>> urllib.unquote_plus('http%3A//www.cnblogs.com/sysu-blackbear/p/3629+420.html')
'http://www.cnblogs.com/sysu-blackbear/p/3629 420.html'
```

- urllib.urlencode(query[, doseq])

用于将一个映射对象或一个两元素元组序列,转化为一个由%编码的字符串,用于传递给 urlopen()作为可选声明 data 的值。例如:

```
>>> params = urllib.urlencode({'egg':1, 'fruit':2, 'bird':3})
>>> params
'egg=1&fruit=2&bird=3'
```

到目前为止,读者们可能已经发现,urllib 把 HTTP 协议的三个步骤(建立连接、发出请求和收到响应)统一在 urlopen()方法中完成。然而,很多情况下这并不能保证能够顺利获取目标 URL 对应的数据文件。现在大多数网站都是动态网页,获取网页的过程中需要动态地传递参数,它再对此做出相应的响应。所以,在访问一些网页时,需要传递数据。

Python 标准库中的另一 URL 处理包 urllib2 可以构建一个 Request 类的实例来设置 URL 请求的 Headers,因此可通过 urllib 模块伪装浏览器,进而能处理更复杂的 HTTP 访问。当然,urllib2 也不能替代 urllib,比如 urllib 并没有提供 urlencode()方法用来生成 GET 查询字符串,且 urlib.urlretrieve 函数以及 urllib.quote()等一系列 quote()和 unquote()方法都没有加入到 urllib2。这也是在实际应用中一起使用 urllib 和 urllib2 的原因。

以下示例展示了 urllib2 的一些功能:

```
>>> import urllib,urllib2
>>> values = {}
>>> values['username'] = "1016903103@qq.com"
>>> values['password'] = "XXXX"
>>> data = urllib.urlencode(values)
>>> url = "http://passport.csdn.net/account/login"
>>> geturl = url + "?" + data
>>> print geturl
http://passport.csdn.net/account/login?username=1016903103%40qq.com&password=XXXX
>>> request = urllib2.Request(geturl)
>>> response = urllib2.urlopen(request)
>>> print response.read()
```

```
< html >
  < head >
    < meta charset = "utf - 8" />
      < meta http - equiv = "X - UA - Compatible"
```

上例中先构建了一个 request 对象,然后将 request 对象传递给 urllib2.urlopen(),获取对应 URL 的网页内容。但这在 urllib 中是不被支持的。

13.3 利用 BeautifulSoup4 解析 HTML 文档

利用 urllib 或 urllib2 获取目标 HTML 文档之后,接下来就要对文档中的内容进行析取。关键问题在于,HTML 文档中有很大一部分内容都是用于设置文档呈现方式的,而这部分内容很多情况下并不被用户关心。用户更加关心的可能是网页正文内容中的某些信息,或者网页内的超链接。用户可以使用 Python 标准库中的 re 模块,通过构建模式对象的方式来析取出满足用户需求的文本。然而,在实践中并不推荐这种方法。re 模式的构建较为复杂,且构建好的模式难以推广到多个案例中。

Python 第三方库 BeautifulSoup 在处理 HTML 和 XML 编码文档方面表现非常优秀。BeautifulSoup 模块可以很好地处理不规范标记并生成剖析树(parse tree),且提供简单又常用的导航(navigating),搜索以及修改剖析树的操作。特别地,Beautifulsoup 的一些关键函数可以结合正则表达式 re 模块中的模式或者使用 css 查询器语法。因此,它可以在很大程度上减少用户花在编程上的时间。

目前,BeautifulSoup 已经更新到 BeautifulSoup 4.4.0。如果用户使用的是新版 Debain 或 Ubuntu,可以直接通过系统的软件安装包管理安装: $ apt-get install Python-bs4。此外,BeautifulSoup4 通过 PyPi 发布,可以通过 easy_install 或者 pip install beautifulsoup4 安装该模块。安装完成之后,以下将通过示例来说明 BeautifulSoup 处理 html 文档的方法。

BeautifulSoup 将复杂的 HTML 或 XML 转化成树形结构,每个节点都是 Python 对象。这里引用 bs4 官方文档中的一段 HTML 代码 html_doc 作为 BeautifulSoup4 属性和方法演示[①]。

```
>>> html_doc = """
< html >< head >< title > The Dormouse's story </title ></head >
< body >
< p class = "title" >< b > The Dormouse's story </b ></p >

< p class = "story" > Once upon a time there were three little sisters; and their names were
< a href = "http://example.com/elsie" class = "sister" id = "link1" > Elsie </a >,
< a href = "http://example.com/lacie" class = "sister" id = "link2" > Lacie </a > and
< a href = "http://example.com/tillie" class = "sister" id = "link3" > Tillie </a >;
and they lived at the bottom of a well.</p >
```

---

① BeautifulSoup 4.4.0 官方文档 https://www.crummy.com/software/BeautifulSoup/bs4/doc/

```
<p class = "story">...</p>
"""
```

13.3.1 BeautifulSoup4 中的对象

所有 BeautifulSoup4 对象都属于以下一种：Tag、NavigableString、BeautifulSoup 或 Comment。

1. BeautifulSoup 对象

导入 BeautifulSoup4 模块中的 BeautifulSoup() 方法，就可以开始文档解析之旅。调用 bs4.BeautifulSoup() 接收一段字符串或者一个文件句柄作为参数值，并产生一个 unicode 编码的 bs4.BeautifulSoup 对象。它表示一个文档的全部内容，大部分时候可以把它等同于 Tag 对象，它支持遍历文档树和搜索文档树中描述的大部分的方法。

```
>>> import BeautifulSoup4
>>> soup = BeautifulSoup4.BeautifulSoup(html_doc)
>>> type(soup)
bs4.BeautifulSoup
>>> soup
<html><head><title>The Dormouse's story</title></head>
<body>
<p class = "title"><b>The Dormouse's story</b></p>
<p class = "story">Once upon a time there were three little sisters; and their names were
<a class = "sister" href = "http://example.com/elsie" id = "link1">Elsie</a>,
<a class = "sister" href = "http://example.com/lacie" id = "link2">Lacie</a> and
<a class = "sister" href = "http://example.com/tillie" id = "link3">Tillie</a>;
and they lived at the bottom of a well.</p>
<p class = "story">...</p>
</body></html>
```

.prettify() 方法可将 HTML 文档格式化后转化成 unicode 编码输出，每个标签独占一行：

```
>>> print soup.prettify()
<html>
 <head>
  <title>
   The Dormouse's story
  </title>
 </head>
 <body>
  <p class = "title">
   <b>
    The Dormouse's story
   </b>
  </p>
  <p class = "story">
   Once upon a time there were three little sisters; and their names were
```

```
    <a class = "sister" href = "http://example.com/elsie" id = "link1">
      Elsie
    </a>
    ,
    <a class = "sister" href = "http://example.com/lacie" id = "link2">
      Lacie
    </a>
    and
    <a class = "sister" href = "http://example.com/tillie" id = "link3">
      Tillie
    </a>
    ;
and they lived at the bottom of a well.
  </p>
  <p class = "story">
    ...
  </p>
 </body>
</html>
```

bs4.BeautifulSoup 或者 Tag 对象调用.get_text()方法将获取对应正文：

```
>>> print soup.get_text()
The Dormouse's story

The Dormouse's story
Once upon a time there were three little sisters; and their names were
Elsie,
Lacie and
Tillie;
and they lived at the bottom of a well.
...
```

2. Tag 对象

BeautifulSoup 中的 Tag 对象等同于 XML 或 HTML 文档中 Tag 对应的元素。BeautifulSoup 或 TAG 对象通过.Tag 的方式获取对应类别的第一个标签对象：

```
>>> soup.title
<title>The Dormouse's story</title>
>>> type(soup.title)
bs4.element.Tag
```

标签对象有两个重要属性 name 和 attribute。引用.name 可返回标签的名称：

```
>>> soup.title.name
u'head'
```

读取标签属性 atrribute 的方法和字典一致：

```
>>> soup.p
<p class = "title"><b>The Dormouse's story</b></p>
```

```
>>> soup.p['class']
[u'title']
```

当然,也可以通过字典方式为标签添加或删除新属性:

```
>>> soup.p['id'] = 1
>>> soup.p
<p class="title" id="1"><b>The Dormouse's story</b></p>
>>> del soup.p['id'] = 1
>>> soup.p
<p class="title"><b>The Dormouse's story</b></p>
```

也可通过.attrs 获取标签所有的属性:

```
>>> soup.p.attrs
{u'class': [u'title']}
```

如果引用了一个不存在的 Tag,则返回 None:

```
>>> print soup.f
None
```

.has_attr()方法用于检验 Tag 是否具有某个属性,返回 True 或者 False:

```
>>> soup.p.has_attr('class')
True
```

3. NavigableString 对象

接下来,可通过.string 获取标签中的文本内容,文本类型为 NavigableString:

```
>>> soup.title.string
u"The Dormouse's story"
>>> type(soup.title.string)
bs4.element.NavigableString
```

NavigableString 字符串与 Python 中的 Unicode 字符串相同,并且还支持包含在遍历文档树和搜索文档树中的一些特性。通过 unicode()方法可以直接将 NavigableString 对象转换成 Unicode 字符串。

```
>>> uni_string = unicode(soup.title.string)
>>> uni_string
u"The Dormouse's story"
>>> type(uni_string)
<type 'unicode'>
```

若在后续分析中只将 NavigableString 对象当作普通文本对象,则可以将该对象转换成普通的 Unicode 字符串;否则,就算 BeautifulSoup 已经执行结束,NavigableString 对象的输出也会带有对象的引用地址,从而浪费了内存。

4. Comment 对象

以上三种对象几乎可以涵盖 HTML 或 XML 中的所有内容,除了它们的文档注释部分。Comment 对象是一种特殊类型的 NavigableString 对象。例如：

```
>>> markup = "<b><!-- Hey,Lucy, focus please! --></b>"
>>> mu = BeautifulSoup(markup)
>>> mu.string
u'Hey,Lucy, focus please!'
>>> type(mu.string)
bs4.element.Comment
```

13.3.2 遍历文档树

一个标签可能包含多个字符串或其他标签,从文档树的视角看,这些都是该标签的子节点。通过.Tag 方法可以获取标签对象的子节点标签,且可在一个语句中多次使用。通过.string 方法可获取标签对象的字符串子节点。BeautifulSoup 提供了许多操作和遍历子节点的属性。

此外,Tag 或者 BeautifulSoup 对象提供了一系列属性和方法用于遍历相邻对象。

1. 文档搜索属性

可提供引用 BeautifulSoup 对象和 Tag 对象的属性遍历文档树,具体请参见表 13.3。以下是部分属性的实例:

```
>>> soup_title = soup.title
>>> soup_title.contents
[u"The Dormouse's story"]
>>> for x in soup_title:
......    print x
The Dormouse's story
>>> soup.title.parent
<head><title>The Dormouse's story</title></head>
>>> for x in enumerate(soup_title.parents):
......    print u'第%s个父节点'%(x[0]+1)
......    print repr(x[1])
第 0 个父节点
<head><title>The Dormouse's story</title></head>
第 1 个父节点
<html><head><title>The Dormouse's story</title></head>
<body>
<p class="title"><b>The Dormouse's story</b></p>
<p class="story">Once upon a time there were three little sisters; and their names were
<a class="sister" href="http://example.com/elsie" id="link1">Elsie</a>,
<a class="sister" href="http://example.com/lacie" id="link2">Lacie</a> and
<a class="sister" href="http://example.com/tillie" id="link3">Tillie</a>;
and they lived at the bottom of a well.</p>
<p class="story">...</p>
</body></html>
第 2 个父节点
<html><head><title>The Dormouse's story</title></head>
<body>
```

```
<p class = "title"><b>The Dormouse's story</b></p>
<p class = "story">Once upon a time there were three little sisters; and their names were
<a class = "sister" href = "http://example.com/elsie" id = "link1">Elsie</a>,
<a class = "sister" href = "http://example.com/lacie" id = "link2">Lacie</a> and
<a class = "sister" href = "http://example.com/tillie" id = "link3">Tillie</a>;
and they lived at the bottom of a well.</p>
<p class = "story">...</p>
</body></html>
>>> print soup_title.next_sibling
None
>>> print soup_title.previous_sibling
None
>>> print soup_title.next_element
The Dormouse's story
>>> print soup_title.previous_element
<head><title>The Dormouse's story</title></head>
```

上述代码中 soup_title.parents 是一个迭代器，逐次输出 soup_title 的父节点，直到根节点。next_sibling 和 next_element 之间存在着差异，前者遵循 BeautifulSoup 文档树结构迭代邻居节点，而后者按照 HTML 或 XML 文档解析的顺序输出结果。

表 13.3 文档搜索属性描述

搜索文档属性	描 述
.contents	以列表的方式将当前 Tag 或 BeautifulSoup 对象的所有直接子节点输出
.children	生成器，可对直接子节点迭代
.descendants	对所有子孙节点进行递归循环
.strings	如果 Tag 中包含多个字符串，则可以使用 .strings 来循环获取
.stripped_strings	输出的字符串中可能包含了很多空格或空行，使用 .stripped_strings 可以去除多余空白内容
.parent	获取某个元素的直接父节点
.parents	递归得到元素的所有父辈节点
.next_sibling	查询下一个兄弟（同级）节点；如果没有，则返回 None
.next_siblings	向后迭代当前节点的兄弟节点
.previous_sibling	查询上一个兄弟（同级）节点；如果没有，则返回 None
.previous_siblings	向前迭代当前节点的兄弟节点
.next_element	查询下一个 HTML 或 XML 解析对象
.next_elements	对处于当前 HTML 或 XML 解析对象后的解析对象迭代查询
.previous_element	查询上一个 HTML 或 XML 解析对象
.previous_elements	对处于当前 HTML 或 XML 解析对象后的前解析对象迭代查询

2. 文档搜索方法

BeautifulSoup 定义了很多搜索标签、文本和属性的方法，其中 .find() 和 .find_all() 两种方法的功能尤为强大。

- find_all(name=None, attrs={}, recursive=True, text=None, limit=None, **kwargs)

在介绍 find_all() 之前,请先看它们可以接收哪些参数类型作为过滤器。表 13.4 中列举了可作为 find_all() 方法参数的参数类型。

表 13.4 过滤器类型

参 数 类 型	描 述
字符串	最简单的过滤器,匹配标签或文本内容,返回列表
正则表达式	通过正则表达式的 match() 匹配标签或文本内容[①],返回列表
列表	返回所有与列表元素匹配的标签或文本内容,返回列表
True	匹配标签或文本内容的任何值,返回列表
函数	若无合适过滤器,定义一个只接受一个元素参数且返回逻辑值 True 或 False 的函数,进而匹配满足特定条件的标签或文本内容,返回列表

无论传入 find_all() 的是何类型的参数,最终将返回文档中符合条件的所有标签,构成一个列表:

```
>>> soup.find_all('p')                    #参数为字符串
[<p class = "title"><b>The Dormouse's story</b></p>,
<p class = "story">Once upon a time there were three little sisters; and their names were\n<a class = "sister" href = "http://example.com/elsie" id = "link1">Elsie</a>,\n<a class = "sister" href = "http://example.com/lacie" id = "link2">Lacie</a> and\n<a class = "sister" href = "http://example.com/tillie" id = "link3">Tillie</a>;\nand they lived at the bottom of a well.</p>,
<p class = "story">...</p>]
>>> import re
>>> for x in soup.find_all(re.compile('t')):    #参数为正则模式
...     print x.name
html
title
>>> for x in soup.find_all(['title','a']):      #参数为列表
...     print x
<title>The Dormouse's story</title>
<a class = "sister" href = "http://example.com/elsie" id = "link1">Elsie</a>
<a class = "sister" href = "http://example.com/lacie" id = "link2">Lacie</a>
<a class = "sister" href = "http://example.com/tillie" id = "link3">Tillie</a>
>>> for x in enumerate(soup.find_all(True)):    #参数为 True
...     print x[0],x[1].name
0 html
1 head
2 title
3 body
4 p
5 b
6 p
7 a
8 a
9 a
```

---

① Python 正则表达式模块 re 请参见 https://docs.Python.org/2/library/re.html

```
10 p
>>> def f1(Tag):
...     return 't' in Tag.name
>>> for Tag in soup.find_all(f1):        # 参数为方法
...     print Tag.name
html
title
```

以上例子为对 Tag 的搜索，对应于第一个参数 name。通过 kwargs 关键参数，可以搜索到满足特定属性值的元素。如果一个指定名字的参数不是搜索内置的参数名，则搜索时会把该参数当作指定名字 Tag 的属性来搜索；如果包含一个名字为 a 的参数，则 BeautifulSoup 会搜索每个标签 a 的"id"属性。

```
>>> soup.find_all(href = re.compile("lacie"))
[<a class = "sister" href = "http://example.com/lacie" id = "link2">Lacie</a>]
```

通过 text 参数可以搜索文档中的字符串内容。与 name 参数一样，string 参数接收字符串、正则表达式、列表和 True。

```
>>> soup.find_all(text = re.compile("On"))
[u'Once upon a time there were three little sisters; and their names were\n']
```

通过 limit 参数限制返回结果的数量。当搜索到的结果数量达到 limit 的限制时，就停止搜索，返回结果。limit 接收正整数。

```
.>>> for x in soup.find_all(['title','a'], limit = 2):
...     print x
<title>The Dormouse's story</title>
<a class = "sister" href = "http://example.com/elsie" id = "link1">Elsie</a>
```

通过 recursive 参数控制是否搜索 Tag 的所有子孙节点。如果只想搜索 Tag 的直接子节点，可以使用参数 recursive=False；默认参数值为 True，即搜索 Tag 所有子孙节点。

- find(name=None, attrs={}, recursive=True, text=None, ** kwargs)

find_all()方法将返回文档中符合条件的所有 Tag。但是，很多时候我们只需得到一个结果。此时，可以使用 find()方法。当然，也可以使用 find_all 方法并设置参数 limit=1，或者直接使用.Tag 方法得到结果。下面的代码：

```
>>> soup.find('p')
<p class = "title"><b>The Dormouse's story</b></p>
```

和

```
>>> soup.find_all('p', limit = 1)
[<p class = "title"><b>The Dormouse's story</b></p>]
```

是等价的。

唯一的区别在于引用 find_all()方法将得到一个列表，而 find()方法直接返回结果。其他参数设定和 find_all()中的一致。

13.4 应用实例

结合使用 urllib 和 BeautifulSoup4 模块提取上海对外经贸大学(http://www.suibe.edu.cn/)自 2016 年 9 月 1 日以来的快讯内容,要求保存新闻的新闻标题、发布时间、阅读次数、新闻来源、新闻文本内容。

分析:

(1) 首先,通过浏览器登录上海对外经贸大学官网,定位到快讯列表页面,观察其结构,如图 13.1 所示。

图 13.1 快讯列表页面

注:截图时间为 2016 年 10 月 29 日

可以发现,网页主体包含了近期发布的 25 条新闻快讯。单击其中的一条快讯可链接到该标题对应的快讯页面。通过单击"下一页"链接,可以到达下一页的新闻快讯。观察该网页关键源代码:

```
< ul class = "wp_article_list">
```

```html
    <li class="list_item i1">
        <div class="fields pr_fields">
            <span class='Article_Index'>1</span>
            <span class='Article_Title'><a href='/7e/4f/c1416a32335/page.htm' target='_blank' title='学校党委召开统战工作领导小组会议'>学校党委召开统战工作领导小组会议</a></span>
        </div>
        <div class="fields ex_fields">
            <span class='Article_PublishDate'>2016-10-28</span>
        </div>
    </li>
    <li class="list_item i2">
        <div class="fields pr_fields">
            <span class='Article_Index'>2</span>
            <span class='Article_Title'><a href='/7e/15/c1416a32277/page.htm' target='_blank' title='学校召开党委中心组警示教育会议'>学校召开党委中心组警示教育会议</a></span>
        </div>
        <div class="fields ex_fields">
            <span class='Article_PublishDate'>2016-10-28</span>
        </div>
    </li>
    <li class="list_item i3">
        <div class="fields pr_fields">
            <span class='Article_Index'>3</span>
            <span class='Article_Title'><a href='/7e/40/c1416a32320/page.htm' target='_blank' title='我校完成区人大代表换届选举选民登记工作'>我校完成区人大代表换届选举选民登记工作</a></span>
        </div>
        <div class="fields ex_fields">
            <span class='Article_PublishDate'>2016-10-27</span>
        </div>
    </li>
    ...
</ul>
</div>
```

因此，可利用 urllib 获取快讯列表内容，使用 BeautifulSoup 提取包含属性 class 为 wp_article_list 的 ul 标签。然后，在这个 ul 标签的 li 标签中，可逐个使用 .find() 方法获取对应快讯的标题、超链接和发布时间。当然，在获取快讯发布时间的同时，可以同时判断它是否早于 2016 年 9 月 1 日。如果早于该时间，则停止获取快讯列表内容；否则，继续获取下一条快讯内容。当列表页面所有快讯信息获取完毕之后，如果最后一条快讯的发布之间仍然晚于截止日期，则需通过"下一页"链接，到达下一页的快讯列表继续获取快讯内容。对应的关键源代码为：

```html
< ul class = "wp_paging clearfix">
    < li class = "pages_count">
        < span class = "per_page">每页< em class = "per_count">25 </em>条记录</span>
        < span class = "all_count">总共< em class = "all_count">4121 </em>条记录</span>
    </li>
    < li class = "page_nav">
        < a class = "first" href = "javascript:void(0);" target = "_self">< span>首页</span></a>
        < a class = "prev" href = "javascript:void(0);" target = "_self">< span>上一页</span></a>
        < a class = "next" href = "/1416/list2.htm" target = "_self">< span>下一页</span></a>
        < a class = "last" href = "/1416/list165.htm" target = "_self">< span>尾页</span></a>
    </li>
    < li class = "page_jump">
        < span class = "pages">页码:< em class = "curr_page">1 </em>/< em class = "all_pages">165 </em></span>
        < span>< input class = "pageNum" type = "text" />< input type = "hidden" class = "currPageURL" value = ""></span></span>
        < span>< a class = "pagingJump" href = "javascript:void(0);" target = "_self">跳转</a></span>
    </li>
</ul>
```

可以先获取属性 class 的值为 wp_paging clearfix 的 ul 标签,然后利用.find()方法获取属性 class 的值为 next 的 a 标签,从而获取属性 href 的值,以链接到下一个快讯列表。重复以上过程,直到最后一条快讯日期晚于截止日期。

针对以上过程,可以编写以下函数使用户获取快讯列表:

```python
import re,time,urllib
import numpy as np
from bs4 import BeautifulSoup
def get_news_list(root,url,date_boundary):
    article_list = []
    while 1:
        #下载新闻列表页面
        path = root + url
        f = urllib.urlopen(path)
        soup = BeautifulSoup(f,'html.parser')          #使用 html.parser 解析器
        body = soup.find('ul',{'class':'wp_article_list'})  #寻找到对应的新闻列表

        #针对新闻列表中的新闻提取发表日期、标题和链接
        for item in body.find_all('li'):
            date = item.find('span',{'class':'Article_PublishDate'}).string
            if time.mktime(time.strptime(date,"%Y-%m-%d")) < date_boundary:
                                                #判断是否在 date_boundary 之后发布
                break
            title = item.find('a')['title']
            href = item.find('a')['href']
            article_list.append([date,title,href])
                                #把新闻日期、标题和链接保存到 article_list 中
```

```
# 如果最后一条新闻在 date_boundary 之后,则获取下一个新闻列表
if time.mktime(time.strptime(date,"%Y-%m-%d")) > date_boundary:
    b = soup.find('ul',{'class':'wp_paging clearfix'}) # 获取下一页新闻列表
    url = b.find('a',{'class':'next'})['href']
else:
    break

return article_list
```

(2) 在获取快讯列表之后,根据对应的链接,可进入相应的页面,获取快讯的阅读次数、发布源和新闻文本内容。打开其中一条快讯页面[①],如图 13.2 所示。

图 13.2 快讯页面

观察其对应的 HTML 源码,发现我们所需的快讯信息包含在属性 class 的值为 acd 的 div 标签中,关键源码如下:

---

① 对应链接为:http://news.suibe.edu.cn/7e/07/c1416a32263/page.htm

```html
<div class="acd">
    <h1 class="arti_title">学校第四次学生代表大会举行</h1>
    <p class="arti_metas"><span class="arti_publisher">作者:李梦琪 张茹</span><span class="arti_publisher">来源:团委新闻中心    </span><span class="arti_views">浏览次数:<span class="WP_VisitCount" url="/_visitcountdisplay?siteId=19&type=3&articleId=32263">13</span></span><span class="arti_update">发布时间:2016-10-26</span></p>
    <div class="entry">
      <div class="read">
       <div class="wp_articlecontent">
        <p style="line-height:150%;text-indent:32px;margin:0cm 0cm 0px;mso-char-indent-count:2.0" class="MsoNormal"><?xml:namespace prefix="st1" ns="urn:schemas-microsoft-com:office:smarttags"></?xml:namespace><st1:chsdate w:st="on" year="2016" month="10" day="23" islunardate="False" isrocdate="False"><span style="line-height:150%;font-family:宋体;font-size:16px" lang="EN-US">10</span><span style="line-height:150%;font-family:宋体;font-size:16px">月<span lang="EN-US">23</span>日</span></st1:chsdate><span style="line-height:150%;font-family:宋体;font-size:16px">,我校第四次学生代表大会在图文信息大楼<span lang="EN-US">507</span>报告厅举行.校党委书记殷耀,校党委副书记、副校长祁明,上海市学生联合会驻会执行主席刘傲飞,校党委学工部部长、学生处处长严大龙,校团委书记陈颖辉,校团委副书记欧阳君、缪韵笛,华东师范大学学生会主席许艺嘉,校学生会主席陈涛,校学委会副秘书长徐如清,校学生会副主席于诗涵、黄欣惠,校社团联主席过宏丞出席会议.同时出席会议的还有各学院学生会主席、各学院党委、党总支副书记和团委书记、副书记.同济大学、上海交通大学医学院、华东师范大学、华东理工大学等<span lang="EN-US">23</span>所学校的学生代表也列席了会议.</span></p>
       ...
      </div>
```

在利用 BeautifulSoup 获取对应 Tag 之后,可以用 .find() 方法获取快讯的来源、浏览次数和新闻内容。具体函数如下:

```python
def crawl_news(root,article_list):
    news_dict = {}
    i = 1
    for item in article_list:
        date,title,href = item
        #有些快讯的 url 包含了'http://news.suibe.edu.cn',因此要分情况确定用于获取新闻的 url
        if 'http' in href:
            path = href
        else:
            path = root + href

        f = urllib.urlopen(path)
        soup = BeautifulSoup(f,'html.parser')

        #提取新闻文本
        body = soup.find('div',{'class':'acd'})
        content = body.find('div',{'class':'wp_articlecontent'})
                        #新闻文本对应的 tag 为<div, class='wp_articlecontent'>
        text = u''
        for a in content.strings:    #合并 content 中包含的文本内容
```

```
            text += a
        
        publis = body.find_all('span',{'class':'arti_publisher'})[1].string
                                        #格式为:"来源:xxx",利用split分割出部门"xxx"
        department = publis.split(u'\uff1a')[1]        #':'分隔符
        if department == '':
            department = 'none'
        
        view_times = body.find('span',{'class':'WP_VisitCount'}).string    #浏览次数
        
        #逐个把新闻信息加入字典:日期、标题、发布源、浏览次数、新闻内容、url
        news_dict[i] = {'date':date,'title':title,'source':department,'content':text,'views':
view_times,'url':path}

        #控制爬虫的速度
        time.sleep(0.1)
        print i,title,department,view_times
        i += 1
    
    return news_dict
```

在函数 get_news_list 和 crawl_news 的基础上,可以通过以下代码获取在截止日期 date_boundary 之前发布的所有快讯:

```
if __name__ == '__main__':
    date_boundary = time.mktime(time.strptime("2016-9-1","%Y-%m-%d"))
    root = 'http://news.suibe.edu.cn'
    url = '/1416/list1.htm'
    news_list = get_news_list(root,url,date_boundary)
    news_dict = crawl_news(root,news_list)
```

运行结果如下[1]:

1 学校党委召开统战工作领导小组会议 党委统战部 10
2 学校召开党委中心组警示教育会议 纪委、监察处 17
3 我校完成区人大代表换届选举选民登记工作 人大换届选举工作组办公室 10
4 学校第九届计算机文化节开幕 统计与信息学院 12
5 章汝奭老教授为工商管理学院题写院名 工商管理学院 12
6 学校第四次学生代表大会举行 团委新闻中心 13
7 我校荣获上海市高校红十字会应急救护比赛二等奖 后勤处医务室 12
……
152 校领导检查指导防汛防台工作 none 10
153 我校青年教师在上海高校教学竞赛中获奖 校工会 12
154 校工会召开教师座谈会 校工会 10

在获取快讯字典 news_dict 的基础上,可以开发一些简单的应用或者进一步分析快讯的特征。例如,可以进一步构建函数,获取包含某一关键词的所有快讯:

```
def search(keywords,news_dict):
```

---

[1] 程序运行时间为2016年10月29日。

```
            result = {}
            title_list = []            #保存出现目标关键词的标题
            source_list = []           #保存出现目标关键词的快讯发布来源
            content_list = []          #保存出现目标关键词的快讯文本内容
            for x in news_dict:
                if keywords in news_dict[x]['title']:
                    title_list.append([x,news_dict[x]['date'],news_dict[x]['title']])
                if keywords in news_dict[x]['source']:
                    source_list.append([x,news_dict[x]['date'],news_dict[x]['source']])
                if keywords in news_dict[x]['content']:
                    content_list.append([x,news_dict[x]['date'],news_dict[x]['content']])

            result['title'] = title_list
            result['source'] = source_list
            result['content'] = content_list
            return result
```

然后,运行以下代码:

```
keywords = u'信息学院'
result = search(keywords,news_dict)

for x in result['title']:
    print x[0],x[1]
    print x[2]
```

运行结果如下:

```
22 2016-10-19
统计与信息学院师生党员参观中共一大会址
53 2016-09-27
统计与信息学院举行青年东方学者暨浦江人才计划开题报告会
66 2016-09-20
统计与信息学院举行2016级新生开学典礼
80 2016-09-08
统计与信息学院3名教师获得2016年上海市浦江人才计划资助
```

13.5 本章小结

本章详细介绍了如何利用 urllib 和 BeautifulSoup4 模块实现网络数据的获取,主要包括以下几个方面:

- 构成网页的两种主要数据文档——HTML 和 XML。其中 HTML 用于布局网页的架构,而 XML 则用于存储或者传递数据。
- 使用 urllib 的 urlopen 方法获取目标 url 的网页内容,以及其他几种实用的网页获取和存储方法。
- 使用 BeautifulSoup4 模块解析 HTML 或者 XML 文档。重点介绍了 BeautifulSoup

如何组织 HTML 或 XML 文档,以及用 find_all 和 find 方法寻找目标数据。
- 通过一个简单的案例应用串联以上知识点。

习题 13

请设计并开发一个小型 Python 爬虫项目,用于获取某个论坛中某个主题的网页信息,例如,帖子发布时间、浏览次数、回复数量等。

第14章 数据分析与绘图基础

本章学习目标

- 掌握 numpy 模块的数据分析基础操作：数组数据结构，常规数组操作，简单的统计函数
- 掌握 matplotlib.pyplot 绘图的基础操作：绘制散点图和直方图
- 注意本讲案例的运行都要求安装 numpy 模块和 matplotlib 模块，并进行如下导入：

   import numpy as np
   import matplotlib.pyplot as plt

14.1 numpy 基础与常用函数

numpy 是进行高性能科学计算和数据分析的 Python 工具包，本节将介绍以下内容：
- 数组类型、数组索引与切片
- 与数组有关的函数
- 简单的数学和统计分析函数

14.1.1 numpy 的 ndarray 数组类

ndarray 是 numpy 的数组类，其中的所有元素必须是相同的数据类型。ndarray 类的重要对象属性有：

ndarray.ndim——数组维度。
ndarray.shape——表示数组各维度大小的元组。
ndarray.size——数组元素的总个数，等于 shape 属性中元组元素的乘积。
ndarray.dtype——数组中元素的数据类型。

1. 创建 ndarray

利用 array 函数，可以将序列类型的对象（元组、列表和其他数组）转换成数组类型 ndarray。如果没有显式指定数组的数据类型，array 函数会根据序列对象，为新建的数组推断出一个较为合适的数据类型。下面以列表对象转换成数组对象为例说明。

1) 创建一维数组

```
>>> import numpy as np
```

```
>>> list1 = [5,6.5,9,2,3,7.8,5.6,4.9]
>>> arr1 = np.array(list1)
>>> arr1
array([5. ,  6.5,  9. ,  2. ,  3. ,  7.8,  5.6,  4.9])
```

2) 创建二维数组

```
>>> list2 = [[1,2,3,4,5],[6,7,8,9,10]]
>>> arr2 = np.array(list2)
>>> arr2
array([[ 1,  2,  3,  4,  5],
       [ 6,  7,  8,  9, 10]])
```

3) 访问数组对象属性

```
>>> arr1.ndim
1
>>> arr2.ndim
2
>>> arr1.shape
(8,)
>>> arr2.shape
(2, 5)
>>> arr1.size
8
>>> arr2.size
10
>>> arr1.dtype
dtype('float64')
>>> arr2.dtype
dtype('int32')
```

4) 创建指定数据类型的数组对象

```
>>> arr3 = np.array([10,20,30,40],dtype = np.float64)
>>> arr3
array([ 10.,  20.,  30.,  40.])
```

5) 通过 astype 函数转换数组的数据类型

```
>>> arr4 = arr2.astype(np.float64)
>>> arr4.dtype
dtype('float64')
```

除了 array 函数可以创建数组，还有像 zeros 和 ones 这样的函数可以创建指定维度和大小的全 0 或全 1 数组。而 arange 函数是 numpy 内置的类似 range 的函数，其返回的是数组对象，而不是列表。

2. 数组索引与切片

(1) 一维数组的索引与切片：数组名[start:end]，从第 start 数开始(包括 start)，到第 end 数为止(不包括 end)，数组元素索引从 0 开始。将一个标量值赋值给数组的切片时，该值会自动传播到整个切片。数组切片是原始数组的视图，数据并不会被复制，即视图上的任何修改都会直接反映到源数组上。

```
>>> arr1[2:5]
array([ 9.,  2.,  3.])
>>> arr1_slice = arr1[2:5]
>>> arr1_slice
array([ 9.,  2.,  3.])
>>> arr1_slice[1] = 4.444
>>> arr1
array([ 5.  ,  6.5 ,  9.  ,  4.444,  3.  ,  7.8 ,  5.6 ,  4.9 ])
```

（2）二维数组的索引与切片：数组名[i][j]或数组名[i,j]，i 表示行索引，j 表示列索引，可以索引到元素，行和列的索引均从 0 开始。数组名[i]，i 表示行索引，可以索引到第 i 行所有元素。数组名[:,j]，j 表示列索引，可以索引到第 j 列所有元素。以下面的 arr2d 数组为例，索引与数组元素的对应关系如下：

	Axis i				
Axis j	0	1	2	3	4
0	1	2	3	4	5
1	6	7	8	9	10
2	11	12	13	14	15

```
>>> arr2d
array([[ 1,  2,  3,  4,  5],
       [ 6,  7,  8,  9, 10],
       [11, 12, 13, 14, 15]])
>>> arr2d[1,2]
8
>>> arr2d[1]
array([ 6,  7,  8,  9, 10])
>>> arr2d[:,3]
array([ 4,  9, 14])
>>> arr2d[1:3,2:4]
array([[ 8,  9],
       [13, 14]])
```

14.1.2　数组的元素级运算与函数

大小相等的数组之间的任何算术运算都会应用到元素级，具体如下：

```
>>> arr2d1 = np.array([[1,1,1,1,1],[2,2,2,2,2],[3,3,3,3,3]])
>>> arr2d2 = np.array([[4,4,4,4,4],[5,5,5,5,5],[6,6,6,6,6]])
>>> arr2d1
array([[1, 1, 1, 1, 1],
       [2, 2, 2, 2, 2],
       [3, 3, 3, 3, 3]])
```

```
>>> arr2d2
array([[4, 4, 4, 4, 4],
       [5, 5, 5, 5, 5],
       [6, 6, 6, 6, 6]])
>>> arr2d1 * arr2d2
array([[ 4,  4,  4,  4,  4],
       [10, 10, 10, 10, 10],
       [18, 18, 18, 18, 18]])
>>> arr2d2 - arr2d1
array([[3, 3, 3, 3, 3],
       [3, 3, 3, 3, 3],
       [3, 3, 3, 3, 3]])
>>> 1.0/arr2d1
array([[ 1.        ,  1.        ,  1.        ,  1.        ,  1.        ],
       [ 0.5       ,  0.5       ,  0.5       ,  0.5       ,  0.5       ],
       [ 0.33333333,  0.33333333,  0.33333333,  0.33333333,  0.33333333]])
>>> arr2d ** 0.5
array([[ 1.        ,  1.41421356,  1.73205081,  2.        ,  2.23606798],
       [ 2.44948974,  2.64575131,  2.82842712,  3.        ,  3.16227766],
       [ 3.31662479,  3.46410162,  3.60555128,  3.74165739,  3.87298335]])
```

二元函数及其说明见表14.1。

表14.1 二元函数及说明

函 数	说 明
add	将两个数组中对应位置的元素相加
subtract	将两个数组中对应位置的元素相减
multiply	将两个数组中对应位置的元素相乘
divide	将两个数组中对应位置的元素相除
maximum	取得数组中的最大值
minimum	取得数组中的最小值
greater, greater_equal less, less_equal, equal, not_equal	执行元素级的比较运算,最终产生布尔型数组

14.1.3 数组的基本统计分析函数

数组的基本统计分析函数及其说明见表14.2。

表14.2 数组的基本统计分析函数及说明

函 数	说 明
sum	对数组中全部或某轴向的元素求和
mean	数组中全部元素或某轴向元素的算数平均数
std,var	数组中全部元素或某轴向元素的标准差或方差
min,max	数组中全部元素或某轴向元素的最小值和最大值
argmin,argmax	数组中全部元素或某轴向元素的最小值和最大值对应的下标
comsum	数组中全部元素或某轴向元素的累加和

续表

函 数	说 明
cumprod	数组中全部元素或某轴向元素的累加积
cov	协方差
correlation	相关系数

【例 14-1】 data1.csv 中的 B、C、D 和 E 列数据分别是日期、权重、A 企业的销售额、B 企业的销售额。读取 C、D、E 列数据，统计 D 列数据的算术平均数、加权平均值（权值为 C 列数据）、方差、中位数、最小值和最大值，并绘制 D 列数据的直方图。

程序代码：

```
#eg14_1.py
import numpy as np
import matplotlib.pyplot as plt

v,s1,s2 = np.loadtxt('data1.csv',delimiter = ',',usecols = (2,3,4),unpack = True)
# 对数据进行简单的描述性统计分析和绘图
wavgS1 = np.average(s1,weights = v)
print 'The weighted average of sale1:',wavgS1
meanS1 = np.mean(s1)
print 'The average of sale1:',meanS1
maxS1 = np.max(s1)
print 'The max of sale1:',maxS1
maxS1 = np.max(s1)
print 'The max of sale1:',maxS1
minS1 = np.min(s1)
print 'The min of sale1:',minS1
medianS1 = np.median(s1)
print 'The median of sale1:',medianS1
varS1 = np.var(s1)
print 'The var of sale1:',varS1

plt.hist(s1)
plt.xlabel('s1')
plt.show()
```

程序运行结果：（直方图如图 14.1 所示）

```
>>> ============================ RESTART ============================
The weighted average of sale1: 646.264
The average of sale1: 655.07125
The max of sale1: 1076.84
The min of sale1: 538.05
The median of sale1: 636.095
The var of sale1: 10279.8128109
```

【例 14-2】 data2.csv 中的 A、B 和 C 列数据是三家企业在 12 个月的股票收益率列表，读取这三列数据，并计算这些企业数据的协方差矩阵和相关系数矩阵。

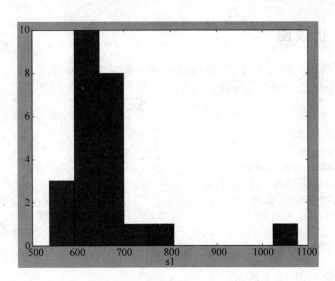

图 14.1　D 列数据直方图

程序代码：

```
#eg14_2.py
import numpy as np
import matplotlib.pyplot as plt
a,b,c = np.loadtxt('data2.csv',delimiter = ',',usecols = (0,1,2),unpack = True)
covABC = np.cov([a,b,c])
relABC = np.corrcoef([a,b,c])
print 'a,b,c 的协方差：'
print covABC
print 'a,b,c 的相关系数：'
print relABC
```

程序运行结果：

```
>>> ================ ============= RESTART ================================
a,b,c 的协方差：
[[  0.00281827  -0.00027506   0.00480112]
 [ -0.00027506   0.00300915  -0.00591458]
 [  0.00480112  -0.00591458   0.04011115]]
a,b,c 的相关系数：
[[  1.          -0.09445293   0.45156386]
 [ -0.09445293   1.          -0.53835532]
 [  0.45156386  -0.53835532   1.        ]]
```

14.2　pyplot 基础与常用参数设置

使用 matplotlib API 创建图表的标准步骤如下：首先，创建 Figure 对象；接着，用 Figure 对象创建一个或者多个 Axes 或者 Subplot 对象；最后，调用 Axies 等对象的方法创建各种简单类型的 Artists。

14.2.1 折线图

【例14-3】 给出一组 x 和 y 值，绘制由 x 和 y 值关联的折线图。
程序代码：

```
#eg14_3.py
# -*- coding: cp936 -*-
import numpy as np
import matplotlib.pyplot as plt
x = [1,2,3,4,5,6,7,8,9,10]              #创建 x
y = [1,4,10,15,26,34,45,60,80,97]       #创建 y
plt.plot(x, y)                           #绘制折线图
plt.show()                               #显示
```

程序运行结果如图 14.2 所示。

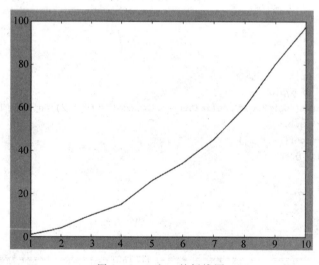

图 14.2 x 和 y 的折线图

1. 修改线条颜色

把上图的蓝色线条改为红色线条：将语句 plt.plot(x, y)修改为 plt.plot(x, y, 'r')。

标识符	b	g	r	c	m	y	k	w
颜色	blue	green	red	cyan	magenta	yellow	black	white

2. 修改线条样式

把上图的蓝色实线改成红色虚线：将语句 plt.plot(x, y)修改为 plt.plot(x, y, 'r--')。

线型	'-'	'--'	'-.'	':'	'None'	' '	''
描述	solid	dashed	dash_dot	dotted	draw nothing	draw nothing	draw nothing

3. 修改线条粗细

添加 linewidth(可省略为 lw)参数的设定值,可以把上图的细蓝色实线改成粗红色虚线:将语句 plt.plot(x, y)修改为 plt.plot(x, y, 'r--', lw=3)。

4. 设定图和轴标题以及轴坐标限度

【例 14-4】 绘制由 x 和 y 值关联的折线图,并给该图添加图和轴标题以及轴坐标限度。
程序代码:

```
#eg14_4.py
import numpy as np
import matplotlib.pyplot as plt
x = [1,2,3,4,5,6,7,8,9,10]                      #创建 x
y = [1,4,10,15,26,34,45,60,80,97]               #创建 y
plt.plot(x,y)                                    #绘制折线图

plt.title('Sales Record')                        #添加图标题
plt.xlabel('Time')                               #添加坐标轴标题
plt.ylabel('Sales')
plt.xlim(0.0, max(x) + 1)                        #设定坐标轴限制
plt.ylim(0.0, max(y) + 1)
plt.show()                                       #显示
```

程序运行结果如图 14.3 所示。

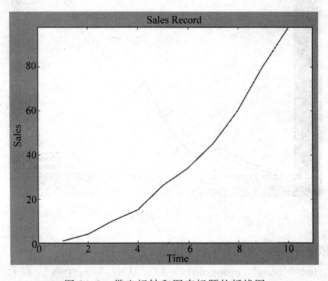

图 14.3 带坐标轴和图表标题的折线图

5. 在一个坐标系上绘制多个图,并添加图例

【例 14-5】 绘制由 x 和 y 值关联,以及由 x 和 z 值关联的两条折线图,并分别赋予不同的颜色和线型,添加图例。

程序代码：

```
# eg14_5.py
# -*- coding: cp936 -*-
import numpy as np
import matplotlib.pyplot as plt
x = [1,2,3,4,5,6,7,8,9,10]                              # 创建 x
y = [1,4,10,15,26,34,45,60,80,97]                       # 创建 y
z = [3,6,13,8,20,43,30,55,76,90]                        # 创建 z
plot1, = plt.plot(x,y,'g--',linewidth = 2)              # 绘制折线图
plot2, = plt.plot(x,z,'r',linewidth = 2)                # 绘制折线图

plt.title('Sales Record')                               # 添加图标题
plt.xlabel('Time')                                      # 添加坐标轴标题
plt.ylabel('Sales')
plt.xlim(0.0, max(x) + 1)                               # 设定坐标轴限制
plt.ylim(0.0, max(y) + 1)
plt.legend((plot1, plot2),('y Company','z Company'),\
           loc = 'lower right',fontsize = 10,numpoints = 1)   # 添加图例
plt.show()                                              # 显示
```

程序运行结果如图 14.4 所示。

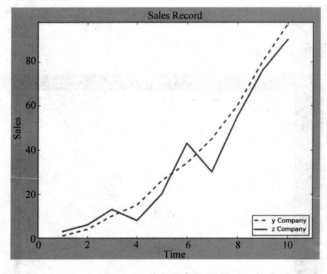

图 14.4　多折线图和图例

不同的折线依次作图。用以下语句可以添加图例：plt.legend((plot1，plot2)，('label1，label2')，loc='best'，numpoints=1)。其中，第三个参数表示图例放置的位置：'best'、'upper right'、'upper left'、'center'、'lower left'、'lower right'。

如果在当前 figure 里，plot 的时候已经指定了 label，比如 plt.plot(x,z,label=" $\cos(x^2)$ ")，那么直接调用 plt.legend() 即可。

在上述程序中请注意语句：plot1,＝plt.plot(x,y,'g--',linewidth＝2)。变量 plot1 和 plot2 后面都有一个逗号。如果上述两个变量名后面没有逗号，则图例中的线条名为一对象地址。这是因为 plot 返回的不是 matplotlib 对象本身，而是一个列表。通过在变量名后加

逗号，可以把 matplotlib 对象从列表中取出。当然，也可以采用语句 plot1＝plt.plot(x,y,'g--',linewidth＝2)，即去掉变量 plot1 和 plot2 后面的逗号。但是，将图例生成语句改为：plt.legend((plot1[0], plot2[0]),('y Company','z Company'),loc＝'lower right',fontsize＝10,numpoints＝1)。

14.2.2 散点图

将 eg14_3.py 中的语句 plt.plot(x, y)改成 plt.plot(x, y, 'o')，可得到如图 14.5 所示的散点图。

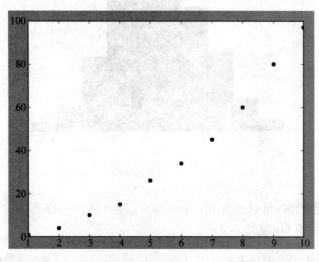

图 14.5　例 14-3 的散点图绘制

支持的散点样式有：

点型	's'	'p'	'*'	'h'	'H'	'+'	'X'	'D'	'd'
描述	square marker	pentagon marker	star marker	hexagon1 marker	hexagon2 marker	plus marker	X marker	diamond marker	thin diamond marker

14.2.3 直方图

【例 14-6】 绘制均值为 5，方差为 3，具有 1000 个数据点的直方图。
程序代码：

```
# eg14_6.py
import numpy as np
import matplotlib.pyplot as plt
# 生成均值为5,方差为3,具有高斯分布的随机数列
# mean = 5.0,rms = 3.0,number of points = 1000
data = np.random.normal(5.0, 3.0, 1000)
# 生成该数列的直方图
```

```
plt.hist(data)
plt.xlabel('data')
plt.show()
```

程序运行结果如图 14.6 所示。

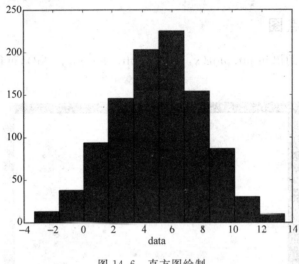

图 14.6 直方图绘制

如果不想要黑色轮廓,可以改为 plt.hist(data, histtype='stepfilled')。增加以下两行代码可以自定义直方图 bin 宽度:

```
bins = np.arange(-5., 16., 1.)            #浮点数版本的 range
plt.hist(data, bins, histtype='stepfilled')
```

14.3 常用分析函数与绘图示例

14.3.1 简单移动平均

简单移动平均模型适用于围绕一个稳定水平上下波动的时间序列。利用平均使各个时间点上的观测值中的随机因素互相抵消掉,以获得关于稳定水平的预测。将包括当前时刻在内的 N 个时间点上的观测值的平均值作为对于下一时刻的预测值。例如,用第 1、2、3 月实际销售量的平均值作为第 4 个月销售量的预测值,而用 3、4、5 月实际销售量的平均值作为第 6 个月销售量的预测值。计算移动平均数时,每个观测值使用相同权数,即认为时间序列在其跨度期内各个时期的观测值对下一时期值的影响是相同的。

【例 14-7】 data3.csv 中是某汽油批发商在过去 12 周内汽油的销售数量。使用简单移动平均方法估计各周的汽油销量。移动平均间隔为 3,即用 1、2、3 三周的数据预测第 4 周的数据。

分析:convolve(w,s)函数返回向量 w 和 s 的卷积,即返回向量 w 与经过翻转和平移的向量 s 的乘积和。

程序代码：

```
#eg14_7.py
import numpy as np
import matplotlib.pyplot as plt
s1 = np.loadtxt('data3.csv',delimiter = ',',usecols = (0,),unpack = True)
winwide = 3                                         #移动平均的窗口间隔
weights = np.ones(winwide)/winwide                  #窗口内每期数据的平均权重
smaS1 = np.convolve(weights,s1)                     #简单移动平均计算
t = np.arange(winwide-1,len(s1))
plt.plot(t,s1[winwide-1:],lw = 1.0)                 #绘图
plt.plot(t,smaS1[winwide-1:1-winwide],lw = 2.0)
plt.show()
```

程序运行结果如图 14.7 所示。

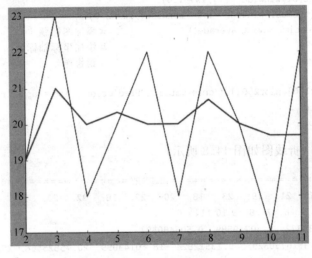

图 14.7　汽油销售量原始与移动平均估值折线图

14.3.2　指数移动平均

指数移动平均模型适用于围绕一个稳定水平上下波动的时间序列。越近期的观测值对下一时期值的影响越大，越远期的观测值对下一时期值的影响越小。因此，最近期的观测值应取最大权数，较远期的观测值的权数应依次递减，所有权数相加等于 1。移动平均模型预测公式中的每一个观测值加上不同权数即加权移动平均，其特殊方法即指数平滑模型。

【例 14-8】　data3.csv 中是某汽油批发商在过去 12 周内汽油的销售数量。使用指数移动平均方法估计各周的汽油销量。移动平均间隔为 3。并请添加图和坐标轴标题、图例。

分析：linspace(start,end,count)函数返回具有 count 个元素的数组，这些元素在指定范围内(start 是起始值，end 是终值值)均匀分布。

程序代码：

```
#eg14_8.py
import numpy as np
```

```python
import matplotlib.pyplot as plt

winwide = 3                                                          # 移动平均的窗口间隔
s1 = np.loadtxt('data3.csv',delimiter = ',',usecols = (0,),unpack = True)
print 'Observation:',s1
t = np.arange(winwide - 1,len(s1))
print 'time:',t

# 计算指数移动平均
weights = np.exp(np.linspace( - 1,0,winwide))                        # 窗口内每期权重
weights/ = weights.sum()
print 'weights:',weights
smaS1 = np.convolve(weights,s1)
print 'Prediction:',smaS1
# 并绘图
plot1 = plt.plot(t,s1[winwide - 1:],lw = 1.0)
plot2 = plt.plot(t,smaS1[winwide - 1:1 - winwide],lw = 2.0)
plt.title('Exponential Moving Average')                              # 添加图标题
plt.xlabel('Time')                                                   # 添加坐标轴标题
plt.ylabel('Sales')                                                  # 销售额
# 添加图例
plt.legend((plot1[0],plot2[0]),('observation','Prediction'),loc = 'upper right',fontsize = 10,
numpoints = 1)
plt.show()
```

程序运行结果：(折线图如图 14.8 所示)

```
>>> ============================ RESTART ============================
Observation: [ 17.  21.  19.  23.  18.  20.  22.  18.  22.  20.  17.  22.]
time: [ 2  3  4  5  6  7  8  9 10 11]
weights: [ 0.18632372   0.30719589   0.50648039]
Prediction: [    3.16750329    9.13512824   18.60143099   20.75825568   20.04245982
    20.9050494   19.35968666   20.24174432   20.77121646   19.60143099
    20.45398961  19.45105979   15.36847613   11.1425686 ]
```

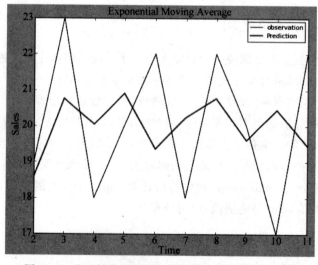

图 14.8 汽油销售量原始与指数移动平均估值折线图

14.4 本章小结

本章首先阐述了 numpy 的 ndarray 数组类，数组的元素级运算，基本统计分析和相关函数；接着介绍了 pyplot 绘图技术基础及常用参数的设置，如修改线条颜色、形式，添加图表和坐标轴标题，添加图例等；重点介绍了折线图、直方图和散点图的绘制；最后，结合汽油销售数据介绍了简单移动平均和指数移动平均的实现和绘图。

习题 14

1. data1.csv 中的 B、C、D 和 E 列数据分别是日期、权重、A 企业的销售额、B 企业的销售额。读取 C、D、E 列数据，并统计 E 列数据的算术平均数、加权平均值（权值为 C 列数据）、方差、中位数、最小值、最大值。并绘制 E 列数据的直方图。

2. 读取 data1.csv 文件中的 A 企业销售额与 B 企业销售额数据，并计算这些企业数据的协方差矩阵和相关系数矩阵。

3. 读取 data1.csv 文件中 A、B、C、D、E 列数据，绘制由 A 列和 D 列数据关联，以及由 A 列和 E 列数据（请将该列值除以 120 后绘图）关联的两条折线图，并分别赋予不同的颜色和线型，添加图例。

4. 针对 data1.csv 中 A 企业的销售额，使用简单移动平均方法估计各月的销售额。移动平均间隔为 3，即用 1、2、3 三周的数据预测第 4 周的数据。

5. 使用指数移动平均方法估计上题的 A 企业的销售额。移动平均间隔为 3。并请添加图、坐标轴标题和图例。

第 15 章 网站设计

本章学习目标
- 掌握 HTTP 的基本知识
- 了解 HTML 的基本使用
- 了解用 WSGI 接口编写基本网页
- 了解使用网络框架快速编写网站

本章向读者介绍使用 Python 编写网站的基本知识，包括 HTTP 超文本传输协议、HTML 超文本标记语言等，并使用 WSGI 接口编写最基本的网页，以及使用网络框架快速编写网站。

15.1 网站应用的发展历史与展望

今天人们已经习惯了通过浏览器访问因特网上的各种网站，可以购买商品、获取知识、与人交流等等。当然，也可以建立自己的网站，让别人来访问。

但最早的网络程序并不是这样的，如果用户想在网上通信，需使用一种叫做 Client/Server 模式的架构(C/S)：服务程序安装在远方的服务器上，用户在本地需要安装一个与之对应的客户端软件，才能访问服务器获得信息。这种架构有个非常麻烦的地方，就是为了要得到不同的服务，需要安装不同的客户端，而且还需要不断更新这些客户端，以适应新的版本，于是新的 Browser/Server(B/S) 架构开始流行。

B/S 架构指的就是浏览器端/服务器端架构，这里的服务器端也可简称为网站应用或网站。在 B/S 架构下，应用程序的逻辑和数据都存储在服务器端，客户端只需要安装通用的浏览器来获取网站页面。这些页面使用 HTML 编写，具备较强的表现力，可展现丰富的内容和方便地交互。而服务器端程序升级后，客户端也无须任何部署就可以使用到新的版本。因此，B/S 架构迅速流行起来。

如今，网站应用开发可以说是软件开发中最重要的部分，它经历了以下几个阶段：
- **静态页面**。访问服务器时直接返回之前编辑好的 HTML 文件，页面一直保持不变，直到下次更改服务器上的文件。
- **CGI**。为了更好地处理表单提交等交互式行为，出现了 Common Gateway Interface，简称 CGI，用 C/C++ 等编写，根据所提交请求的不同动态地返回不同的 HTML 页面。

- **动态语言网站**。由于网页总是修改频繁，用 C/C++ 这样的编译语言非常不方便，每次都要重新编译，所以使用脚本语言来编写网站迅速流行起来。比如至今仍然占据大部分网站的脚本语言 PHP，还有 JSP、ASP 等，Python 也是其中之一。
- **富前端网站**。为了更好地加强交互性，提高效率，网页不再在服务器中一次性全部生成，而是异步地"按需"加载。随着 JavaScript 语言的发展，前端页面的逻辑越来越复杂，而后端的服务器程序更多地充当了一个数据提供者角色。最新的前端框架如 Angular、React 等就是为了适应这样的变化而被开发出来的。同时这也使得同一个后端服务器程序可以提供除网站以外的其他服务，如手机 APP 的数据提供与交互。

然而，不论前端技术如何日新月异，后端的服务器技术却相对稳定。所以用 Python 来编写网站仍然是个相当不错的选择，诸如 YouTube、DropBox、Reddit、知乎、豆瓣网等都使用或部分使用 Python 编写。更何况 Python 的代码量少、直观简洁，适合后期维护，并在数据处理、机器学习等领域有强大的优势，使得用 Python 来编写网站非常流行。用 Python 来处理后端的数据，用 JavaScript 在前端来展示数据成为很多人的选择。

15.2　HTTP 超文本传输协议

15.2.1　什么是 HTTP

超文本传输协议（HyperText Transfer Protocol，HTTP）是一种基于 TCP/IP 的网络协议。其设计的最初目的是为了提供一种发布和接收 HTML 页面的方法。所有的 WWW 文件都必须遵守这个协议。

15.2.2　HTTP 的具体内容

使用浏览器打开一个网站，启动开发者工具，就可以看到 HTTP 的真正内容（如图 15.1 所示）：标头和正文（HTTPS 其实也类似，只是多了安全加密的保护）。正文就是 HTML，之后的一节会有介绍，而标头则是似于 xxx：aaa 的描述，如：

```
Accept-Encoding: gzip, deflate
```

该描述表示浏览器告知服务器它能够接受 gzip 和 deflate 的编码，直白的意思就是：这个浏览器可以接受压缩的网页，尽管发吧。

由于网页基本都是字符组成的文本，所以在压缩后可以极大地减少网页的传输时间。但并不是所有的浏览器（接收端）都有能力解压压缩后的文本，所以这就需要协商！浏览器如果可以收，服务器就发送压缩的文本，不可以收就发不压缩的文本。

各种协议其实就是这种之前就定好"暗号"的协商：什么可以，什么不可以，用哪种方式，是什么。

以下一个正式的 HTTP 的请求格式：

```
GET /index.html HTTP/1.1
```

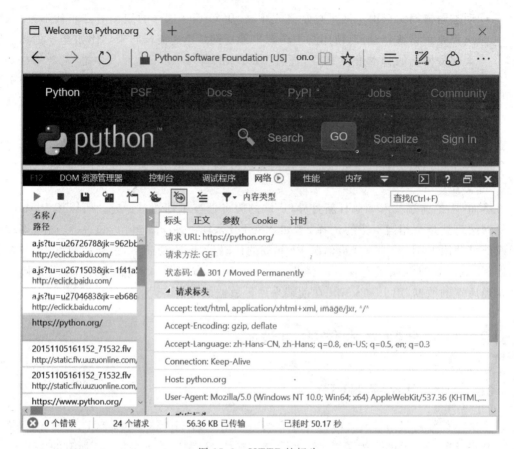

图 15.1 HTTP 的标头

```
Host: www.example.com
Accept: text/html
```

以上代码表明浏览器用 GET 的方法来获得 www.example.com/index.html 这个页面的 html 文本文件。与 GET 方法相对应的是 POST 方法，表明会附带用户的数据来请求，通常用于表单的提交。

全部的 HTTP 方法有 GET、HEAD、POST、PUT、DELETE、CONNECT、OPTIONS、TRACE、PATCH，一般的网站通常只用 GET 和 POST 方法。

不过在富前端网站开始流行的今天，GET、POST、DELETE、PUT 这 4 种方法更多地被使用，分别表示对数据的查、插、删、改（这被称为 RESTful 的 api 式服务网站）。

而响应格式会是这样（第一行的 200 表示成功响应）：标头，一个空行，然后是正文的 HTML：

```
HTTP/1.1 200 OK
Date: Mon, 23 May 2005 22:38:34 GMT
Content-Type: text/html; charset=UTF-8
Content-Encoding: UTF-8
Content-Length: 138
Last-Modified: Wed, 08 Jan 2003 23:11:55 GMT
```

```
Server: Apache/1.3.3.7 (Unix) (Red-Hat/Linux)
ETag: "3f80f-1b6-3e1cb03b"
Accept-Ranges: bytes
Connection: close
```

```html
<html>
<head>
    <title>An Example Page</title>
</head>
<body>
    Hello World, this is a very simple HTML document.
</body>
</html>
```

15.3 HTML 超文本标记语言

15.3.1 什么是 HTML

超文本标记语言（Hyper Text Markup Language，HTML）是一种用来描述网页的标记语言，它通过标记符号来标记要显示的网页中的各个部分。

15.3.2 HTML、CSS、JavaScript 的简介

随着 HTML 的发展，CSS 和 JavaScript 被创造出来并包含在网页制作的技术栈里面。不过由于本书是一本介绍 Python 的书，所以不会在这里用太多的篇幅介绍这三者，但掌握它们是编写网站不可缺少的条件（起码要略知一二），所以有兴趣的读者可以上网查资料或者购买相关书籍。

典型的 HTML 如下所示：

```html
<html>
    <head>
        <title>Hello world</title>
    </head>
    <body>
        <h1>Hello, world!</h1>
    </body>
</html>
```

它由一对对配对的标记和其中的内容组成，如<html>和</html>就是一对标记。可以看出它和代码一样，具有嵌套的关系。如 html 里有 head 和 body 两个子标记。head 里面又有 title 等。用浏览器打开这个 hello.html 文件，就会显示如图 15.2 所示信息。

一个包含了 CSS 的 HTML 如下所示：

```html
<html>
    <head>
        <title>Hello world</title>
```

图 15.2　hello.html 文件在浏览器中的显示

```
        <style>
        h1 {
            color: red;
            font-size: 50px;
        }
        </style>
    </head>
    <body>
        <h1>Hello, world!</h1>
    </body>
</html>
```

CSS 被称为级联样式表，是用来美化网页的。如果网站想要做得漂亮，就看 CSS 水平的高低了。上面的代码 style 标记里的内容就是 CSS，将 h1 标记中的文字变为红色，大小为 50px，显示结果如图 15.3 所示。若网页 CSS 的内容很多，可以将 CSS 单独保存为一个文件。

图 15.3　HTML 与 CSS

一个包含了 JavaScript 的 HTML 如下所示：

```
<html>
    <head>
        <title>Hello world</title>
        <style>
        h1 {
            color: red;
            font-size: 50px;
        }
        </style>
```

```
        </head>
        <body>
            <h1>Hello, world!</h1>
            <script>
                document.write("Hi!");
            </script>
        </body>
</html>
```

其中，script 标记中的代码就是 JavaScript，它是同 Python 一样的另一种脚本语言。

千万不要小瞧 JavaScript，认为它只能在网页中运行，随着 Nodejs 的出现，它已经开始入侵服务器后端，并越来越流行。不过在写本书时，它的发展还有些混乱：为了照顾到那些制作浏览器的大公司（如微软、谷歌、苹果、火狐等），它的更新不能一蹴而就，各公司又各有各的小算盘，ES6、ES7 标准推广缓慢，历史包袱又重等（想想已经存在的那些数不清的网站吧，上面有着各种版本的 JavaScript，必须兼容它们）。上例包含了 JavaScript 的 HTML 代码的显示结果如图 15.4 所示。

图 15.4　HTML、CSS 与 JavaScript

15.4　使用 WSGI 接口创建动态网页

在了解了网站设计的基本概念后，我们开始学习使用 Python 来编写网页。本节将会用 WSGI 接口来编写一个非常简单的表单提交页面。

WSGI 是 Web Server Gateway Interface 的缩写，其位于网站应用程序与 Web 服务器之间，用于两者的信息交互。而 Web 服务器则用来做那些底层的工作，如接收 HTTP 请求、解析 HTTP 请求、发送 HTTP 响应等，比较著名的 Web 服务器有 Apache、Nginx、Lighttpd 等。

只学习如何配置 Web 服务器就需要大量的时间，且包含很多技巧。一个好消息是：Python 内置了一个 WSGI 服务器，这个模块叫 wsgiref。它是用纯 Python 编写的，所以效率较低，不过因为简单方便，特别适合软件开发测试时使用。

请看以下代码：

```
from wsgiref.simple_server import make_server
def handle(env, response):
    print env
    response('200 OK', [('Content-Type', 'text/html')])
```

```
        return '<h1>Hello, world!</h1>'
httpd = make_server('', 8000, handle)
httpd.serve_forever()
```

一个最基本的网站就完成了。

这里的 simple_server 负责监听本机的 8000 端口,处理基本的底层协议后,就交给用户自定义的函数处理,比如这里的 handle 函数。

在图 15.5 中可以发现 Response Headers(响应头)中的 Content-Type:text/html 正是上例代码中第 4 行中的内容,所以 handle 函数只要处理 HTTP 的标头和正文就可以了。而这里的正文也很简单,就是一个显示"Hello,world!"的 HTML。

图 15.5　WSGI 接口网站

此时查看程序的后台,就会发现很多输出(代码第 3 行的 print env),都是环境变量 env 的内容,很多重要的信息都会在其中。比如在浏览器的地址栏输入:

```
http://localhost:8000/hello
```

这时 env 这个字典的信息中就包含以下内容:

```
'PATH_INFO': '/hello'
'REQUEST_METHOD': 'GET'
'HTTP_HOST': 'localhost:8000'
'HTTP_ACCEPT_LANGUAGE': 'zh-CN,zh;q=0.8'
```

即这次浏览器访问的信息都在里面了,包括 HTTP 请求标头的内容。

服务器可以根据 PATH_INFO 和 REQUEST_METHOD 的信息,分门别类地处理访问。而一个简单的多语言网站就可以根据浏览器标头中的 HTTP_ACCEPT_

LANGUAGE 信息来分别以不同的语言响应用户(zh-CN 表示中文)。

下面据此来搭建一个"以姓名问候"的交互网站：

```python
from wsgiref.simple_server import make_server
from cgi import parse_qs

def handle(env, response):
    response('200 OK', [('Content-Type', 'text/html')])
    if env['PATH_INFO'] == '/hello':
        if env['REQUEST_METHOD'] == 'GET':
            return '''<form action="/hello" method="post">
              <p><input name="username"></p>
              <p><button type="submit">Submit</button></p>
            </form>'''
        if env['REQUEST_METHOD'] == 'POST':
            try:
                request_body_size = int(env.get('CONTENT_LENGTH', 0))
            except (ValueError):
                request_body_size = 0
            request_body = env['wsgi.input'].read(request_body_size)
            d = parse_qs(request_body)
            print d
            name = d.get('username', [''])[0]
            return '<h1>Hello %s</h1>' % name
    else:
        return '<h1>Hello, world!</h1>'

httpd = make_server('', 8000, handle)
httpd.serve_forever()
```

请记住浏览器输入地址的访问一律都是 GET 方法，而表单提交的访问通常会是 POST 方法(这里第 8 行指定了 POST 方法)，所以同一个地址/hello 因为访问方法的不同会给予两种不同的处理。

打开浏览器，输入 localhost:8000/hello 就可以输入您的姓名了(如图 15.6 所示)。

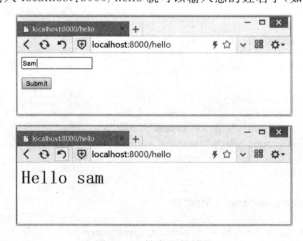

图 15.6　姓名问候网站

15.5 使用 Python 网络框架来建立网站

一旦网站的结构、功能变得复杂,按照以上代码的写法就会显得烦琐。这时,可以使用 Web Framework,即网络框架,来帮助你快速建站。

但由于每个人的习惯、思考方式、审美都不一样,导致被设计出的网络框架也五花八门,于是"选择综合症"又出现了。表 15.1 是相对比较著名的 Python 网络框架。

表 15.1 流行的 Python 网络框架

框架名称	是否全栈式	描述
Django	是	一个大而全的网络框架,市场占有率最大,文档完美,有自己的数据库处理模块,自带 admin 后台,系统紧耦合
Flask	否	第二高的使用率,使用起来像是搭积木,要什么功能就加载什么模块,插件多,生态好,使用灵活,性能较好
Tornado	否	更像个 Web 服务器,使用了异步非阻塞 IO,性能非常强
web2py	是	作者是一位美国大学的计算机教授,适合教学,安装方便,隐藏了许多细节,开发网站非常快速,不过性能相对较差
Bottle	否	整个框架就一个.py 文件,和 Flask 有类似理念,因为小,所以性能好
TurboGears	是	组合最好的开源模块,有一套前端模块,将 Python 和 JavaScript 整合

更多的内容和选择可以查看 https://wiki.Python.org/moin/WebFrameworks,选择一个最适合你的框架。

要提醒读者的是,不要把太多的精力用于这种选择与比较上,可以试着挑一个,写个小网站看看效果。事实上当你掌握了网站的基本知识的时候(比如 HTTP、HTML、CSS、JavaScript),框架的选择不是最重要的,从一个转到另一个相对而言也比较方便。

比如 15.4 节中的姓名问候网站,也可以用 Flask 编写:

```
from flask import Flask
from flask import request

app = Flask(__name__)

@app.route('/', methods=['GET', 'POST'])
def home():
    return '<h1>Hello World</h1>'

@app.route('/hello', methods=['GET'])
def hello():
    return '''<form action="/hello" method="post">
            <p><input name="username"></p>
            <p><button type="submit">Submit</button></p>
            </form>'''

@app.route('/hello', methods=['POST'])
def helloecho():
    return '<h1>Hello %s</h1>' % request.form['username']
```

```
if __name__ == '__main__':
    app.run(port = 8000)
```

可以看到，Flask 将 PATH_INFO 和 REQUEST_METHOD 的处理封装在了装饰器中，并在内部写好了处理 POST 内容的函数，使得用户可以专注于处理网站的核心逻辑。

15.6 应用实例：报名网站

上一节我们提到了使用网络框架可以大大提高编写网站的速度，同时也指出，选用哪个网络框架其实不是重点，能做出来就是最好的。

这里就用另一个框架 web2py 来建立一个报名网站。之所以使用 web2py，是因为它隐藏了很多细节，安装和使用也方便，非常适合教学。

在 http://web2py.com/init/default/download 下载源码，或者直接下载 Windows 版本的 web2py_win.zip（连 Python 都可以不用安装），解压后整个环境就已经搭建好了。之后运行里面的 web2py.exe，设置一个后台密码，就可以启动了。所有编码、修改都可以在网页里面进行，连 IDE 都省了。

web2py 使用的是 MVC 的编程架构，即 Models 模型、Views 视图、Controllers 控制器。Models 负责处理数据库，Views 负责处理 HTML 展示页面，Controllers 负责控制、连接这两者。

进入后台页面 http://127.0.0.1:8000/admin/default/index 输入开始设置的后台密码。在右侧面板处新建一个站点，取名 Registration。

在 Models 模型文件夹中，新建 table.py 文件：

```
# -*- coding: utf-8 -*-
db.define_table(
    "t_sex",
    Field("title"),
    format = "%(title)s"
)
if not db(db.t_sex).count():
    db.t_sex.insert(title = "男")
    db.t_sex.insert(title = "女")
db.define_table(
    "t_info",
    Field("username"),
    Field("Phone", requires = IS_NOT_EMPTY()),
    Field("Email", requires = IS_EMAIL()),
    Field("Sex", db.t_sex, default = 1),
    Field("Age", "integer"),
    Field("Created_Time", "date", default = request.now),
    Field("File_upload", "upload"),
    format = "%(id)s - %(Name)s"
)
```

web2py 默认使用 sqlite 数据库，也可以方便地调整为其他常用数据库。这里定义了两个数据表：t_sex 和 t_info，t_sex 表就两行数据：男、女。它的 id 在 t_info 中作为外键被引用。可以发现 web2py 用 Python 来代替 SQL 创建表的语句，并可以在别处用 db.t_info.username 这样的方式来访问数据，这种技术称为 ORM 或 DAL，是一种非常方便的技术，在大量网络框架中被使用。

修改 Controllers 控制器文件夹中的 default.py 文件：

```
# -*- coding: utf-8 -*-
def index():
    form = SQLFORM(db.t_info)
    if form.process().accepted:
        response.flash = T("Create successfully")
    return locals()

def user():
    return dict(form = auth())

@cache.action()
def download():
    return response.download(request, db)
```

这里的每个函数都对应一个 PATH_INFO，比如 index 函数就对应了：

http://127.0.0.1:8000/Registration/default/index

这个 url 分别对应于"/站点名/控制器名/函数名"。不过因为是默认控制器 default.py 和默认函数 index，所以当访问以下网址时也对应这个函数：

http://127.0.0.1:8000/Registration

index 函数中使用了 SQLFROM 这个数据库表单工具，可以直接生成一个数据表的表单。至于 user 和 download 这两个函数，则是默认就存在的，不用更改。

然后修改 Views 视图文件夹中的 default/index.html：

```
{{extend 'layout.html'}}
<p>请填写你的信息:</p>
{{ = form}}
```

将 index 中的 form 输出，一个相对专业的表单提交页面就初步完成了，如图 15.7 所示。

接下来需要编写一个后台页面：

```
@auth.requires_membership('manager')
def info():
    grid = SQLFORM.grid(db.t_info)
    return locals()
```

将以上代码插入到控制器的 default.py 中。注意观察，首先这里有个权限的装饰器，表明要访问这个 info 页面，必须是注册的用户，且是 manager 组的。然后使用了一个叫 SQLFORM 的工具，可以根据数据表自动生成一套完成查、插、删、改操作的控件。

添加 default/info.html 至 Views 视图文件夹中：

图 15.7 报名网站

```
{{extend 'layout.html'}}
{{ = grid}}
```

打开该站点,单击右上角的注册按钮,注册自己的信息。

http://127.0.0.1:8000/Registration/appadmin

在 db.auth_group 中加个组,命名为 manager,然后在 db.auth_membership 中把刚刚注册的自己加入到这个 manager,如图 15.8 所示。

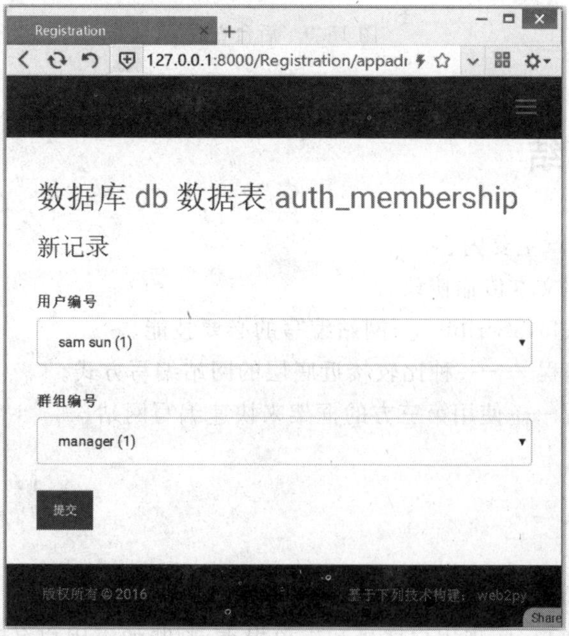

图 15.8 添加权限

这种以 Group 的形式来控制权限的方式，叫做 RBAC，具体信息可以在 http://web2py.com/books/default/chapter/29/09/access-control 上查看。

这样就可以登录 http://127.0.0.1:8000/Registration/default/info，以 manager 的身份（组）访问后台 info 了，如图 15.9 所示。

图 15.9　后台查看

15.7　本章小结

下面回顾一下本章主要内容：
- HTTP——超文本传输协议。
- HTML、CSS、JavaScript——网站编写的必要技能。
- WSGI 接口编程——一种比较接近底层的网站编写方式。
- 网络框架编程——使用第三方的框架来快速编写网站。

习题 15

1. 用 WSGI 接口编写一个 Hello world 网页。
2. 使用 WSGI 接口，实现用户登录和表单提交，判断如果用户名和密码都是 admin，就显示 Hello admin，否则就显示 Wrong。

3. 使用 WSGI 接口,连接数据库,编写一个显示你们班级所有同学姓名的班级介绍网站。
4. 在网上找个漂亮的模板,装饰上一题的班级介绍网站,并熟悉 HTML。
5. 挑选一个网络框架,重新实现班级介绍网站。
6. 在班级网站上做一个论坛模块,可以让多人发表观点并评论。

第16章 在SPSS中使用Python

本章学习目标
- 了解 SPSS Syntax 基本知识
- 了解 Python 在 SPSS 中的应用

为什么使用 Python 脚本来操作 SPSS？使用脚本的好处是可以实现批量处理数据。如果有大量需要处理的数据，且它们的处理方法类似，那就需要用到脚本，从而可以自动化、智能化处理数据，大大减少数据分析的工作量。本章向读者介绍如何安装可编程插件 SPSS Python Essentials，在 SPSS Syntax 里调用 Python，然后用 Python 执行 SPSS 命令，更加灵活便捷地解决了在数据分析过程中遇到的实际问题，扩展 SPSS 的使用功能。

背景介绍

近年来，商业分析（Business Analytics，BA）软件逐渐成为企业提高竞争力的利器。其中，IBM SPSS Statistics 是统计分析领域中久享盛名的应用软件。企业根据不同的业务需求，开发或购买了满足自身需求的商业数据整合方案，并希望与 SPSS 进行集成，以便更高效、准确、方便地分析数据，提取数据中隐含的信息。

IBM SPSS Statistics 不仅为用户提供了丰富的统计算法来帮助用户分析数据，而且也提供了非常灵活的编程接口，供外部用户将自定义的功能模块与 Statistics 集成。用户可以通过自定义模块对 Statistics 进行功能扩展。借助 Statistics，用户自定义模块可以获得更加完整、有意义的输入数据。

Statistics 16.0（及以上）为用户提供了可编程插件（Programmability plug-in），包括 Python plug-in、R plug-in 和 Microsoft .NET plug-in。其中，Python 语法简洁而清晰、具有丰富强大的类库，并且能够很容易地与利用其他语言实现的模块集成在一起。本章将探讨 Python 在 SPSS 中的一些应用。

16.1 SPSS Syntax 简介

SPSS Statistics 具备强大的数据处理和分析功能，除了提供友好、灵活的 UI 操作界面外，Statistics 为其所有的功能都设计了相应的命令，即 Statistics 的语法 Syntax。除此之外，Syntax 具有高级编程的功能，可以完成比 UI 所提供的功能更为复杂的数据分析工作。SPSS Statistics 内核是基于命令驱动的，Syntax 是其灵魂。用户在 UI 界面的所有操作，均会被转换成 Syntax 命令传递至内核执行。所以，想了解 Python 在 SPSS 中的应用，首先要认识有关 SPSS Syntax 的基本用法。

16.1.1 程序编辑窗口界面

在 SPSS 软件中选择菜单 File→New→Syntax 命令,系统会开启一个新的程序编辑窗口,如图 16.1 所示。菜单项中的 File、Edit、View、Analyze、Graphs 等菜单都是通用的,唯一不同的是 Run 菜单,该窗口的特殊功能均在这里实现。

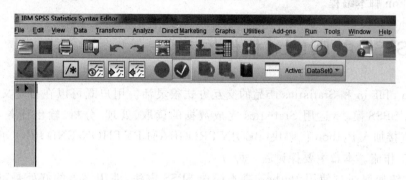

图 16.1 新的程序编辑窗口

16.1.2 Paste 按钮

Paste 按钮几乎存在于所有 SPSS 对话框中,它是专门为编程准备的。以 t 检验为例,如果最终选择完毕后,不单击 OK 而是单击 Paste,则程序编辑窗中会自动生成以下语句:

```
T - TEST
   GROUPS = group(1 2)
   /MISSING = ANALYSIS
   /VARIABLES = x
   /CRITERIA = CIN(.95) .
```

SPSS 命令已结束,选择菜单 Run→All 命令,就可以得到 t 检验的结果。

当需要成批次的处理数据,或需要重复进行相同的统计分析,或要做许多统计分析,每一步均费时较长而你又不想等时,使用 Paste 按钮就会非常方便了。如果从预分析一开始就连续使用 Paste 按钮,分析结束时将得到如下程序:

```
DESCRIPTIVES
   VARIABLES = x
   /STATISTICS = MEAN STDDEV MIN MAX .
SORT CASES BY group .
SPLIT FILE
   SEPARATE BY group .
   DESCRIPTIVES
   VARIABLES = x
   /STATISTICS = MEAN STDDEV MIN MAX .
GRAPH
   /HISTOGRAM = x .
T - TEST
   GROUPS = group(1 2)
```

```
/MISSING = ANALYSIS
/VARIABLES = x
/CRITERIA = CIN(.95).
```

至此,可以再次启用 Run 按钮一次性完成所需的统计分析。特别地,如果未来数据可能存在变动,可以把该程序存为程序文件(*.sps)。下次读入新数据后,再运行该程序就可以直接得到结果。但如果想方便地一次完成更多数据文件的相同分析功能处理,则需进一步结合 Python 脚本编程。

16.2 SPSS 中 Python 插件的安装

Python plug-in 和 Statistics 产品的交互方式很灵活。用户既可以在自定义的 Python 代码中引入 SPSS 模块,运用 Statistics 完成数据的读取、处理、分析、输出任务,也可以在 Syntax 中直接加入 Python 代码块(BEGIN PROGRAM PYTHON-END PROGRAM)来控制 Syntax 工作流。本章主要探讨后一种方式。

本节介绍如何通过使用 Python 脚本操作 SPSS 方法,使用脚本的好处是可以批量处理,如果你有很多数据要处理,其处理方法类似,那就需要用到脚本,可以自动化、智能化处理数据,大大减少数据分析的工作量。

下面首先介绍如何设置 SPSS 中的 Python 插件:SPSS Python Essentials。

16.2.1 安装工具

首先安装 SPSS 19.0,再安装 Python 2.6,然后安装 SPSS Python Essentials,根据版本不同选择不同的插件。如果安装的是 SPSS 22.0 版本,SPSS Python Essentials 就自动的安装在了 SPSS 22.0 的安装目录下。为配合 Python 版本,本节以 SPSS 19.0 为例介绍。

16.2.2 工具设置

打开 SPSS 19.0 的界面,选择 Edit 菜单下的 Options 命令,如图 16.2 所示。

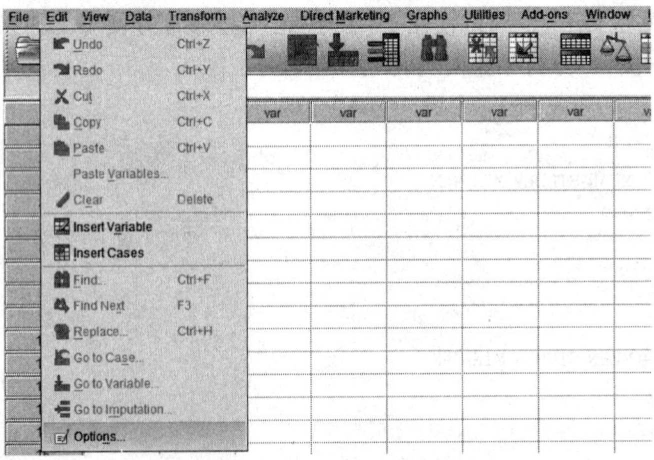

图 16.2 Option 选项设置

切换到 Script 选项卡下，设置默认脚本语言为 Python，单击 Apply 按钮完成设置，如图 16.3 所示。

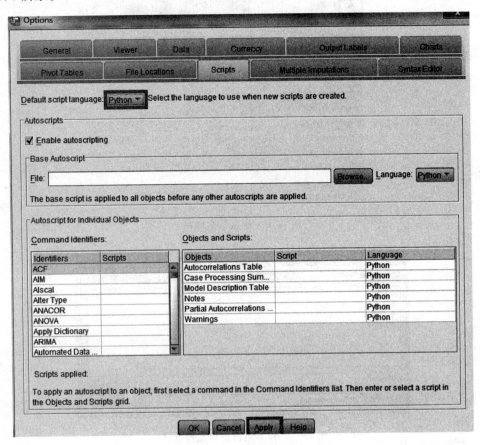

图 16.3　脚本语言设置

16.3　SPSS 中运行 Python

16.3.1　SPSS 中运行 Python 方式

在安装了 SPSS Python Essentials 插件的 SPSS 软件，可以在其中运行 Python 代码，实现 SPSS 不太方便完成的任务。首先，让我们看看如何在 SPSS 中打开 Python 程序。可以通过以下三种方法运行 Python 脚本。

第一种方法：可以使用 Utilities 下的 Run Script 命令来运行 Python 代码，如图 16.4 所示。

接着，会看到图 16.5 显示的界面，假如已经编辑好了一个 Python 脚本文件(*.py)，可以在这里直接打开并运行。

第二种方法：可以选择 File→Open→Script 命令来打开 Python 的 IDLE Shell 窗口，运行 Python 程序，如图 16.6 所示。

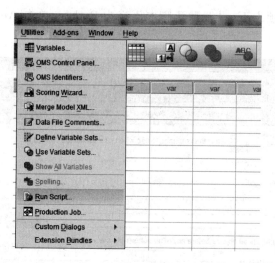

图 16.4　脚本运行界面

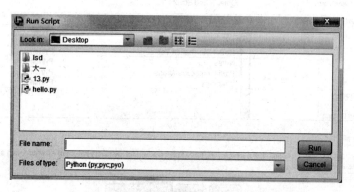

图 16.5　脚本运行窗口文件选择

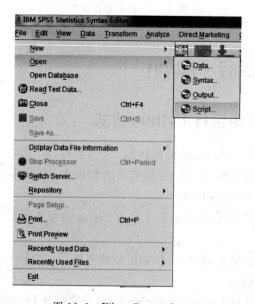

图 16.6　File→Open→Script

对于一些经常使用的 Python 代码模块,可以将其编写成 Python 函数,保存到.py 文件中。如果想重复利用这个函数,则只需调用该函数即可。

由于 Python 是开源的,大批志愿者贡献了自己的代码,所以很多时候可直接从网上搜索相应功能代码完成目标任务;更多时候,我们要适当地改写已有的代码,更恰当地实现相应功能。如果你已经有一定的 Python 编程经验,这种方法是一个很好的选择。

第三种方法:在 SPSS 的脚本里直接加入 Python 语句,实现 Python 与 SPSS 的深度融合。

新建一个 Syntax 文件,如图 16.7 所示。

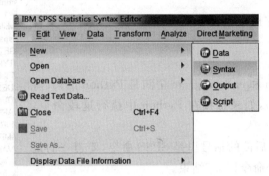

图 16.7　新建一个 Syntax 文件

Python 代码插入到 begin program 和 end program 之间(如图 16.8 所示),然后选中所有的代码以后,单击工具栏上面的绿色三角形按钮,就可以运行了。

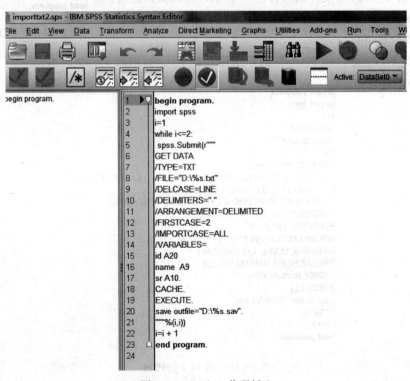

图 16.8　Python 代码插入

注意：Python 对格式要求很严格，区分字母大小写；而 SPSS 的 syntax 是不区分字母大小写的。

16.3.2 SPSS 中运行 Python 案例

【例 16-1】 读入 D 盘中 TF 文件夹下的 10 个结构相同的 .txt 文件，分别将其存为 .sav 文件。

首先打开 SPSS 的 Syntax 窗口，在窗口中输入如下代码，如图 16.9 所示。

执行此代码即可完成批量读取文本文件，并生成 .sav 文件的操作。

部分解释：

（1）begin program 和 end program 中间是 Python 语句（所以要遵守 Python 语法），如果直接在 Python 中执行这段命令，可以省掉这个关键字。

（2）SPSS.Submit 后面的括号里是 SPSS 命令，要遵守的是 SPSS 的语法，比如每个命令以"."结束。

（3）%s 表示的是将要被替换的字符。在这里假设文件名是从 1~10，用 Python 将 SPSS 的读入文件的命令执行 10 次，每一次执行的时候都替换被读入的文件名。如果文件名较为复杂，则可以用 Python 将文件名保存为一个 list，然后依次替换。

```
begin program.
import spss
i=1
while i<=10:
 spss.Submit(r"""
GET DATA
/TYPE=TXT
/FILE="D:\tf\%s.txt"
/DELCASE=LINE
/DELIMITERS=","
/ARRANGEMENT=DELIMITED
/FIRSTCASE=2
/IMPORTCASE=ALL
/VARIABLES=
id A20
kch A9
cj F10.
CACHE.
EXECUTE.
save outfile="D:\tf\%s.sav".
"""%(i,i))
 i=i+1
end program.
```

图 16.9　例 16-1 的代码

【例 16-2】 对读入的 10 个 sav 文件执行相同的成绩分段处理及频数分析过程。

打开 SPSS 的 Syntax 窗口，在窗口中输入如下代码，如图 16.10 所示。

```
begin program.
import spss
i=1
while i<=10:
 spss.Submit(r"""
GET
 FILE='D:\tf\%s.sav'.
RECODE  cj (MISSING=COPY) (LO THRU 59=1) (LO THRU 69=2)
(LO THRU 79=3) (LO THRU 89=4) (LO THRU
   100=5) (LO THRU HI=6) (ELSE=SYSMIS) INTO cjfd.
VARIABLE LABELS  cjfd 'cj (Binned)'.
FORMATS  cjfd (F5.0).
VALUE LABELS  cjfd 1 " 2 " 3 " 4 " 5 " 6 ".
VARIABLE LEVEL  cjfd (ORDINAL).
FREQUENCIES VARIABLES=cjfd
 /ORDER=ANALYSIS.
EXECUTE.
save outfile="D:\tf\%s.sav".
"""%(i,i))
 i=i+1
end program.
```

图 16.10　例 16-2 的代码

执行此代码即可完成将 10 个 sav 文件中的变量 cj 转换为分类型变量 cjfd，取值为(1,2,3,4,5,6)，并同时完成频数分析的数据处理过程。

16.4 本章小结

对于每一个做数据分析的人来说，数据整理是数据分析的基础，但是数据整理是最枯燥和耗费时间的。特别是对于要做月报表甚至日报表的人来说，从服务器下载数据后的整理只是机械的重复，虽然可以用 Excel 的编程和批处理来进行处理，但是如果能在 SPSS 中进行数据的处理是更好的选择。SPSS 也可以利用程序对数据进行处理，并且对使用者的编程能力要求更低，因为大部分的操作都可以直接得到程序代码，不用使用者自己编写。Python 也是非常简单易学的开源代码，两者的结合将会产生非常简易又有效的数据处理和分析过程。

习题 16

1. 利用 SPSS 和 Python 完成将 100 个文本文件合并成一个 .sav 文件的代码设计。
2. 利用 SPSS 和 Python 完成将 12 个月的营业报表进行相同的频数分析并输出营业额数据的直方图的代码设计。

参 考 文 献

[1] [美]梁勇(Y. Daniel Liang). Python 语言程序设计. 李娜,译. 北京:机械工业出版社,2015.
[2] [挪]Magnus Lie Hetland. Python 基础教程. 2 版. 修订版. 司维,曾军崴,谭颖华,译. 北京:人民邮电出版社,2014.
[3] [加]Dusty Phillips. Python 3 面向对象编程. 肖鹏,常贺,石琳,译. 北京:电子工业出版社,2015.
[4] [美]William F. Punch,Richard Enbody. Python 入门经典:以解决计算问题为导向的 Python 编程实践. 张敏等,译. 北京:机械工业出版社,2012.
[5] [印尼]Ivan Idris. Python 数据分析基础教程:NumPy 学习指南. 2 版. 张驭宇,译. 北京:人民邮电出版社,2014.
[6] [美]Allen B. Downey. 像计算机科学家一样思考 Python. 2 版. 北京:人民邮电出版社,2016.
[7] [澳]Richard Lawson. 用 Python 写网络爬虫. 李斌,译. 北京:人民邮电出版社,2016.
[8] [美]Wesley J. Chun. Python 核心编程. 2 版. 宋吉广,译. 北京:人民邮电出版社,2008.
[9] [美]Wesley. J. Chun. Python 核心编程. 3 版. 孙波翔等,译. 北京:人民邮电出版社,2016.
[10] [美]Alan Beaulieu. SQL 学习指南. 2 版. 修订版. 张伟超,林青松,译. 北京:人民邮电出版社,2015.
[11] [美]Thomas M. Connolly,Carolyn E. Begg. 数据库系统:设计、实现与管理(基础篇)(原书第 6 版). 宁洪等,译. 北京:机械工程出版社,2016.
[12] [美]Wes McKinney. 利用 Python 进行数据分析. 唐学韬等,译. 北京:机械工业出版社,2014.
[13] David. M. Beazley. Python 精要参考. New Riders Publishing,2006.
[14] Swaroop,C. H. 简明 Python 教程. www. byteofPython. info.
[15] 董付国. Python 程序设计. 2 版. 北京:清华大学出版社,2016.
[16] 赵家刚,狄光智,吕丹桔等. 计算机编程导论——Python 程序设计. 北京:人民邮电出版社,2013.
[17] 陆朝俊. 程序设计思想与方法——问题求解中的计算思维. 北京:高等教育出版社,2013.
[18] 刘浪,郭江涛,于晓强,宋燕红. Python 基础教程. 北京:人民邮电出版社,2015.
[19] Python 图表绘制:Matplotlib 绘图库入门. http://matplotlib. sourceforge. net/gallery. html♯
[20] W3School XML 基础. http://www. w3school. com. cn/xml/xml_elements. asp
[21] W3Scholl HTML 基础. http://www. w3school. com. cn/h. asp
[22] BeautifulSoup 4.4.0 官方文档. https://www. crummy. com/software/BeautifulSoup/bs4/doc/
[23] Python 正则表达式模块. re https://docs. Python. org/2/library/re. html
[24] SQLite 官方参考文档. http://www. sqlite. org/docs. html
[25] Python sqlite3 参考文档. https://docs. Python. org/2/library/sqlite3. html
[26] http://baike. baidu. com/link? url＝qDlWiCCWsx39pEh6SHsRrrp8wIhDS7Zw_EnSQqgR1aEeJKaT1NNh5-ET8mD-8tetM4jB9p9-d8f0zchnWvTfba
[27] http://www. runoob. com/Python/Python-exceptions. html
[28] http://www. cnblogs. com/vamei/archive/2013/02/06/2892628. html
[29] http://baike. baidu. com/link? url＝dmC5g0uv4qquJp1MzJWgyYU48tYfkE1ZQgDORY1dhlsSBBMokAaBSl7LwnAjKVyOs3COoxQ7V38S2o2iNUvFDa
[30] http://mt. sohu. com/20151113/n426305385. shtml
[31] http://www. jb51. net/article/51892. htm

图书资源支持

感谢您一直以来对清华版图书的支持和爱护。为了配合本书的使用,本书提供配套的资源,有需求的读者请扫描下方的"书圈"微信公众号二维码,在图书专区下载,也可以拨打电话或发送电子邮件咨询。

如果您在使用本书的过程中遇到了什么问题,或者有相关图书出版计划,也请您发邮件告诉我们,以便我们更好地为您服务。

我们的联系方式:

地 址:北京海淀区双清路学研大厦 A 座 707

邮 编:100084

电 话:010-62770175-4604

资源下载:http://www.tup.com.cn

电子邮件:weijj@tup.tsinghua.edu.cn

QQ:883604(请写明您的单位和姓名)

用微信扫一扫右边的二维码,即可关注清华大学出版社公众号"书圈"。

资源下载、样书申请

书圈